猫的多元宇宙

[美] 乔纳森·B. 洛索斯 /著

（Jonathan B. Losos）

刘小鸥 吕同舟 /译

中信出版集团 | 北京

图书在版编目（CIP）数据

猫的多元宇宙 /（美）乔纳森·B.洛索斯著；刘小
鸥，吕同舟译 . -- 北京：中信出版社，2023.12
  书名原文：The Cat's Meow
  ISBN 978-7-5217-6081-1

I.①猫⋯ II.①乔⋯ ②刘⋯ ③吕⋯ III.①猫－普
及读物 IV.① Q959.838-49

中国国家版本馆 CIP 数据核字（2023）第 208132 号

猫的多元宇宙
著者：　　［美］乔纳森·B.洛索斯
译者：　　刘小鸥　吕同舟
出版发行：中信出版集团股份有限公司
　　　　　（北京市朝阳区东三环北路 27 号嘉铭中心　邮编　100020）
承印者：　北京通州皇家印刷厂

开本：880mm×1230mm　1/32　　印张：11.75　　字数：237 千字
版次：2023 年 12 月第 1 版　　印次：2023 年 12 月第 1 次印刷
京权图字：01-2023-2773　　　书号：ISBN 978-7-5217-6081-1
　　　　　　　　　　　　　　定价：69.00 元

目录
CONTENTS

01

现代猫的悖论

一个老掉牙的笑话说，幸好猫长不到大狗那么大，因为它们如果有那么大，就会吃掉自己的主人。作为一位爱猫的科学家，我的第一反应也是笑了起来，但很快就冒出这样一个念头："要怎么研究这个想法呢？"遗憾的是，即使是科学也有其局限性。除非我们能繁育出75磅[①]重的家猫，否则永远没有一个明确的答案。

　　但这并不是说科学对这个问题就完全避而不谈了。2013年的一篇研究论文得到了广泛报道，其结论为"如果猫长得更大，它们可能会杀了你"——这是《奥兰多前哨报》报道该研究时所拟的新闻标题。《今日美国》则连限定条件都不加了，直接宣称"你的猫可能想杀了你"。

　　实际上，这篇论文并没有这么说。科学家只是比较了5个体形不等的猫科动物物种（从家猫到非洲狮）的行为倾向，比如进攻性和集群性，论文的主要结论是，从人的角度来看，无论体形大小，猫与猫

---

①　1磅≈0.45千克。——译者注

之间并没有太多差异。一些动物园饲养员告诉了我同样的事情：如果你能读懂猫的表情和身体姿势，你就能理解狮子或老虎在想什么。研究人员并没有说，如果家猫有狮子那么大，它们就会以打量晚餐的眼神打量你，是记者和博主们往前跳了一步。①②

　　不管这项研究对潜在的吃人小猫咪的影响如何，它都揭示了一个重要的事实：在很多方面，无论大小，猫就是猫。对于那些在网上花了好几个小时看老虎追着激光笔点、豹子跳进纸箱或者狮子在猫薄荷里打滚的视频的人来说，这个发现毫不意外。

　　几年前，我和妻子梅丽莎在南非旅行时发现，我们家里的朋友与它们的野生近亲并没有什么不同。我们夜间在克鲁格国家公园附近驱车游玩时，经常看到一只纤细的黄褐色猫科动物，身上长着淡淡的斑点或条纹，这只小猫在车灯前一闪而过，又飞快地闪进了暗处。

　　我最先见到的几只离我们住的营地旅舍比较近。我根据它们的大小和外形推测，它们应该是某位工作人员的宠物，或者是旅舍饲养来控制啮齿动物数量的。无论如何，它们似乎是在非洲荒野中游荡的家猫。我觉得它们不会有什么好下场，因为这里有那么多大型捕食者，但那是它们的事，与我无关。所以我没有太在意这些小流浪儿，当它

---

① 关于吃了你的话题，这些记者中有些人还指出，在人们在家中去世但无人发现的情况下，狗比猫更经常吃掉主人的尸体。例如，一家医学期刊报道了被吃掉的尸体的可怕案例研究，有三个案例是狗做的，但只有一个案例是被猫吃掉的。

② 脚注的脚注：我脑子里装满了各种关于猫的迷人的信息和见解。我把略微跑题或者提供了更多细节的内容都放进了脚注。你可以忽略它们，但请知道，那样的话你会错过一些精彩内容。参考文献和一些注释可以在本书末尾的"来源注释"部分中找到。更多参考文献列表详见 www.jonathanlosos.com/books/the-cats-meow-extended-endnotes。

们迅速消失在灌木丛中时，我也没有感到失望。如果我回到营地再看到它们，我会试着好好爱抚下它们的。

非洲野猫

　　但是有一天，我们在离旅舍几英里①远的地方遇到了一只这样的猫，我意识到这不可能是任何人的宠物。而且，它的确不是，它是一只非洲野猫，家猫就来自这个物种（我们将在第 6 章讨论我们是如何知道这一点的）②。进一步的观察揭开了它独有的特征：腿比大多数家猫长，长着一条引人注目的尾巴，尾巴尖呈黑色。不过，如果你从厨房的窗户里望见这只猫，你的第一反应会是"瞧瞧后院里那只漂亮的猫"，而不是"这只非洲野猫是怎么到新泽西的？"。

　　说起行为，大多数家猫和它们的祖先也没什么两样。当然，家猫对人类更友好，或者说至少更宽容，有时，它们彼此之间也更善于交际，但在其他方面，比如捕猎、梳毛、睡觉和通常的举止上，它们的

---

① 　1 英里≈1.6 千米。——译者注

② 　我们还将说到，近期的研究表明，曾被称为非洲野猫的动物，实际上在遗传上包含两种不同的形式，分别是北非野猫和南非野猫。由于这两种野猫非常相似，而且早先的记录没有区分它们，所以我经常简单地称之为"非洲野猫"。

行为就和野猫一样。事实上，被遗弃的猫很容易变成"野孩子"，回归它们来自祖先的根深蒂固的模式，这也证明了家猫的驯化程度有多低。

正因如此，家猫通常被称作"几乎没有驯化的"或者"半驯化的"。驯化是一个过程，在这个过程中，人类通过与动植物互动，把它们向着有利于我们的方向改造。[①] 所谓"改造"的意思是让它们通过遗传变化而进化，从而在行为上、生理上和解剖上与祖先有了差别。[②]

和猫相比，"完全驯化"的物种与它们的野生祖先存在着显著的差别。想想农场的猪就知道了。它们肥肥大大的，浑身粉红，长着卷曲的尾巴、软塌塌的耳朵，几乎没有毛。家猪（*Sus domestica*）正是典型的驯化动物，是一个由人类塑造的物种，人类对它们的祖先野猪（*Sus scrofa*）进行了极大的改造，以适应我们的需要和欲望，最终得到了家猪。或者想想奶牛，它们与雄健的野牛祖先已经相去甚远，我们数千年来的选择育种，让它们成了产肉和产奶的机器。[③] 类似的选育也被应用于植物上，我们创造了像玉米和小麦这样的粮食作物，它们都与各自的野生祖先天差地别。

而家猫并非如此。就外表，也就是毛发长度、颜色和质地的差别来说，大多数家猫和野猫几乎没有分别。大多数驯化物种在解剖学、生理学和行为方面有许多显著差别，让它们有别于自己的祖先，但这

---

① 就像学术中的许多事情一样，学者对什么是驯化、驯化物种是否在某些方面从驯化中受益，以及其他相关话题进行了激烈争论。与此有关的文献，详见末尾的来源注释部分。

② 生物学意义上的进化是一个种群随着时间推移而发生的基于遗传的变化。驯化过程中的这种变化与自然中发生的进化一样。

③ 例如，现代奶牛长着硕大的乳房，每天能生产多达 8 加仑（合约 30 升）的牛奶。相比之下，奶牛的祖先欧洲野牛的乳房几乎看不见。

在猫身上并不存在。

近期的基因组研究证实了这种观点。狗与狼在许多基因上都存在差异，而家猫和野猫只在少数几个基因上有所不同。猫真的几乎没有被驯化。

不过这种说法得加上一个重要的注脚。很小一部分猫属于特定的品种（其余的统统被归入"家养短毛猫和长毛猫"，这相当于"杂种猫"的一种更礼貌的叫法[①]）。所谓品种是一群具有独特特征的个体，这些特征将它们与同一物种中的其他成员区分开来。品种的独特性通过品种成员内部一代又一代的交配来维系，这些性状的基因从而得以在整个品种中牢牢扎根下来。[②]

猫的不同品种各有其独特之处。有的与标准形象差别甚微，看上去就像一只典型的家猫，也许仅仅是卷毛或折耳的细微差别。

但许多猫的品种的体格和行为都和祖先有了很大差别。如果在非洲大草原上偶遇一只这些品种的猫，你绝不会误以为它是一只非洲野猫。

事实上，有些品种不仅明显不同于标准的家猫，还有别于猫科（Felidae，猫科动物的学名，包括从家猫到豹猫、狮子和老虎的所有成员）的其他所有成员。换句话说，选择育种创造了不同于数百万年来猫科动物进化所产生的猫。

这样一来，就出现了一个猫咪难题。大多数猫与祖先相比变化不大，但少数猫却有了很大不同。猫的进化怎么可能同时既快又慢？显然，家猫（Felis catus）并不是一个一体进化的单一实体。恰恰相反，

---

① "随机繁育种"是这些猫的另一种说法。

② 严格说来，"品种"被定义为"一个物种中具有独特外观的动植物群，通常由人类有意选育而发展并维系"。我们将在第13章和第14章中看到，在某些情况下，品种的发展和维系可能比我刚才描述的更复杂。

猫中存在多个界域，不同界域的进化方式天差地别。

为了理解这背后的原因，我们得想想生活在我们周围的不同类别的猫。一方面，作为家庭宠物的猫分为属于特定品种和不属于特定品种两类。另一方面，无主猫，也就是不住在人们家里的猫，也可以分成两类，一类完全"自食其力"，另一类则会由人们喂养和照顾（至少在某种程度上是这样的）。①

不同群体的猫以不同的方式进化，这种可能性为我们打开了关于未来的问题的大门。既然猫已经从热带稀树草原进入人类环境中生活，我们是不是正在见证物种的起源——家猫正在分成多个品系，各自走上属于自己的进化之路？

为了解决这些问题，让我们考虑一下作用于这些群体的选择类型，从属于特定品种的猫开始。查尔斯·达尔文发现，动植物繁育者的工作与自然中发生的事情很相似：具有某些性状的个体比不具备这些性状的个体生存得更好，繁殖得更多。如果这些性状是由基因决定的（换句话说，如果具有这些性状的个体与不具备的个体携带着不同的基因版本），那么这些基因版本和它们产生的性状在下一代中就会变得更普遍。持续很多代之后，这种选择就能带来巨大的改变。这就是自然界中的物种通过自然选择进化的方式，人类培育和改良新品种也是同样的过程，就是所谓的人工选择。②

---

① 有人还把无主猫更精细地划分成许多类别，但我用的二分法抓住了我们这里要说的关键差异。

② 事实上，达尔文在《物种起源》中证明自然选择有效性的大部分证据，都来自农民和业余爱好者的育种实践的案例（这并不奇怪，因为当时没人研究自然中的进化）。达尔文后来就这个问题写了整整一本书，名为《动物和植物在家养下的变异》。

我们现在暂且不讨论为什么繁育者会选择某些他们喜欢的性状，以及为什么他们一开始要费心创造新品种。重要的是，品种开发是一个进化过程，这个过程产生的动植物带有全新的性状，或者现有性状的全新组合。因为一个品种的所有成员都拥有带来这些性状的基因，所以一个品种的独特性可以一代代地传递下去。这就是为什么繁育者会说到某个特定个体的"系谱"（pedigree），它表明了一个个体是由一代又一代同品种的祖先传下来的，因此，这个个体一定带有这个品种的某些特征〔因此，我将把属于某个品种的猫称为"纯种的"（pedigreed）〕。

但大多有主猫不属于任何品种（在美国这一比例大约是宠物猫中的85%，而有主狗的比例则不超过50%）。它们是大多数人家里的猫，还有你在宠物店和动物收容所看到的那些。它们可能由几个品种杂交而来，或者更常见的是完全没有纯种祖先。作为一个群体，它们除了是家猫之外，并没有任何明确的特征。如果你告诉我你有一只家养短毛猫，我只会知道它是一只毛很短的猫。相比之下，如果告诉我你有一只特定品种的猫，比方说一只新加坡猫，那我脑海中立马就会浮现出你的猫长什么样子，甚至是它的行为方式。

对我们而言最重要的是，在美国，大多数（超过90%的）家养宠物都被绝育了，所以它们没有把它们的基因传给下一代。它们是进化的死胡同。我们家里的宠物猫是非洲野猫进化的产物，但它们中的大多数并没有在塑造物种的未来进化。

相反，非纯种猫大多在屋子外繁殖，在小巷里、树林中、农场里，并不在我们的控制范围内。谁繁殖、谁不繁殖，由猫自己决定，因此这里不存在人工选择。我们没有选择它们中的哪些可以繁殖，哪些不行，所以不存在对我们可能喜欢的性状的选择。

这些猫中有些自食其力，远离人类，并不依赖我们。它们的生活和野猫祖先非常相似，我们认为自然选择倾向于让它们保持现状，遵循着让野猫成功数百万年的范式发展。[①]

然而，也有许多无主猫生活在人们周围，经常和我们互动，接受我们的投喂。可以想象，对这些猫来说，存在一种混合的选择压力，它在某些方面偏向野猫祖先在野外的生存方式，但某些方面也偏向那些有利于在我们身边生活并从我们身上"占到便宜"的性状。

当然，比起空想，更好的做法是来看看关于自然选择如何塑造着这些猫的科学数据。我们将在之后看到，关于自然选择如何影响这些猫的研究出奇地少，但改变这种情况的时机已经成熟。

总之，这就是现代猫世界分裂的含义，其中一个分支进入了新的进化领域，产生了不同于世界上其他任何猫科动物的猫，或许甚至可以被视作完全驯化的猫。与此同时，也有许多猫的生活方式与它们的祖先并没有什么不同，它们身处自然之中，与各种元素打交道，和其他物种相互作用，影响着生态系统。它们掌控着自己的爱情生活，因此正决定着自己的进化前景，而且意料之中的是，它们坚持着久经考验的野猫蓝图。位于中间的第三条分支是折中，无主猫应对着户外生活的严苛要求，同时又把我们人类作为一种提供食物的资源加以利用。

这本书讲的就是猫是如何走到这个进化的岔路口的。它探索了在过去数千年里，自然和人工选择如何塑造了现代猫，并在今天依然塑造着它们，也探讨了猫反过来又是如何与它们周围的世界互动的，还有家猫可能会有怎样的未来。

———————————

① 保持不变的选择被称为稳定化选择。

这好倒是好，但我这个专门研究蜥蜴如何适应环境的进化生物学家，怎么会来写这本书呢？我坦白我一直很喜欢猫，5岁那年，我就和母亲一同去密苏里州动物保护协会收养了一只暹罗猫，在父亲生日那天给了他一个惊喜。我还记得他下班回家走进厨房时，我想把塔米藏在我细小的腿后面，但它"喵喵"的叫声露了馅。从那时起，我就对猫科动物情有独钟。

但当我开始从事进化生物研究时，我却从未想过要研究猫。它们是出了名地行踪隐秘，这对一个想要走进自然去观察动物的日常生活的人而言并没什么吸引力。蜥蜴似乎更容易掌控，它们数量多，也能轻易找到，在野外和实验室里都很容易开展研究。我选择了蜥蜴，一路走了下去。

在我的事业稳步推进时，我也没有在学术上太关注猫，虽然我只要有可能就会爱抚它们一番。我的印象是，关于猫的研究并不多，仅有的少数研究也不是很有趣。

事实证明我错了。几年前，我了解到研究人员已经开始使用我和我的同事用来研究蜥蜴、狮子、大象和其他野生物种的所有方法来研究猫。从小猫相机到GPS（全球定位系统）追踪，再到基因组测序，应有尽有。我很意外，也感觉惊艳：谁知道竟然有这么多科学家对猫感兴趣，更不用说他们对我们这些小伙伴的生物学有多了解了！

接着我有个点子，说这是个伟大的想法还算谦虚了。我要给大学一年级的学生开一门关于猫的科学的课，目标是先用猫的话题吸引学生，然后趁他们不注意，再教他们很多前沿的科学知识，比如生态学、进化论和遗传学，而他们还以为自己在学猫科动物呢。

这像魔法一样奏效了。12位出色的哈佛大一新生选了我的课。我们听了一位埃及学家关于古代猫的讲座，参加了科德角的一场猫展，在福格艺术博物馆参观了猫的画像，并在破晓时分在波士顿南部的用木板封住的房子后面喂了流浪猫。当然，我们也学到了有关猫的很多知识，在这个过程中，学生们还了解到现代生物学家是如何研究生物多样性的。

但也发生了一些意想不到的事情。就在我用猫来教授学生科学知识的同时，我自己也开始对猫的科学着了迷。

我对现代猫品种的多样性相当感兴趣。我对蜥蜴的研究大多集中在一个祖先物种如何在几千甚至上百万年后产生如此丰富的后代物种，而每个后代物种在解剖学上都专门利用着环境的不同部分（学术上说，这种现象被称为适应性辐射）。相比之下，猫的多样化却发生在几十年而非几千年的时间跨度里，这太不可思议了。

1938 年 11 月的《国家地理》杂志刊登了一篇关于猫的专题文章，其中有波斯猫和暹罗猫的照片，这两个品种看起来没什么区别。今天你绝对不能这么说这两个品种了。仅仅 85 年后，暹罗猫已经从脑袋有点儿棱角的平平无奇的猫，变成了格外修长而纤细、头部像茅尖一样的"线条优美"的猫。就好像有人抓住了一只 1938 年的暹罗猫，把它的鼻子向前拉得离眼睛更远。而波斯猫则向着相反的方向变化，成了身材短小、体格敦实的猫，鼻子基本上不见了。换句话说，就在短短几十年间，繁育者已经重塑了这些猫的解剖结构，繁育出了截然不同的猫，而且它们和以往任何猫都不一样。或者我们还可以想想短腿的曼基康猫。如果以前的古生物学家发现一只具有这种解剖结构的猫化石，他们很可能会把它归类为一种有别于家猫的生物。

换言之，猫是进化多样化的绝佳案例，其多样化以迅雷不及掩耳的速度发生了，值得好好进行科学研究。意识到这一点之后，我虽然并没有放弃我作为蜥蜴研究者的日常工作，但现在也开始研究猫，探索我们能从它们的进化和继续进化中了解到什么，以及这可能告诉我们关于一般进化过程的什么新知识。

研究猫的科学家都是"狗狗羡慕症"的重症患者。这事出有因，因为狗已经成了实验室科学家和报道他们的记者的宠儿。按照《纽约时报》的说法，犬科研究正处于现代科学的前沿，而猫科研究还停留在中世纪。的确，关于狗的研究在遗传学等领域取得了重要进展。尽管媒体更少报道猫的研究，但它同样丰富多彩，不仅涉及许多与狗研究相同的领域，还包含一些犬科学术尚未触及的主题。从很多方面来说，这是一个科学地认识我们心爱的宠物的黄金时代。多亏了现代技术的奇迹，猫身上的许多奥秘正迅速被新一代猫科学[①]研究者揭开。

这类研究的结果为这本书提供了素材。为了了解今天的猫，我们要知道它们的起源、它们的祖先是谁、它们是如何变化的，以及为什么会这样变化。有多种研究方法可以让我们了解猫在过去一万年中是如何进化的，考古学、遗传学、行为观察和声谱分析只是其中一部分。我们还将探索科学家正在使用的高科技方法，来研究今天的猫如何与它们的环境相互作用——当它们走出后门，前往未知之地时，它们会

---

① 英语中急缺一个表示对猫的研究的词。一些在线资料称之为 felinology，但如果你想造个词，最好还是把它写对（felinology 混合了希腊语和拉丁语）。Ailurophile（嗜猫癖）和 ailurophobia（恐猫症）是受公认并被收入字典的词，分别意味着对猫的"爱"和"怕"，它们来自古希腊语 αἴλουρος（aîlouros），意为"猫"（字面意思是"长着挥动的尾巴"）。因此，对猫的研究应该被称为 ailurology（猫科学）。

做什么。环境健康是这类讨论不可或缺的一部分，我们将谈到猫对其他物种的影响，以及我们能采取哪些行动。最后，我们还会说到未来的猫，也就是猫科领域的发展方向和未来的可能性。

《猫的多元宇宙》还将探索我们对猫不甚了解之处。当然，在无数书籍、网站和杂志中都不乏有关猫的各种信息。但作为一位科学家，我常常有点儿沮丧，因为我们很难区分事实和都市传说。举个例子，想想许多猫的品种名。埃及猫真的是法老的猫几乎没变的后代吗？而波斯猫、阿比西尼亚猫、暹罗猫和巴厘猫，又真的来自它们名字里的起源地吗？①

我也常常想知道驯猫专家对猫做的古怪之事所提出的进化解释有没有道理。贝拉把死老鼠放在你的枕头上，真是为了帮助你提高捕食技能？猫在窗前喋喋不休，是不是真的因为看到鸟就会触发它们咬死猎物时的那种快速的下颌运动？胡须先生在你肚子上揉面团的行为既可爱又烦人，但它为什么要这么做？编造关于进化的"原来如此的故事"来解释为什么某个物种拥有某种性状并不难，但是从科学上检验这种想法往往难得多。为此，我们不仅要考虑我们对猫的进化历程了解多少，还要想到我们尚未发现的事情，还有那些科学可能根本无法回答的问题。

当然，猫的进化的传奇故事既涉及猫，也涉及人。我们会看到，数千年来，我们所起的作用是无心的。猫掌握着方向盘，以它们自己的方式进化，并在我们身边生活。但是在过去的 150 年里，我们和猫的角色调换了位置，在许多方面我们已经把猫的进化（至少是其中一

---

① 剧透一下，答案是不太可能，但某种程度上是的，这个问题很复杂，既是又不是。

部分）推向了全新的方向。我们将探讨爱猫人士想要如何创造新的品种，为什么想要创造这些品种，以及这个过程在科学上是如何发生的。

繁育和购买纯种猫的行为在一些地方饱受批评。我们将探讨这些批评，其中一些是有道理的。同时，我们还会探讨选择育种有没有可能培育出更适合在当今现代社会中作为驯化生物生活的猫。

当然，猫是《猫的多元宇宙》的核心话题。为了了解它们，我们将前往它们生活和被研究的地方，从郊区的卧室到科学实验室、度假岛屿和澳大利亚内陆，无一不包。在那里，我们会见到身处猫世界之中的人，也就是那些出于某种原因最终和猫科动物为伴的科学家和繁育者。

人们对猫怀有强烈的感情，所以怎么称呼它们可能是个很难回答的问题。把猫称为"宠物"不会有什么问题。但我们该如何称呼这段关系中的人呢？俗话说，"狗有主人，猫有'铲屎官'"。用一种没那么戏谑的方式说就是，许多人认为他们的猫科伙伴更类似朋友或家人，而非所有物。在许多圈子里，"猫主人"这样的说法已经被抛弃了。

一种越来越常见的替代称呼是"宠物父母"。虽然我理解为什么有些人喜欢这种叫法①，但我不会这么叫，因为我想强调，猫既不是迷你版的狮子，也不是迷你版的人。它们就是猫！

人们也会使用"朋友""伙伴"和其他很多名字。在我看来，所有这些称呼都有一定的道理，但没有一个是完美的。我会同等对待并交替使用各种称呼。

_____

① 　还有些人很讨厌这种说法，你可以搜一下，看看网上的激烈辩论。

对我来说更重要的是，要强调猫不是物品。它们是活生生的、有知觉的生命，我们当然也是这样和它们互动的。[①]

还有一个问题是，我们用什么名字来代表这个物种。从科学上来说，拉丁种名 *Felis catus*（猫属家猫种）是个好名字，但在日常使用中呢？我从小就叫它们"家猫"（housecat）。但这个词显然戳中了一些人的怒点。我在为《国家地理》网站写了一篇用到"家猫"一词的文章后，收到了一封措辞傲慢的信，告诉我这个词只适用于从不外出的猫。[②]我十分欢迎这封信的作者（还有他那些学究气的同路人）发表意见，但事实上，"家猫"这个词通常适用于猫属家猫种的所有成员，无论它们住在哪里。另一方面，"驯养的猫"（domestic cat）也被广泛使用，但在我看来，这个词既无聊，有时又带有误导性，因为这个物种的许多成员几乎没有被"驯养"。

我们可以把它们简单称作"猫"（cat），而且我们也经常这样。但我们也用这个词来指代猫科的所有成员，从狮子到猞猁统统囊括。（为什么狗有自己的名字，能和犬科的其他成员区分开来，而猫却没有，这是一个有趣的问题，我在此不深究。）

我的解决方案是什么？我会交替使用这三种称呼。当语境可以清楚地表明我指的是什么时，我会倾向于用"猫"，但当有可能对哪种猫

---

① 作者在书中对于猫的性别代称做了特别处理，偶数章用雌性统称，奇数章中用雄性，对具体的猫则用其真实性别对应的人称。为免混淆，中文版统一用"它""它们"。——编者注

② 网站在标题中用了 house cat，但在正文中用了 housecat，说明这个词有两种广泛使用的拼法。我更喜欢用 housecat 来指代整个物种，而用 house cat 来指代只住在家里的猫。

科动物产生歧义时，我会随心所欲地使用"家猫"或"驯养的猫"[①]。

人们也创造了大量术语来指代以不同方式生活的猫。虽然这些花样繁多的分类之间存在一些微妙的区别，但我将简单地将它们分为"宠物"和"无主猫"，当然我也知道它们之间还存在一个灰色地带。在"无主猫"中，那些生活在大群体中，并由人喂养的猫可以被叫作"群居猫"。独自生活的猫通常自食其力，无人喂养，也得不到其他方面的照顾，被称为"野生猫"，但我们也要知道，野生猫和群居猫之间的界限可能十分模糊。"流浪猫"和野生猫之间的一种常见的区别是，流浪猫由于过往的互动，而对人类有了社会化的认识，野生猫却没有，野生猫可能害怕我们出现。只要流浪的时间够久，流浪猫就会失去它们社会化的特点，变成野生猫。

好了，不提术语的事儿了！大多关于猫的书都会从古埃及说起，讲述非洲野猫如何来到人类中间生活，然后被驯化，先是作为捕鼠能手，接着是宠物，最后成了神。这是个很棒的故事，我们最终会讲到。但我想换个角度开始，讨论一下今天的猫。

我已经提到，大多数猫相对于它们的祖先变化很小，但这并不意味着它们完全没有进化。我们首先会讨论非纯种猫发生了变化的几个方面，也就是它们被"半"驯化的部分。对于许多物种而言，驯化过程的第一步是改变举止和性情，所以，这就是我们的起点，探讨家猫从非洲野猫开始进化出的行为变化。

---

①　为简洁起见，除需要区分的特殊情况之外，后文中将把"家猫"和"驯养的猫"统称为"家猫"。——译者注

02

"喵呜"了一声

喵呜!

对任何和猫一起生活过的人,乃至大多数没有养过猫的人来说,这种声音都不陌生。喵呜叫就是猫的典型特征,对很多人而言,这就是猫的明确特征。但当猫在喵呜叫的时候,它们到底想说什么,又是在对谁说呢?如果它们是在和我们说话,这会不会意味着喵呜叫是在驯化中进化出的一种家猫的性状?

我一直以为猫是通过喵呜叫进行交流的,它们只是把自己的社交圈扩大到了我们这里。但猫专家却不这么认为。查阅任何有关猫的交流的科学综述都会看到,成年猫之间互动时几乎不会喵呜叫(但它们会发出其他声音,尤其是在不友好的互动中)。

但这些科学论文有一个有趣之处。科学家在论文中陈述观点时,(除了解释自己在论文中提出的数据外)都会参考其他为这种说法提供证据的论文。如果你看一下所有认为猫之间不怎么会喵呜叫的论文,你就会发现它们参考的都是同一项研究。

这样看来，猫很少相互喵呜叫的证据全都来自对生活在英国户外的绝育猫群的研究。我没有理由质疑这项发现——我不记得我的任何一只猫曾经对同类喵呜叫过（相对于偶尔的嘶嘶声或者低吼）。

但我还是想知道，根据一项关于户外猫群的研究推断所有和我们生活在一起的猫的情况，这究竟有多可靠。再往前一步，我想，如果真的有一种猫会和同类聊天，那会是哪种猫呢？然后我想到了，肯定是暹罗猫，那可是猫世界的"话痨"，它们不停和人类说话可是出了名的。但它们彼此之间也会这样吗？

由于缺乏时间和资金来进行一项正规的科学研究，我换了一种次优方案，在社交媒体脸书上展开了一项非正式调查。我在私密群组"暹罗猫"中发帖："暹罗猫以和人类交谈而闻名。但你的猫有对着别的猫喵呜叫过吗？"

结果一边倒。41位受访者中有28位（68%）表示，他们的暹罗猫会冲着其他猫喵呜叫。一些回复"没有"的受访者指出，他们的暹罗猫会对别的猫发出其他声响，比如吱吱声，但并没有喵呜叫。

这些给出肯定回答的暹罗猫发烧友会不会是把另一种类型的声音误认为喵呜叫了？又或者，这些和猫同住的人从未接受过研究动物行为的训练，他们认为贾丝明冲着希巴喵呜叫的时候会不会搞错了？

也许吧。但另一方面，人们花了很多时间陪伴他们的宠物，相当了解它们。当三分之二的受访者说他们的猫会冲着其他猫喵呜叫时，我们就要认真考虑这种可能性了。

有两项观察结果支持了暹罗猫的确在相互交谈的结论。在28位回答"是"的受访者中，有10位明确表示，他们的猫在找不到家里其他猫时，就会开始喵呜叫，设法找到它们。另外，还有几位回答"是"

的受访者说，当他们的暹罗猫大声喵呜叫时，其他猫就会跑过去找它。

顺便插一句，调查中还出现了有趣的一点，一些受访者说他们的暹罗猫会冲着他们的狗喵呜叫！

我把这些结果告诉了几位研究猫的社会行为和交流的专家，他们都认为这些结果听上去是真实可信的。[①]虽然猫对我们喵呜叫得更多，但它们有时也会冲着同类（还有狗）喵呜叫，尤其是在试图寻找对方的时候。

不管怎么说，物种间交流的问题仍然存在。相比于彼此，猫冲着我们喵呜叫得更多，所以它们不仅是把我们当作大家庭中的一员。它们想告诉我们什么？

任何和猫一起生活过的人都知道，喵呜声并非千篇一律，相反，猫有着多样化的"喵语"，在不同的情境下会发出不一样的声音。其他动物也有类似的多种发声方式，比如狗在不同的情况下会发出不同的狗叫，猴子面对各种捕食者也有不同的报警声。

如果我是个赌徒（我确实是！），我会下重金押注猫的各种喵呜叫是有意义的。而这正是康奈尔大学的一名研究生做的事情。

尼古拉斯·尼卡斯特罗（Nicholas Nicastro）进入研究生院本来想研究人类语言的演化。但他发现人类学系被学术内讧和政治正确弄得四分五裂，于是转到了心理学系，打算研究灵长类动物。

一天下午，他正和他的博士生导师交谈，导师是一位研究动物交流的专家。这位教授认为，动物的叫声可能包含一些情感内容，但不

---

① 但公平点儿说，专家也强调了，人们在解释他们观察到的情况时可能存在误解。

存在类似语言的东西。尼卡斯特罗反驳道，他是在猫的陪伴下长大的，他认为不同的喵呜叫是有意义的。他导师对此表示怀疑，于是他们打了个赌。以灵长类动物为博士研究课题的想法被尼卡斯特罗抛到九霄云外，研究猫的交流才对。

尼卡斯特罗录下了他自己的两只猫和十几位亲朋好友家的猫的喵呜叫。为了录音，尼卡斯特罗会前往猫的家里，在它们周围转悠，直到猫习惯他的存在，这通常需要一个小时。他用一个放在猫周围6英尺①范围内的麦克风，记录了猫在向它们的人类室友示好、即将被喂食以及被大力"撸"时发出的喵呜叫。他还录下了当猫被放在它想通过的门或窗后面时，以及被带到一个陌生的环境中（特别是尼卡斯特罗的车里）时发出的喵呜声。

有时，等待一只不合作的猫喵呜叫会让人百无聊赖。此外，尼卡斯特罗在"撸"猫时会逆着毛捋，想要诱导猫发出表示攻击性或者不高兴的喵叫声。但他有几次却"惨遭毒口"。除此之外，工作进行得很顺利，尼卡斯特罗录下了500多段喵呜声。

他研究的问题很简单：人们在听到一种叫声时，能不能正确识别出猫是在什么情况下发出这种叫声的？19位大学生为了获得课程学分参加了研究，还有另外9位年轻人得到了一份巧克力点心。

参与者来到测试室，戴上耳机，一次听一段猫叫，并按下控制台上的一个按钮，给出他们对每种喵呜叫的情景的猜测。

总体来说，参与者识别情景的正确率只比随机选择稍高一点点。只有27%的呼叫被正确识别了出来，考虑到总共有5种可能性，如果

---

① 1英尺≈30厘米。——译者注

纯靠运气，正确率应该为 20%。养猫经验更丰富，或者表示非常喜欢猫的参与者表现得更好，但即使是最成功的参与者，也就是一位养猫、喜欢猫，还经常和猫互动的女性，也只在 41% 的情况下能正确识别出喵呜叫的情景。尼卡斯特罗输掉了他在喵呜叫的意义性上的赌注，但最终写出了一篇优秀的博士论文。

随后，在意大利进行的一项研究也得出了类似的结果。在这项研究中，参与者听到了猫发出的喵呜叫，这些猫要么在等着人投喂，要么是被带入了一间陌生的房间，要么是被它们的人类伙伴好好"揉弄"了一番。总体来说，参与者的准确度并不比瞎蒙要高，但女性的表现优于男性，而且养过猫的人比没养过的人要更准确。

这些发现表明，人们区分喵呜叫的情景含义的能力是有限的。这些结果令人费解，因为我们知道任何一只猫都有很多种不同的喵呜叫。此外，针对狗在不同情况下的叫声进行的类似研究中，人们识别情景的能力要强得多。为什么人们弄不清猫想说什么？

2015 年在英国进行的一项研究揭示了答案。研究人员使用类似于尼卡斯特罗的方法，到人们家中录制了猫在 4 种不同情景下喵呜叫的声音。①然后他们向听众回放这些叫声，看他们能否正确识别每种叫声的情景。但这项研究与尼卡斯特罗的研究的一个重要区别是，这些听众中包括了每只猫的主人。

参与者在听他们养的猫叫时表现得相当熟练，60% 的时间都能正确识别出猫叫的情景。相比之下，当听到一只不熟悉的猫叫时，他们只有 25% 的情况能选出正确的情景，并不比瞎蒙更好。

---

① 有趣的是，这所大学的伦理委员会不允许研究人员逆着毛的方向捋猫毛，大概是觉得这样做太恶意或者太"烦猫"了。

　　这些结果表明，每只猫都有自己特定的喵叫声，在不同的情况下使用，与这些猫一起生活的人可以学会识别每一种喵呜叫的含义。但是，这些叫声是每只猫特有的，并不存在什么通用的"猫语"，比如这样的喵呜叫是在说"朕饿了"，那种则在暗示"宝宝好害怕"。

　　我们还不清楚不同猫的叫声差异是如何产生的。一些科学家推测，猫尝试了各种各样的叫声，并学会了在特定情况下哪种叫声能得到人类同伴的最佳回应。这很合理，但我不知道有什么数据可以支持这种说法。无论是什么原因，反正结果是，每只猫和它的人类室友共用着一个私有词库。

　　请记住，这些仅限于我们称之为喵呜叫的声音。猫还会发出其他许多声音，其中一些声音（比如嘶嘶声和低吼）的含义任何人都很清楚。瑞典动物学家苏珊娜·舍茨（Susanne Schötz）大概是世界上研究猫发声的领衔专家了，她也是著名的搞笑诺贝尔奖（"表彰那些首先让人发笑，然后让人思考的成就"）得主，她列出了8种类型的叫声，包括喵呜叫、颤音、嚎叫、低吼、嘶嘶声、尖叫、喉音和吱吱叫[①]，以及它们的组合，比如低吼—嚎叫，或者颤音—喵呜。

　　至于到底什么是喵呜叫，她是这么说的："通常，喵呜叫是嘴张开再闭合发出的……m是以闭口方式发出的，然后嘴巴张开发出e，再保持张开的嘴发出o，再闭上发出w。看到嘴巴是怎么先开后闭的吗？"

　　她是对的，我就是这样"喵呜"的。但舍茨继续说，喵呜声的变

---

① 不同研究描述猫叫声的用词可能略有差异。根据舍茨博士的网站介绍，颤音（trill）通常表示放松状态；嚎叫（howl）是大声的警告，代表攻击前的明显征兆；尖叫（snarl，有时也叫shriek）是打斗或者疼痛时的大叫；喉音（purr）在大多情况下是感到舒适或满足的"咕噜声"。——译者注

化范围非常大。有时，猫叫并不会以m开头，而是以w或u代替。有时，它们会添加一些额外的音节，如"喵呜—呜"或者"喵—嗷—呜"。变化的范围几乎无穷无尽。舍茨提供了4个子类别，包括喵、吱嘎声、呜咽和喵呜，但她强调，"喵呜叫几乎可以无穷无尽地变化，而且因为存在这么多不同的版本，将这些叫声归到不同的子类别中并不容易"。

"喵"尤其值得讨论。这是一种声调很高的喵呜叫，但最后一个闭口的"呜"音节被省略了，"喵"是小猫叫妈妈时发出的可爱声音。有人认为，我们的猫朋友经常对着我们喵呜叫，就是它们幼年行为的延伸，它们以前向妈妈"喵"，现在向我们发出更成熟的类似叫声。

*　　*　　*

如果喵呜叫主要是用来和我们沟通的，那么这告诉了我们关于喵呜叫起源的什么信息？它是几千年前猫开始与人类交往时进化出的一种特征吗？

显然不是。对动物园动物的观察发现，大多数小型猫科动物也会喵呜叫。[①]而且和它们家养的这些兄弟姐妹一样，这些物种只在非常罕见的情况下才会互相喵呜叫，甚至比家猫还要少见。另一个相似之处在于，这些物种的幼崽会冲着它们的母亲"喵"，就像小奶猫一样。

但和家猫不同的是，这些野生物种很少冲着人喵呜叫。在一项面向动物园饲养员的调查中，在被照顾的365只猫科动物中，只有两只

---

① 大多数大型猫科动物，比如狮子和老虎，生理上无法发出喵呜声，它们喉咙中有特殊的结构能让它们发出吼叫。

猫（都是薮猫）在靠近饲养员时会发出喵呜声。这并不是因为它们不友好，其他几个物种在其他很多方面都对它们的饲养员相当友好。如果这些物种不对彼此喵呜叫，也不对人喵呜叫，那么它们是想和谁交流？还是说它们只是在自言自语？这是猫科动物生物学有待研究的诸多奥秘之一。

当然，还有一种特别重要的猫科动物需要考虑，那就是非洲野猫。通过研究这个物种喵呜叫的行为，我们可以了解家猫行为的哪些方面是从它祖先那里继承来的，哪些又是随着家猫适应人类生活进化而来的。

这正是尼古拉斯·尼卡斯特罗在他的博士研究的第二部分要探索的事情。为此，尼卡斯特罗跨越半个地球，来到了比勒陀利亚动物园，这家动物园专门进行非洲野猫的繁育工作。十几只猫被圈养在并排的围栏里，它们离得很近，距离足以让猫之间产生互动。尼卡斯特罗在笼子周围设置了麦克风，从外面观察这些猫。

这个项目开展得相当好。由于饲养员的悉心照料，这些猫"对人类漠不关心"，在研究生的监视下继续生活。

非洲野猫绝对在喵呜叫！"我很惊讶它们会发出如此多喵呜声，差不多就是一种持续不断的噪声。"他回忆道。

在 50 个小时的观察中，他录下了近 800 段喵呜叫，并记录了每段叫声发出时的情况。野猫在即将被喂食、进行攻击性交锋，或者来回踱步时，都会喵呜叫。而它们在和人或者另一只猫做出友好举动时发出喵呜声的情况则很罕见。尼卡斯特罗只研究了成年猫，但其他科学报告表明，非洲野猫的幼崽会像其他小型猫科动物一样，冲着它们的母亲"喵"。

尼卡斯特罗感兴趣的不只是非洲野猫会不会喵呜叫，他还想知道，这些叫声和家猫的叫声有何异同。为了找到答案，他以数字化方式分析了这些叫声的声谱质量，比较了类似情况下的叫声。

计算机分析清楚地表明，这两个物种的叫声在所有情景下都不同。家猫的叫声音调更高，持续时间更短。野猫的叫声则显得更加紧迫，需求感更高。用尼卡斯特罗的话说，野猫的叫声是"喵—嗷—嗷—嗷—嗷—呜！"，相比之下，家猫则是更悦耳的"喵—呜"。

接着，尼卡斯特罗招募了一批大学生来听录音，然后说出他们认为家猫还是野猫的叫声更悦耳。每位学生都听了48段叫声，每个物种24段，并为每段叫声的悦耳程度在从1到7的量表中给出分数。不出意料，他们都能分辨出非洲野猫和本地猫之间的区别，并且绝大多数人都更喜欢"家猫队"。

在我们听来，家猫的叫声比非洲野猫的更优美，这是巧合吗？尼卡斯特罗认为不是。他认为，短促而音调高的声音在本质上更能取悦我们的听觉系统，也许是因为年轻人类的声音音调更为高亢，因此家猫也相应地进化成了这样来"巴结"我们。

这是被称为感觉偏倚假说的科学观点的一个例子。这种观点认为，为了有效沟通，物种会适应于接收者探测能力而进化。举个例子，雌性青蛙特别善于听到某一个频率的声音，雄性青蛙因此会发出这种音调的交配叫声。类似，孔雀鱼格外擅长捕捉橙色（也许是因为它们的美食就是这种颜色的），因此艳丽的雄鱼会用橙色斑点来吸引雌鱼的注意。虽然这些例子指的是物种内的互动，但跨物种的交流同样如此。在这种情况下，猫可能已经在进化中学会了利用我们对高音调声音的偏爱。

　　笼统地说，这些数据表明，喵呜叫并不是家猫发明的。然而，它们已经让这种说话方式适应了和我们一起生活的需求，改变了喵呜叫的声音，并且在不同的情景下这么叫。它们并不是简单地把我们当作同胞，像和它们自家的猫兄弟姐妹一样和我们沟通，因为猫科的所有物种彼此交谈时都很少喵呜叫。最大的区别在于，家猫已经进化到了冲着人喵呜叫，这是友好互动的一部分，并相应地改变了叫声，让我们觉得它们更有魅力。

*　　*　　*

　　喵呜叫并不是唯一一种由猫与我们的关系塑造的猫叫声。想想它们另一种最受欢迎的声音就知道了。

　　猫在很多情况下都会发出喉音。不仅是高兴的时候，还有它们等待食物、紧张，有时甚至是痛苦的时候。就像它们的叫声一样，猫发出的喉音在不同的情况下各不相同。

　　特别是，众所周知，当猫等着被喂食时，它们会发出响亮而持续的喉音。想想看，当你打开一罐湿粮时，在你脚边，也许正在你腿边蹭来蹭去的猫是什么样子。一组科学家决定看看这些猫改变喉音时可能想告诉我们什么。

　　为此，他们录下了 10 只猫在两种情况下的喉音。第一种情况是猫在平静的时候被同伴抚摸，发出了我们都很喜欢的那种满足性喉音。第二种是早晨到了喂猫的时间，但猫的人类同伴却没起床进行"烹饪工作"，而是按照实验要求仍然躺在床上。猫会跳上床垫，摆好姿势，最大限度地提高发出的喉音的音量。这种"请求性"喉音并不是一只满足的猫发出的那种惬意的嗡嗡声，而是一种持续不断"求关注"的链锯声一样的呼噜。

向 50 位志愿者播放这些录音时，请求性喉音被一致认为"更紧迫，也没那么悦耳"。

研究人员随后回到录音本身，分析了这些喉音的声学特性。最一致的区别在于，请求性喉音中出现了满足性喉音中所没有的高音调的成分。为了检验这种因素会不会真的是让聆听者产生不同看法的原因，科学家对请求性喉音进行了数字修改，删除了这种成分。当新一批聆听者听到原始版本和数字修改后的版本时，他们觉得修改后的版本没那么恼人了。

在报告这些结果的科学论文的结尾，科学家提出，请求性喉音的声学结构和人类婴儿的哭声具有某些相似之处。众所周知，人类对婴儿的哭声格外敏感，反应强烈。科学家认为，猫已经进化到利用我们原有的感知能力，创造了一种能引起我们注意的喉音。

我读到这篇论文时，觉得这简直是无稽之谈。在计算机上进行一种花哨的统计分析来检测相似性是一回事，但单凭喉音的属性和哭泣的婴儿有一些数字上的相似性，并不能表明它们真的听上去很像。

接着我听了作者在网上附上的论文音频文件。你猜怎么着？播放这些录音时，我确实听出了猫的喉音和婴儿哭声的相似之处！我又找到了其他一些请求性喉音，如果认真聆听，或许也能在其中听到一丝婴儿的哭声。

所有小型猫科动物都会发出喉音，因此这种能力一定在很久以前就进化出来了，远远早于家猫开始跟人类打交道之时。事实上，动物园饲养员曾报告，有几个友好的猫科动物物种会在他们面前发出喉音。

但就像喵呜叫一样，家猫似乎已经在进化中修改了它们的喉音，以便更好地和我们沟通。

但这种结论背后的假设是，非洲野猫，甚至虎猫或者短尾猫，在等待喂食时并不会发出那种持续不断的、类似人类婴儿的喉音。如果这种假设是错的，那么与人类婴儿的哭声的相似性就一定是巧合，而不是一种进化出来操纵我们的手段，因为其他小型猫科动物并不是在人类身边进化出来的。

据我所知，目前还没有可用于检验这种假设的公开数据。为了进一步挖掘这方面的信息，我和美国各地动物园的一些小型猫科动物的饲养员聊了聊，但没能得到相关信息。一些物种被作为宠物饲养，所以也许有人知道答案，但这个人不是我。

我的直觉（但没有任何佐证）是，即使温顺的虎猫在希望得到喂食时会发出喉音，这些喉音听上去也不太可能像人类婴儿的哭声。不过，没有数据，谁知道呢？这似乎是个不错的硕士学位研究课题！

长期以来，人们一直认为，猫把我们玩弄于股"爪"之间，巧妙地操纵我们，从而得到它们想要的东西。关于喵呜叫和喉音的数据表明，这种想法有其进化基础。然而，交流只是猫和人互动的一个方面。鉴于家猫还有其他各种令人惊叹的行为，它们在适应与我们一起生活的过程中，肯定还在其他方面发生了进化。

03

最友好者生存

当我倚在躺椅上打出这些字的时候，我忠实的助手纳尔逊正趴在我身上，它棕色的脚偶尔会触到笔记本电脑的触控板，敲出一些奇奇怪怪的拼写和标点符号。毫无疑问，你们中有许多人都和你们的猫伙伴有着类似的关系。这样的亲密关系似乎是家庭美满的最高境界。人们怎么能说猫"几乎没有被驯化"呢？

许多（但肯定不是全部）家猫的友善似乎是家猫已被完全驯化的有力证据。还有哪个猫科物种会依偎在你腿上，舔你的头发，或者跟着你在家里走来走去？这种推理背后的假设是，家猫的祖先对人类一点儿也不友好（它被称为非洲"野"猫事出有因），切斯特喜欢抱抱的特点是近期才进化发展出来的，是驯化的结果。

但你得明白，假设是需要验证的。我们真正需要的是有关野生猫科动物与我们家里的伙伴亲和力孰高孰低的一手信息。而对于这些，有谁会比每天和这些物种打交道，甚至和更小的物种一起进笼子的动物园饲养员更清楚呢？

为了挖掘关于猫的亲和力的知识库，一位行为科学家采访了 71 家动物园的饲养员，并对近400只小型猫科动物的数据进行了整理。意料之中的是，调查结果显示，猫科动物的性情天差地别。一些物种会坐在饲养员身边，或者露出肚皮打滚，甚至蹭或者舔他们。另一些物种则不会和它们的看护者产生任何瓜葛。[1]

乔氏猫

南美洲的小型斑点猫，包括虎猫、乔氏猫和长尾虎猫，被誉为最友好的猫科动物。但美丽的斑点并不能保证猫科动物对人友好。根据饲养员报告，最不友好的恶猫是亚洲豹猫[2]，在这本书的后面，这种区别将会引出更重要的意义。

即使是关系密切的猫科物种也有性情上的差异。非洲野猫位于最友好的猫之列，而最不友好的则有它们的近亲欧洲野猫（历史上，非洲野猫和欧洲野猫以及来自亚洲的野猫曾被认为是同一个物种的成员。后文就此会进行更多介绍，但请记住，当我用"野猫"一词时，我指的不是任何野生的猫科动物，而是这几个特定物种的成员）。这些发现与许多饲养过这些动物的人的报告是一致的。如果从小奶猫开始饲养

---

① 严格来说，研究人员记录的是他们所称的"亲和"行为，也就是"与形成与他人的社会和情感联系，或者渴望创造这种联系有关的行为"。亲和行为包括"在离饲养员一米之内的范围里坐着，在离饲养员一米之内的范围里打滚，在饲养员身上磨蹭头或身体侧面，以及舔舐饲养员"。

② 注意，豹猫体形和家猫差不多，但长着豹一样的斑点被毛，故得此名。这两个物种的关系并不近。

非洲野猫，据说它们会发展成为亲近人类的伙伴，而欧洲野猫哪怕受到了最温柔的关爱，长大后还是会变得相当凶恶。

猫科动物友好程度的证据不仅来自动物园。人们会在家里饲养不同物种的幼猫，把它们当作宠物。事实证明，许多猫科物种如果饲养得当，都会成为带来幸福的伴侣。甚至大型猫科动物如果得到精心照料的话，也可以作为宠物饲养，据说美洲狮就是相当好的房客（但并不是说我就鼓励这种做法。出于很多原因，将美洲狮①和其他野生猫科动物作为宠物饲养都是个坏主意）。

这种饲养野生猫科动物的习惯由来已久。例如，古埃及人不仅驯服了非洲野猫（他们后来将这种野猫驯化了），而且还驯服了猎豹、狮子、豹子、丛林猫（长腿、短尾、口鼻部分很长的黄褐色猫科动物）和薮猫（来自非洲平原的带有斑点、腿极长、体形优美的猫科动物，后面将详细介绍它）。在过去几千年里，人们总共驯服了 14 种猫科动物，大部分在非洲和亚洲。总的来说，动物园饲养员口中友好的猫，几乎完美地对应了那些历史上作为被驯服的动物而饲养的猫。

然而，被驯服的动物和被驯化的动物之间存在一个重要的区别。这种区别是说明先天影响与后天影响的一个例子。被驯服的动物在生物学上与同一物种的野生成员并无差异，但它们的行为不同，这仅仅是养育方式导致的。把一只雌性美洲狮养在家里人的身边，它就会变得很友好。把它放归自然，它生下的幼崽也会像其他美洲狮那般狂野。相比之下，被驯化的动物则已经进化出了遗传差异，让它们与野生祖先之间有了区别。

---

① 美洲狮还有其他许多名字，其中美洲金猫和山狮较为常见。

那么，我们家里的朋友位于哪一边，它们是被驯服的，还是被驯化的？答案是两者都沾一点儿。家猫与美洲狮并没有什么不同。小猫需要与人接触才能变成友好的猫。如果它们在成长过程中没有得到人类的照顾（也许是因为它们的母亲就是野生猫），那么它们大多都会充满野性，且无法逆转。4 到 8 周龄是一个关键时期，在这个时期经常被"玩弄"的小猫长大后会成为适应良好的家猫。相比之下，8 周大才开始被人摸弄的小猫，最终往往会变得比较拘谨，而那些 10 周大才开始被摸弄的小猫则很少会对人友好，无论它们后来被如何善待都于事无补。①

另一方面，从小猫时期开始就与人类互动的家猫，长大后往往比以类似方式被抚养的其他猫科动物更友好。虎猫不会在你敲笔记本键盘时坐在你腿上，你也没法抱着一只懒洋洋的薮猫在家里走来走去，无论它们在成长过程中社会化得有多好都不行。家猫并不仅仅是被驯服的非洲野猫。如果在恰当的环境中成长，它们会比其他猫科动物更友好、更具亲和力。这种亲和力的增强是驯化过程中进化改变的结果。

家猫这种有条件的亲和力恰好说明了为什么将影响因素简单划分为先天和后天是错误的。一只生物的行为是先天和后天因素相互作用的结果。无论是正确的基因，还是恰当的环境，都不足以产生一只超级友好的猫。是这两者的结合催生了友好的猫。

不过，家猫和它们的野生表亲之间的这种行为差异还是比较小。想想狗在驯化中的巨大变化就知道了：无论狼是如何被养大的，它们

①　小狗也有一个关键的社会化窗口期，但要晚一些，是在它们7到14周大的时候。小猫在早期由许多人摸时表现得更好，这样它们就能学会对所有人都友好，而不是只对某一个人。

都完全不像那些奴隶般顺从的、一心只爱主人的后代。和由狼到狗的转变相比，非洲野猫和家猫之间的差异简直是小巫见大巫。"几乎没有驯化"或"半驯化"的说法只是观点，并不是科学发现，所以你必须对猫在驯化谱系中的位置形成自己的看法。为了帮助你做到这一点，让我们考虑一下家猫的行为与它们的祖先之间其他方面的变化。

　　在纳尔逊来到我们家不久后的一天，它叼着我妻子的一只羊绒手套走进了厨房。我们不知道这只小猫为什么会喜欢上手套，但它把手套丢在了我脚边。如果我把手套捡起来，在纳尔逊面前挥舞，它就会猛地拍向手套。它从我手中抢过手套后，就会在手套上打滚，并用身上每一处尖锐的地方无情地攻击手套。如果我把手套扔到房间的另一头，它就会疯狂地冲过去，马上就把手套带回来给我。这种情况反复发生了好几个月。随着手套被撕得越来越烂，纳尔逊把它的取物游戏清单扩大到了猫玩具和其他一些它喜欢的东西上。

纳尔逊说："游戏时间到！"

我相当惊讶。我们此前就觉得纳尔逊是一只"披着猫皮的狗"，因为它太友善、太有亲和力了，这是它所属的欧洲缅甸猫品种的标志。但这也非同寻常，它是一只会取东西的猫！我以前养过的 7 只猫可没有一只会这样，我也没听说过这种事情。不是只有我一个人这样，2019 年，NPR（美国国家公共广播电台）也在头条新闻中宣称"猫不会取物"。

真的，我觉得纳尔逊太了不起了，它是世界上最棒的猫。我脑子里充满了美妙的想法，比如全国巡演，受邀参加《今夜秀》，在视频网站优兔上为纳尔逊开设一个频道。名声和财富将随之涌来。

但接着我想到，也许我应该检查一下，确保纳尔逊的能力的确独一无二。

简单谷歌搜索了一下，我就得到了答案。互联网上到处都是猫取回玩具的视频，甚至还有少量有关这个话题的文献。一项针对近 3 000 位猫主人的在线调查显示，22%的猫会把玩具带到它们的人类同伴面前，以开始玩游戏。另一项对芬兰的 4 000 多只猫的调查显示，取回玩具的行为很普遍，其中暹罗猫拔得头筹。

我丝毫不怀疑，当纳尔逊把一个玩具叼给我，把它丢在我脚下的时候，它是想玩。许多动物，无论是野生的还是驯养的，都会玩游戏，特别是年幼的时候。但一些研究者认为驯养物种更喜欢玩游戏。动物为什么要玩游戏这个话题引发了相当多的学术讨论，也许它们是为了发展运动技能，学习如何进行社会交往，或者是在练习捕猎。当然，小猫常见的游戏行为，比如跟踪、扑击和摔跤比赛，都可以为这些目的服务，而且这可能出现在所有猫科动物身上。相比之下，很难想象取物是一种在野生猫科动物中进化出来的行为。

当然，问题不在于自然中的野猫会不会在你扔出玩具时去捡，它们当然不会。它们只会逃跑，如果它们够大的话，还会吃掉你。相反，问题在于，取物行为是隐藏在其他物种中而在驯服的个体身上表现了出来，还是说，野生猫科动物无论驯服与否都不会取回和叼来玩具。后者就表明，取物行为是家猫在驯化中进化而来的。

　　要区分这些可能的选项，需要研究其他猫科物种中被驯服的成员的行为。我没法通过和动物园饲养员的交谈解决这个问题。有些猫可以通过训练学会取回东西，但这和猫自发表现出这种行为依然有所不同。

　　事实上，家猫做的很多事情看上去可能是在人类周围进化的产物。想想踩奶就知道了。如果你和一只猫一同生活，你可能经历过这样喜悦或恼人（或者两者皆有）的时刻，斑斑先生站在你的肚子上，有节奏地踩下一只前爪，接着再踩下另一只，眼神放空。猫似乎处于一种恍惚状态，这种行为可能持续好几分钟，然后它才安顿下来小憩。

　　踩奶是小猫在母亲哺乳时期表现出的一种行为，大概是为了刺激猫妈妈的乳汁流出。科学家和爱猫人士一直猜测，为什么在人面前感到舒适的成年猫会保留这种行为，并对我们这么做。所有人都同意，在某种程度上，这种行为展现了猫的满足感，但我们并不清楚如何解释这种复幼现象①。

　　野生猫科物种在幼崽时期也会踩奶，就像家猫一样，但随后它们就不再这么做了。至少动物园饲养员在对 400 多只猫科动物的调查中是这样说的。但不是每个人都认同。一些网页上显示，在许多甚至所有野生物种中，一些成年动物也有踩奶行为，但没有相关证明。我不太相信这些说法，毕竟你能在互联网上的某个地方找到关于猫的几乎任何一种说法。但有几个见多识广的人告诉我，人工饲养的非洲野猫、虎猫和其他物种的成年猫科动物都会踩奶。显然这又是一个有待研究的论文课题！尽管如此，我们目前掌握的数据表明，成年猫在人类面前以踩奶表达满足，这可能是家猫和我们一同生活的一种适应。至于

———————

① 用科学专有名词来讲就是"幼态延续"，指让幼年的特征保留到成年生命阶段的进化改变。

它们为什么会进化出这种行为，也许是这以某种方式让家猫与人类建立起了更强的联系，或者诱导人们更友好地对待它们。

关于其他行为的研究就更少了。研究表明，当猫面对一种可能很可怕的陌生情况，比如面对在风扇前舞动的长长的绿丝带时，它们会向熟悉的人类寻求指导，想知道是不是应该害怕。猫还能听辨出自己的名字，识别并回应人类的情绪状态，还会跟随人们的目光和手指方向寻找食物（不过我曾在我的猫身上试过，没有成功）。这些似乎都是在猫进化到与人类互动和生活时出现的行为特征。

在我们得意忘形之前，让我们想想其他一些与家猫有关的古怪行为，比如它们会追着激光笔点跑、挤在箱子里、闻到猫薄荷就"上头"。这些或许也被认为是家猫进化出来的行为。但我对优兔网站上的内容进行的不科学的抽样调查表明，大多猫科物种，无论大小，都喜欢挤在盒子里，并且都会被猫薄荷迷得神魂颠倒。它们对激光束的反应则不太一致，但许多野猫也会像我见过的所有家猫那样疯狂追逐那个小红点。

遗憾的是，在比较我们家里的朋友和它们的野生近亲的问题上，犬科的学术研究已经远超猫科。举个例子，科学家已经证明，狗比狼更善于追随人类的目光去寻找它们想要的东西（比如扔出去的球）。同样，狗盯着熟悉的人的眼睛，会体验到催产素（就是"爱的激素"）的激增，但即使人工饲养的狼也不会这样。

除了尼卡斯特罗对非洲野猫喵呜叫的研究之外，对其他猫科动物还没有人进行过类似的研究。显然，我们还要对家猫进行更多的研究，并对非洲野猫和其他猫科动物进行详细的行为比较，才能了解哪些特征是家猫独有的，并可能是它们在成为我们的家庭伙伴时进化出来的。

　　到现在为止，我们讨论的行为都跟猫与人的互动有关。然而，家猫表现出的一种行为在猫科动物中几乎是独一无二的，因此这也是驯化涉及的特征，但是这种行为不仅被用在人身上，也被用在其他猫身上。纳尔逊将再次出场，我保证这是个让人会心一笑的故事！

　　尽管我们很想把纳尔逊养成一只待在家里的猫，但它还是格外想去户外探险。我们偶尔会让步，让它到后院里，并在它的项圈上挂上一台猫追踪器，这样一来，就算它越过了栅栏或者从底下钻出去，我们也能找到它。

　　有时它真的会这么做，然后我就得追踪它，并把它带回来。我找到它时，它起初似乎并没有认出我（猫的远视能力远不如我们），而且显得很焦虑（当然是猫的典型方式的焦虑，也许它只是假装不认识我罢了）。但当我靠近它，并且用最常用的"纳尔逊，伙计"的声音叫它时，它终于开始朝我走过来，有时甚至是跑过来。它在走近时，尾巴会直直地朝上竖起，就像后面的一个感叹号。它走到我面前时，会用脸颊和侧腹蹭我的腿，一直发出呼噜声。有时，在家里，当它陷入一种充满爱意的情绪中时，它也会出现类似的行为，高举着尾巴靠近，然后舔我的手或脚，想要换得爱抚，有时甚至会翻过身子让我揉它的肚皮。大多数与友好的猫生活在一起的人都很熟悉这一系列行为。家猫在相互交流时也会用这种"旗杆信号"，高高竖起的尾巴意味着"我没有敌意"，或者可能是"很高兴见到你！"。一只猫在走近的过程中举起尾巴，这是一种信号，表示它想进行其他友好的行为，比如用头和身体磨蹭、用鼻子轻碰和嗅闻，而另一只猫会回以这种竖起尾巴的礼节，代表它接受了这种互动。

行为科学家在一项实验室研究中检验了竖起的尾巴的交流价值。人们很早就知道，猫第一眼看到结构正确的猫的剪影轮廓时，会把它们当作真猫（尽管它们很快就能识破这个把戏）。利用这则知识，研究人员将猫的剪影贴在墙上，然后把一只真猫带进房间。当剪影竖起尾巴时，宠物猫往往也会竖起尾巴，迅速靠近剪影。相反，如果剪影的尾巴是垂下来的，真猫竖起自己尾巴的概率就要低得多，并且需要花上超过两倍的时间才接近剪影。在看到尾巴垂下的剪影时，猫

一只尾巴竖直翘起的友好的猫

摆动尾巴的次数也要高出 4 倍，表明它们产生了不确定和紧张的感觉。

高高竖起的尾巴显然是一种表示友好的"猫语"。事实上，猫用尾巴向我们示好是一种伟大的敬意，这说明我们已经获得了荣誉猫咪地位。

除了家猫之外，只有一种猫科物种也会以类似的方式用到尾巴。惊人的是，那不是另一种小型猫科动物，而是"丛林之王"。在相互问候时，狮群成员会竖起它们的尾巴，但呈现出一种更弯的半圆，而不是直直立起。狮子们同时还会磨蹭对方的头，或者闻屁股。家猫和狮子是独有的两种拥有这种不寻常行为的猫科动物，这个组合看似不同寻常，但实际上有一种现成的解释，它突出了家猫从野猫祖先那里获得的最重要的进化飞跃。

04

猫多力量大

对宠物的一种常见描述是，狗是充满爱心的社会性的群居动物，而猫是冷漠的独行侠。这种区分是有道理的，因为狗是生活在群体中的物种，它们是狼的后代，猫则来自通常被认为是独来独往的物种系谱。但我们将在这一章中看到，家猫的社会生活可要比我们通常认为的复杂多了，而比它们个头更大的猫科动物近亲们，在某种程度上也是如此。

当然，狮子一直被认为是猫科动物中非社会性的例外，众所周知，它们生活在由具有亲缘关系的雌性组成的狮群中，数量可多达 21 只（但更通常的情况下是 5 只左右）。狮群成员与一只或几只雄性（几乎不会超过 7 只）共同生活，这些雄性和雌性没有亲缘关系。狮群成员紧密的社会联系明显地反映在它们充满爱意的感情表现上，它们会相互磨蹭、梳毛，还会倚靠着彼此躺着。

狮群的社会性同样体现在它们合作捕猎的方式上，它们会合作猎杀那种任何一只狮子都无法单独杀死的大型动物，有时甚至是一头长颈鹿或者一头中型的大象。这些是真正互相协调的行动，而不是几只狮子在同一片地区各自徘徊。狮子会用到复杂的策略和调度，比如几只雌狮将猎物赶往埋伏在暗处的同胞的方向。

社会互动并不仅限于捕猎的范畴，而是渗透到了狮群生活的各个方面。同时生下幼崽的雌狮会共同抚养幼崽，给彼此的幼崽哺乳，当其他雌狮外出捕猎时，会有一只雌狮照看孩子。狮群成员也一同工作，保卫自己的领地，对抗其他狮群。

相比之下，虎和豹大部分时间都是独自生活，雌性会和它们的孩子一起。当个体相遇时，互动的范围可以从高度攻击性，到擦身而过点头示意，再到（至少在老虎中是如此）在同一具尸体上基本和平地进食。与狮子不同，虎和豹都不会成群生活，也不会共同捕猎、保卫食物或空间，或者合作抚养后代。

在大多数情况下，其他所有猫科物种都遵循着虎豹模式。但在承认这种说法之前，需要注意两点。首先，我们对大多数小型猫科动物的自然历史，也就是这些物种在野外做什么，都不甚了解。我们并没有掌握很多更隐秘的猫科动物生活的细节。我们所知的信息表明，它们都是类似的独居物种，但一旦有人对它们进行详细研究，谁知道又会出现什么惊喜呢？

第二点注意事项涉及一种最不寻常的猫科动物，那就是猎豹。令它们与众不同的是那修长的腿，让它们能以每小时 70 英里的速度冲刺。这种长着斑点、速度极快的动物的爪子像狗爪子一样无法伸缩，它们的社会组织也很独特。像大多猫科动物一样，成年雌性猎豹独自生活，或者与幼崽生活在一起。但雄性则截然不同，它们通常由兄弟组成联盟，联手控制一片领地，并与生活在领地内的雌性交配。和狮群一样，猎豹联盟的成员有时会合作捕猎，但它们只在求偶时与雌性打交道。

因此，野生猫科动物其实表现出了真正的社会性（狮子）、半社会性（猎豹）和非社会性（其他所有猫科动物）。那家猫又是什么样的？

我们从最简单的部分开始回答。对于家猫而言，不存在与猎豹相似的情况，没人报道过公猫兄弟联合起来试图掌控与母猫交配的机会的情况。事实上，奇怪的是，情况恰恰相反。虽然雄性家猫彼此之间具有很强的攻击性，但它们在向发情的母猫求爱时，却出奇地平静。当母猫与多只公猫交配时，公猫往往会平静地待在附近，而不会出现一只公猫击退其他追求者的情况。[①]

家猫生活在远离人类的野外时，通常过着独来独往的生活，成年猫很少遇到同类。这样的猫会在很大一片范围里游荡（我们将在第16章详细讨论这个话题）。有时，个体会有专属的游荡范围，但更常见的情况是，许多只猫在同一片地区晃悠。

但这些猫很少相遇。部分原因是它们覆盖了很大一片地方，所以意外撞见另一只猫的概率相对比较小。但为了确保万无一失，它们会留下"名片"，建议其他猫不要靠近。猫有极佳的嗅觉，它们的主要标记手段是战略性地留下粪便或尿液，从而留下臭味信息，宣布自己在一片区域中的存在。因此，说这些猫是非社会性的并不准确。它们其实经常通过化学方面的交流互动，只是不在对方面前而已。

但当猫撞见对方时，它们之间的互动往往并不友好（求爱的公猫

①　狮子因为发情期的雌性的交配频率而闻名，根据一些报告，发情的雌狮每天会交配多达50次，持续数天。雌性家猫几乎与雌狮相当，它们每天能交配15到20次，持续4到5天。

接近发情的母猫除外，尽管这些会面也可能很激烈）。科学文献中有关两只野生猫接触时发生的情况的报告少得惊人。在加拉帕戈斯群岛的一项野外研究中，研究人员对 14 只野生猫进行了 200 多个小时的观察。在此期间，研究人员观察到两只猫相遇 40 次。如果这两只都是公猫，它们"在鼻子、肩膀和肛门区域仔细嗅闻对方，并伴随着低沉的喉部叫声。这段狭路相逢的高潮是一阵高音调的叫声，伴随着一通猛击。居于从属地位的那只会侧卧，而占据优势地位的那只则以一种标准的直腿拱背的姿势站在对方的头的上方，继续发出低沉的声音。再过很短一段时间，通常不到一分钟，优势个体就离开了。最初的几步是腿绷直了走的。很快，从属个体也起身离开，通常朝着相反的方向走开。没有见过友好的相遇，也没见过成群的公猫"。

几乎所有猫科动物的生活方式都和野生猫的独居生活很相似。但当猫生活在我们身边时，情况就不同了。在许多地方，大量户外猫生活在人类附近，主要靠丢弃的食物或者人的施舍维生。长期以来，人们认为这些猫群只不过是许多不存在特定社会倾向的猫的集群。但当研究人员开始对农场和城市中喂养猫的地方进行详细研究时，他们立刻意识到，家猫群体可不仅仅是一群碰巧生活在同一片地方的猫。

相反，猫群通常被划分为许多子群体，每个子群体都由具有亲缘关系的母猫组成。子群体中的成员对彼此很友好，而对附近的其他母猫却经常表现出攻击性。小猫是集体喂养的，一只"猫后"会给子群体中任何一只饥饿的小猫哺乳。[①] 母猫甚至会协助其他母猫分娩，基本就是充当助产士的角色。例如，有人观察到一只猫后为另一只母猫的

---

① "猫后"指的是已经生过小猫的母猫，或者根据其他定义，也指没有绝育过的母猫。

新生小猫咬断脐带并清洁身子。大型猫群包含许多子群体，最大、最强大的子群体位于食物的中心来源附近（如果有这样一处中心的话），而较小的子群体则处于外围。

因此，高密度的家猫群的社会结构与狮群存在许多相似之处。两者的群体都由有亲缘关系的雌性组成，它们成熟后会继续和家人待在一起。雄性则离开群体，到其他地方尝试繁殖。母亲们共同抚养在同一时间出生的幼崽，甚至互相哺育对方的后代。

家猫和狮子相似的群体生活解释了为什么是这两个物种，而不是其他猫科动物，会出现竖尾巴的表现。生活地点距离很近的猫发展出了一种视觉上示好的方式，这毫不奇怪。还有什么比尾巴更适合用于示好的呢？毕竟尾巴易于移动，远处便可以看见，还不会被其他活动束缚。如果要想想其他选项，腿也可以，但它们经常要负责支撑猫的身体或者让猫四处走动。耳朵也能承担这项工作，但它们在远处更难被看到，胡须更是如此。尾巴是猫科动物视觉交流的完美身体部位。家猫和狮子不约而同地把它用作社会信号，这是适应性趋同进化的一个例子，也就是说，类似的特征在经历类似情况的物种中分别独立地进化了出来。

在太忘乎所以之前我得说一下，这两个物种的社会组织并非一模一样，两者也存在一些差异。例如，雌性家猫会在其他群体成员面前分娩，雌狮则会进入灌木丛，直到它们的幼崽 6 周大的时候才回来。另外，家猫一般不会合作捕猎。（谢天谢地，想想一群家猫合作猎杀美洲旱獭和浣熊的画面！）

一个主要的区别在于雄性的社会组织。对狮子而言，雄狮会联手控制一个雌狮群，或者偶尔同时控制多个狮群。联盟成员有时是一起离开它们出生的雌狮群的近亲，但并不总是如此。

与狮子不同，公猫不会形成联盟，通常也不会只关注一个母猫子群体。相反，大多数公猫四处游荡，想和尽可能多的母猫交配。

尽管存在这些差异，狮群和猫群的社会组织的确惊人地相似，而且就我们所知，这与其他所有猫科动物（猎豹另当别论）都截然不同。但我们要如何解释猫和狮子的这种趋同的行为进化，以及其他猫科动物没有这种类似的社会性呢？数量是关键。

* * *

研究人员研究了世界各地无主猫的群体，从布鲁克林的街道，到南极洲附近寒冷的岛屿均有涉及。他们发现，猫群的密度从一些地方的每平方英里① 2.5 只猫，到其他一些地方的每平方英里 6 000 多只不等。如果你想知道每平方英里 6 000 只猫什么概念，可以理解为大约相当于每英亩② 9 只猫，或者说每一块篮球场大小的地方就有一只猫。

造成这种 2 000 多倍差异的原因很简单：食物的可得性决定了猫的数量。当猫靠自己生活，没有人类喂养时，它们必须自食其力。在大多数地方，猎物并不丰富，猫也因此很少，需要大量土地来为一只野生猫提供足够的食物。这些地区的猫的密度很低，大约每平方英里 2到 15 只。

相反，在缺乏本地捕食者的岛屿上，猎物数量可以达到极高的密

① 1 平方英里 ≈ 2.59 平方千米。——译者注
② 1 英亩 ≈ 4 047 平方米。——编者注

度。尤其是海鸟，它们会选择没有捕食者的岛屿建立自己的群体，这些群体往往可以发展出巨大的规模。当猫被引入这里时，海鸟很容易就成了盘中餐。猫因此得以大量繁殖，它们的种群可以增长到很大的规模，至少在它们消灭海鸟种群之前是如此。

然而，许多无主猫不需要靠土地生活，至少不需要完全依赖土地。生活在农场里的猫以丰富的啮齿动物为食，但它们也接受农民的施舍（得哄捕鼠功臣们高兴！）。由于这种充足的食物供应，农场的猫群要比大多数没有食物供给的猫群大得多。

但极密集的猫群只出现在城市地区，这里有大量食物，要么是人们有意为猫准备的，要么是因为我们产生的可供猫群利用的垃圾很多。

其中一个地方就是耶路撒冷市中心的奈克拉沃老街区。维基百科告诉我们，奈克拉沃位于"旧城墙外"，并"以其狭窄蜿蜒的小巷、旧式住房、隐蔽的庭院和许多小犹太教堂而闻名"。维基百科页面继续介绍，"奈克拉沃的犹太教堂一度比世界上任何地方的都要密集，几个街区的半径范围内就有约300座"。但是，网上的百科没提到一个同样重要的让这里出名的原因：这片街区生活着全世界有记录的密度最大的猫群。

我们知道这一点全要归功于一位名叫韦雷德·米尔莫维奇（Vered Mirmovitch）的以色列研究生。米尔莫维奇在以色列的集体农场长大，那里的孩子是在集体中，而不是在父母家中被抚养大的，她对社会系统如何演化非常好奇。20世纪80年代初，她在上大学时，只住得起奈克拉沃的一间地下室公寓（有时被称为半地下室）。从她的窗户往外看，恰好可以看到街对面的垃圾箱（除非有车停在路上）。日复一日，她看着猫以垃圾残渣为食，相互交流。

在观察了一些猫以后，她就意识到，这些猫互相认识，并且一同群居，对同群的成员表现得很友好，但对外来者就充满敌意。与猫是独行侠的普遍观点相反的这个现象激发了她的好奇心，因此她决定将这些猫作为她的硕士学位研究课题。

她在附近徘徊，很快便发现，这些猫主要靠捡食垃圾桶/垃圾箱里的垃圾生存，要么是许多人在收垃圾的日子里推到路边的那种垃圾桶，要么是更大的垃圾箱。然而，在奈克拉沃街区，居民并没有自家的垃圾桶。相反，在这片占地6英亩的街区设有9处垃圾桶和大垃圾箱。每天，居民都会把垃圾拿出来，通常是在晚饭后，然后走到最近的一处丢掉。而猫就会在那里等着，一处垃圾桶附近可能有三五只猫，一个大垃圾箱那里则多达十几只。

最唾手可得的食物来自那些把袋子放在垃圾桶旁边，甚至把比较好吃的残渣扔到地上的人。如果垃圾桶或者大垃圾箱的盖子没盖好，或者垃圾太满，盖子盖不上了，即使是放在垃圾箱里的垃圾也很容易被洗劫一空。

关上的垃圾箱对猫来说更困难一些。但有一只猫学会了如何推开垃圾箱的盖子，扭动着身子挤了进去。然后——谁想在一个关着的垃圾桶里吃东西呢？——它会跳起来撞上盖子，这样盖子就会摇摇晃晃地打开来，让所有猫都能进去。其他猫就在旁边等着它施展魔法，但没有一只学会它的独门绝技。

这里的丰富资源养活了许多猫，数量多到很难认清谁是谁。米尔莫维奇要研究猫之间的互动，就需要识别所有参与者。为此，她借了姐姐的相机，给见到的每只猫都拍了照，并随身带着一本大头照的相册。很快，她就学会了通过外观辨认它们。

最后，她终于不用再寻找新的猫，已经把它们全都登记在册了，总共 63 只。这就是我们如何得知奈克拉沃惊人的猫群的。这 63 只猫意味着奈克拉沃老街区猫的密度相当于每平方英里有 6 300 只。时至今日，这仍然是有史以来最高的家猫密度的纪录。

米尔莫维奇的行为观察揭示了一种社会组织，我们现在知道这是密集猫群的典型特征。一旦能认出这些猫，她就能记录下谁和谁在互动。她发现，猫生活在群体中，并在限定的区域内进食。每个群体主要用一处垃圾箱，但也有第二处作为备用地点偶尔光顾。群体成员之间爱意绵绵，一起舔毛、磨蹭，也会一同睡觉，形成鲜明对比的是，当非群体成员出现在它们的垃圾桶前时，它们就会表现出敌意。

在米尔莫维奇研究的几年后，日本的研究人员开始研究一种截然不同的环境中的猫，但这种环境与奈克拉沃有一个共同的特点：这里也有人类提供的大量食物。

相岛是日本西南海岸的一个小岛。岛上大部分地区被草原、田野和森林覆盖，但在西南角有一个村庄，大约是奈克拉沃的 3 倍大，生活着渔民和猫。有传言说，猫被引入这座岛是为了防止大鼠把渔网咬破。并不清楚它们是否真的和渔民完成了这笔买卖，因为猫还有另一种食物来源，那就是渔民每天在海边的 6 个地点留下的成堆的鱼渣。

猫大快朵颐，并且不断繁殖。研究人员通过识别猫的特征，辨认出了 200 只猫，相当于每平方英里有 6 100 只猫，只比奈克拉沃的密度略低一点儿。这些猫的社会组织也类似，分为多个群体，每群几乎都只在其中一处垃圾场进食，这也和以色列的猫非常像。[①]

---

① 为了促进旅游业，相岛被重新命名为"猫天堂岛"，这是日本十几座猫岛中的一座，它们都以大量猫科动物而闻名，有时猫的数量甚至超过了岛上的人口。

　　奈克拉沃和相岛天差地别，但它们在一个重要的方面是一样的，那就是，这两个地方的猫都格外多，而且其生活方式也非常相似。这凸显出，是食物的可得性，而不是其他因素，推动了家猫社会群体的形成。

　　不过，我们还有一个问题要解决。丰富的食物导致了猫的集中分布，这可以理解，但这并不能解释为什么猫会生活在社会群体中。形成这些小团体，而不是继续作为一只经常撞见邻居的非社会性独行侠生活，这样做的好处是什么？

　　请记住，充满敌意是有代价的，你可能会受到伤害。此外，当食物足够的时候，也没理由再去护食了。因此，很容易想象，生活在食物丰富的地方筛选出了更低的攻击性。但这与积极示好并且与附近的猫合作并不是一回事。

　　为了回答这个问题，让我们从狮子开始。几十年来，研究人员对它们提出了同样的问题。为什么狮子生活在社会群体中，而不像生活在非洲草原许多相同地方的雌猎豹那样单独生活？

　　人们提出了许多想法。最初，首选的假说是群体生活能提高捕猎成功率。人们认为形成更大的群体，就更有机会抓到像斑马和牛羚这样中等体形的猎物，并且更有能力对付单独一只狮子无法应付的更大的猎物。

　　这两个前提都没错。群体捕猎比个体单独捕猎的成功率更高，甚至偶尔可以放倒一头中型大象。但群体生活也有个缺点：食物或许更多了，但也有了更多张嘴要喂饱。事实上，科学家进行计算后发现，群体生活对觅食并没有什么优势。在更大的群体中，每只动物吃到的肉量并没有更多，反而往往更少了。

如果不是为了吃，那群体生活的好处是什么？就一个词：防御。在像塞伦盖蒂平原这样的开阔环境中，没什么秘密可言。当一次成功的捕猎发生时，其他动物就会看到，盘旋的秃鹫会把消息传到几英里之外，一只狮子可能会被一群鬣狗从猎物身上赶走。但狮群中的狮子数量越多，大群鬣狗就越不容易赶走它们。

因此，群体生活让狮子在猎杀之后得以留住它们的猎物。更广泛地说，大型狮群能占据最好的领地而不被其他狮群侵占。

母狮群居还有一个原因。它以狮子的生活中更黑暗、更肮脏的一面为中心展开，所以，如果你心理比较脆弱，千万别看（或者直接跳到下一段结尾就行）。

事情是这样的。当一群新的雄狮接管一个狮群时，它们会杀死所有幼崽。这听起来相当可怕，但这种行为其实也出现在其他物种中，包括一些猴子，它有其进化的逻辑。为什么一只雄狮要花精力去抚养另一只雄狮的后代？雌狮没了孩子后，它们会更快恢复到繁殖状态，更快生育新雄狮的后代。这可不是一种无关紧要的考虑。平均而言，雄狮控制一个狮群的时间只有两三年，所以在谈情说爱的问题上可浪费不起时间。

这让人很不舒服，但这就是自然。任何能提高个体将基因传给下一代的能力的性状，都会受到自然选择的青睐，无论这种性状是腿更长、脑袋更大，还是杀死竞争雄性的孩子从而让雌性生下你的后代。

雄性杀婴与群体生活的关系是，当入侵的雄性遇到一只带着幼崽的雌性时，所有幼崽几乎无一幸免，但当雄性遇到一群两只以上的雌狮时，通常至少有一些幼崽能活下来。

　　因此，狮子群体生活的意义被归结为防御，包括防御领地、防御捕食者、防御入侵的雄性。同样的解释适用于家猫的群体生活吗？

　　在很大程度上，的确如此。集体照料提高了小猫的生存率，跟狮子幼崽的情况一样。多只母猫共同努力可以更好地养育小猫，因为一只母猫可以离开去觅食，而另一只留下照顾家庭，还因为多只母猫可以更好地抵御捕食者，狗可能是它们最大的威胁。

　　除此之外，公猫的杀婴行为虽然不像狮子那般普遍，但也确实会发生。[①]跟狮子一样，多只母猫形成的群体或许能更有效地发现并赶走"作案"的公猫。

　　更大的家猫群体会占据更大的优势，这是家猫与狮子的又一个相似之处。在那种一片小范围内堆放着大量食物的地方，比如垃圾堆或者饲养员喂食的地点，最大的雌性群体生活在离食物最近的地方。其他群体的雌性不会被排除在外，但它们肯定也不会受到热烈欢迎，因为它们由于想要获得食物而入侵了更大群体的空间。

　　不过与狮群的区别在于，还没有人见过群居的猫齐心协力保护食物不被其他捕食者吃掉的情况。

　　总的来说，在野外的社会生活方面，家猫和狮子一脉相承。食物丰度高导致种群密度大，让彼此合作的具有亲缘关系的雌性形成群体，它们一同工作，占据最好的区域，在那里生活并守护着它们的孩子和资源。家猫这种社会生活能力的进化，是它们自非洲野猫发展而来之后出现的一种最重要的进化改变。

---

① 但前面说过，一群公猫不会像雄狮那样控制一群母猫，这或许可以解释为什么家猫的杀婴现象要少得多。

　　如果社会性对家猫和狮子如此有利，为什么其他猫科动物没有群居呢？原因或许是食物的匮乏。大多数栖息地都不像塞伦盖蒂平原或者奈克拉沃的垃圾桶那样食物丰富。而没有太多食物，周围就不会有足够的猫科动物让群体生活可行。

　　这种解释可能是对的，但实际上，量化一个特定地方的特定物种拥有多少潜在的食物相当困难。尽管如此，研究人员已经能够证明，就少数物种，比如欧亚猞猁、虎猫和狮子而言，存在更多猎物的地区，猫科动物的种群也更大。

　　对于大多数物种来说，我们没有这样的数据，但我们可能并不需要。如果猫科动物的种群数量非常稀少（无论是出于什么原因），我们就不会期望它们形成群体。为了评估这个命题，我们只需要有关种群规模的数据，这种信息比关于猎物可得性的数据更容易获得。我们的预测很清晰：与家猫和狮子相比，大多数猫科动物的种群密度应该很低。

　　相比于在耶路撒冷的街区估计猫的种群规模，在热带雨林中估计虎猫的种群规模要难得多了。在一片小型的开放区域中，我们有可能观察并学会识别生活在那里的每一只动物，就像米尔莫维奇做的那样。但是对于更稀有的物种，科学家需要在更大的区域内调查，这反过来又让找到每个个体变得更为困难。

　　为了解决这个问题，科学家用到了统计方法来估计一片特定区域内一个物种的数量。我就略过那些可怕的数学细节了，只举一个例子，有些算法会用有多少个体被看到过 5 次，有多少被看见了 4 次，有多少被看见了 3 次等这类信息，来推断还有多少个体一次也没有被看到。

　　还有一个问题：这些方法依赖于实际看到的猫科动物的情况，但野生猫科动物是出了名地隐蔽。我在中南美洲雨林的所有时间里，只见过一只猫科动物，是一只虎猫。我没见过美洲豹，没见过细腰猫，也没见过长尾虎猫。但多亏了近期的技术革新，科学家可以解决这个问题。

相机陷阱[①]只有一本厚平装本小说那么大，它可以拍照并录像。相机由运动或身体热量触发，能拍下几张照片或者一段短视频，并将图像存在数字存储卡上，再自行关闭几秒，等待被再次触发。研究人员会把相机陷阱布置在野外，通常是绑在树上，高度恰好适合一些目标物种（比如拍鹿的话大概在腰的高度，拍猫科动物则接近地面）。布置好之后，研究人员只需要定期回来下载图像和更换电池即可。

科学家经常在一片研究区域内布置大量相机陷阱，时间持续数周到数月。如果能通过花纹从照片中认出某个猫科动物个体，他们就会用到我刚才提到的算法。如果不能，他们还有其他统计技巧。但无论如何，这些图像都赋予了我们估计种群规模的能力。

当然，即便你布置摄像机的目的是监测猫科动物，也会出现大量意外收获。我在自家后院用相机陷阱时认识到了这一点：相机拍下了北美负鼠、美洲旱獭、冠蓝鸦和鹿鼠，甚至偶尔还有鹿或郊狼。

这些图像有的相当有意思，比如松鼠在半空中被抓住，它们的前腿像超人那样伸着；一只北美负鼠妈妈带着 8 只幼崽艰难求生；两只厚颜无耻的浣熊被"捉奸在床"，正在"制造"下一代小土匪。

有时，这些图像也会告诉你一些关于你研究的物种的生物学知识。比如，偶尔能看到猫科动物嘴里叼着猎物，这就提供了它们吃什么的

---

① 有时也叫触发式相机。

信息。在一项研究中，图像显示一头鹿不知道出于什么原因，在舔舐或者用嘴巴和鼻子轻轻蹭一只容忍度高得出奇的猫。

相机陷阱技术的出现令我们对那些生活在复杂或者偏远栖息地中的神秘猫科动物种群的监测能力得以改头换面。因此，科学家现在已经估算出了 25 种中小型猫科动物的种群数量。有记录的最丰富的野生猫科动物种群位于南非一处石油化工厂周围 30 平方英里的围栏区域，那里每平方英里有 2.5 只薮猫。几个虎猫种群也不甘落后。大多物种的数量则远远低于每平方英里 1 只。

石油化工厂的薮猫密度还不到奈克拉沃的猫的密度的 1/2 000。米尔莫维奇记录的一个小垃圾桶上的猫，比南非一平方英里草地上出现的薮猫数量还要多。也难怪家猫的社会组织与类似体形的野生猫科动物截然不同。

薮猫

狮子的密度有时会大于每平方英里 1 只，与一些最密集的小型猫科动物种群差不多，但也远低于无主家猫的密度。从表面上看，这似乎与用高种群密度来解释家猫和狮子的社会生活的理论出现了矛盾。

然而，相比于小型猫科动物，狮子和其他大型猫科动物的个头大得多，它们需要更多东西，包括食物、水、栖息地和空间，因此密度要更低。此外，大型猫科动物的猎物比小型猫科动物也大得多。因为大鼠的数量比斑马多得多，大型猫科动物对大型猎物的依赖也导致了每平方英里能容纳的个体数量更少。

因此，狮子和薮猫完全没有可比性。为了了解狮子的社会性，我们得拿它们和其他大型猫科动物进行比较。这样一来，我们就会看到狮子的密度比其他大多数物种要高得多，这无疑是非洲平原上猎物众多的结果。

但也有一个例外。豹的密度有时也很高，那为什么豹不以群居的方式生活呢？这里的答案同样可能归结为防御。在开阔的非洲大草原上，一群豹无法抵御一群更大的狮子。因此，它们只能单打独斗，把猎物拖到高处的树上，避开地面上的狮子和鬣狗（猎豹也会被更大的捕食者抢走猎物，但由于它们不善于爬树，唯一的办法就是以风卷残云之势尽可能快地吃掉尽可能多的食物）。

虽然其他猫科动物没有生活在我们家里的优势，也没有靠我们施舍或者我们产生的垃圾生活，但许多物种的确生活在各种各样不同的环境中。如果食物的可得性驱动了家猫社会生活方式的改变，那我们或许会期望在其他物种中看到类似的灵活性。

事实上，有一些迹象表明这可能已经发生了。狮群的大小与食物的可得性有关，在卡拉哈里沙漠这样食物稀缺的地区，狮群的规模就比较小。甚至还有人声称（未得到有力证实），非洲北部已经灭绝的巴巴里狮根本就不是群居的。

人们对非洲野猫也进行了类似的令人好奇的观察。人们通常称这些行踪隐秘的猫过着一种独来独往的生活，但以它们为对象的研究少得出奇。迄今唯一的研究是在沙特阿拉伯中部一处小型聚落周围，对6只野猫进行的无线电追踪，这处聚落包括一个野生动物研究站、一个奶牛牧场和一个骆驼挤奶站。这片地区有许多垃圾堆和垃圾场，从野餐的剩饭到山羊的尸体，各种食物应有尽有。这里经常有野猫造访，但它们彼此之间没有社交，更没有形成大型群体。[①]这一观察表明，与家猫相比，非洲野猫并没有利用丰富的食物资源形成社会群体。

尽管如此，还存在一种可能性，那就是，并非所有非洲野猫都会效仿"沙特阿拉伯六猫组"的做法。一个世纪以前，一位英国博物学家两次观察到非洲野猫在耳廓狐或者其他动物打的洞中，紧密地生活在一起，有可能形成了一个群体。有一个案例中，野猫聚集在沙鼠成群的地区，这说明丰富的猎物会带来非典型的生活方式。我们不能太把一个多世纪前这些缺乏细节的报告当回事儿，但它们确实提出了一种可能性，即非洲野猫的社会性会随着食物的可得性而变化，就像家猫和狮子一样。

因为非洲野猫是家猫的祖先，我们没能更深入地了解这种动物的自然历史很是遗憾。通常的假设是，群居能力是家猫在过去几千年间，随着它们开始在我们周围生活时进化出的特征（第7章中会有更多关于这种情况的介绍）。但如果非洲野猫同样具有这些倾向，社会生活并

---

① 一只公野猫的确在皇家鸽舍周围与20只野生家猫一同活动。有几次有人发现它与其中几只家猫依偎在一起睡觉，有一次甚至有人观察到它与一只家猫交配。

不是家猫为了生活在人类中而进行的进化适应，那么因果关系可能截然相反：食物丰富时的群居倾向，可能是一种为猫的驯化铺平道路的重要倾向。在没有更好的数据的情况下，在这本书接下来的部分，我还将遵照传统的想法认为社会性是在家猫中进化而来的。然而，我们也要对新的信息可能改变这种观点抱持开放的态度。

撇开狮子不谈，其他大多数猫科动物都被认为是独居的，只有交配时才会聚在一起，在其他情况下都会回避对方，即使相遇也不会相处得很好。很多情况下可能的确如此，比如，我们都知道雄性虎猫会杀死其他雄性，但最近的研究增加了一些意想不到的情况。一些大部分时间都独自生活的猫科动物，在食物周围相遇时未必不友好。

美洲狮符合对多数猫科动物的传统认识。除了母亲带着幼崽，这些猫科动物都是独行侠。或者说，我们是这样以为的。研究人员使用GPS无线电项圈追踪了怀俄明州大提顿国家公园附近美洲狮的行踪，他们发现，这些猫科动物通常会一同享用被杀死的马鹿。研究中总共13只美洲狮都和另一只至少分享过一次食物。在尸体附近布置的运动触发相机陷阱记录到，这些猫科动物大多友好地互动，尽管偶尔也会发出嘶嘶声或者"重拳出击"。

猎物的大小可能解释了这种出乎意料的社交容忍。在这片地区，美洲狮主要捕杀马鹿，这种动物对一只美洲狮来说太大了，甚至可以吃好几天。研究人员推测，美洲狮以一种互惠利他的方式行事，你今天让我吃点儿你的鹿肉，下周我就会让你吃点儿我的。粗略的报告表明，其他通常独居的大型猫科动物，尤其是美洲豹和老虎，也会分享大块或丰富的食物。

这种分享进食可能仅仅适用于大型猫科动物分享非常大块的猎物的情况。锈斑豹猫似乎不太可能分享蚱蜢，薮猫也很难分享大鼠。尽管如此，但谁知道当我们对小型猫科动物的生物学有了更进一步的了解之时，会有什么惊喜等着我们呢？也许我们会发现，尚未被发现的类似的社会倾向为家猫群体生活的进化创造了条件。

无论非洲野猫是否存在潜在的社会倾向，农业的兴起都是一个分水岭，让猫科动物踏上了通向我们客厅的那条路。人类开始永久定居，加上大量食物被储存在中心位置，导致大量啮齿动物和其他潜在的猎物相当集中，非洲野猫的数量随之激增。

野猫在丰富的食物来源周围形成高密度群体，意味着它们必然会经常出现在彼此附近。就像美洲狮分享马鹿一样，非洲野猫必须能共存，而非互相残杀。打架就有受伤的风险，如果每一只猫都能获得足够的食物，打架就毫无必要了。因此，随着高密度的和平生活成为这些猫科动物生活的常态，他们在进化中学会了更好地相处。可能正是由于这个简单的原因，生活在早期农业社区周围的家猫祖先进化出了社会性。我们将在第 6 章讨论有关驯化发生的时间和地点的更多问题。

狗在几千年前就完成了同样的转变，而家庭生活则进一步赋予它们更高的社会性。把一条新来的狗领进一个全都是狗的家庭，它们很快就会成为最好的伙伴。但对猫而言，情况则完全不同。生活在我们家里，并没有给它们带来更高的社会性。

有时，生活在同一屋檐下的猫相处得很好，但也有些时候，气氛并没有户外猫群中的那般友好和友善。我从个人经验中了解了这一点。

我的第一只猫塔米到家两年后，一只从收容所领养的猫毛里希亚①来到了家里。这两只猫一拍即合，在接下来的 15 年里，它们经常靠着睡在一起，互相舔毛，似乎成了最好的朋友。

不幸的是，我们现在养的这只猫情况完全不同。几年前纳尔逊来的时候，家里已经是简和温斯顿的天下了，这对同

塔米和毛里希亚睡在一起

胞兄妹的母亲在它们只有两周大的时候被车撞死了。②幸运的是，附近有人知道母猫刚生了小猫，便找到了它们，并把这对孤儿交给了一位朋友抚养。4 个月后，它们来和我们一同生活。

温斯顿和简已经占据这座房子 6 年之久，它们对一个捣蛋鬼小家伙的到来并不高兴。纳尔逊整天想着玩，但它们俩一点儿都不想。它俩越是拒绝纳尔逊，纳尔逊就越是积极地寻求互动。在纳尔逊长大后，这种关系已经变成了长期的冷漠，纳尔逊会欺负个头更小的简，骚扰温斯顿，尽管温斯顿的体形要大得多，但它不会为自己而战。

---

① "毛里希亚"得名于印度洋上的毛里求斯岛。这座岛在我父亲心目中几乎达到了神话的地位，15 年后我们终于去了那里。

② 还记得我提到过，母猫会和好几只公猫交配吗？温斯顿和简看起来一点儿也不像。温斯顿是个大块头公猫，有 17 磅重（全部或至少大部分是肌肉！），白色的毛发上有灰色斑块，长着结实的大脑袋。相反，简是一只娇小的 11 磅重的小猫，呈青灰色。因为它们是同胞，所以我一直觉得很奇怪，直到我了解到，野生母猫在发情时和多只公猫交配相当常见，这导致猫会生出一窝同母异父的兄弟姐妹。法国一座城市的一项研究发现，四分之三的情况下一窝小猫的父亲不是同一只公猫（在猫密度较低的农村地区，这一比例要低得多）。

纳尔逊的情况并不罕见。在一项调查中，45%的多猫家庭的受访者表示，他们的猫每个月至少会打一次架。

理解家里发生的事情的一个关键是记住，猫群中的社会群体通常是以家庭关系为基础的，这里的家庭通常由一只母猫的几代雌性后代组成。相比之下，除了有人收养同窝出生的幼崽的情况，家中大多数猫都没有亲缘关系。因此，把没有亲缘关系的猫放在一起可能很棘手。正如一位猫行为专家解释的，猫社会的基本规则是："当遇到任何一只在你有记忆以来就不属于你的（猫）家庭的猫时，要谨慎行事。"

我认为在猫之间没有亲缘关系的家庭中，猫打架的情况会更普遍，但我不知道有什么数据可以检验这种假设。一项研究的确发现，当主人不在家，一对对猫被寄养在猫舍里时，同胞兄弟姐妹躺在一起、同时进食、互相梳毛的次数，要比多年来生活在一起但没有亲缘关系的猫多得多。

在户外成群生活的无主猫和在家中与其他猫一起生活的宠物猫还有一个区别。在户外群体中，一只或几只猫可以把另一只猫赶走，让它的生活变得太不愉快，从而换个地方居住。相比之下，同居的室内宠物不得不瓜分它们居住的房子里任何可用的空间。主人如果不提供足够的食物、水、猫砂盆或者睡觉地点，就可能让情况变得更糟。结果便是，猫被迫闯入其他猫喜欢的区域，增加了本就不合群的猫之间发生冲突的可能。

尽管猫群成员几乎都对非本群成员抱有敌意，但有时通过决心和坚持，这种闯入者也能被接纳。因此，让没有亲缘关系的猫和平共处并非遥不可及的梦想。书店的书架上摆满了"猫咪大师"的书，解释如何领一只新猫进入家庭，在许多情况下，这些努力会成功，比如塔米和毛里希亚就是。

这种成功可能表明，只要有足够的时间，猫也会沿着狗的路线，随着驯化过程的推进而变得越来越社会化。但目前我必须总结一下，"半驯化"的标签很适合猫，特别是与发生更大转变的狗和其他驯化物种相比。群体生活是非纯种家猫和非洲野猫之间的主要区别。其他的变化，比如解剖学上的微小改变和友好性的提升，只是程度问题。非纯种家猫与它们的祖先并没有什么不同，野生猫很容易恢复野外生活，这也很容易让人们得出这个结论。

猫的驯化极限就到此为止了吗？还是说，它们会走向一个驯化程度更高的未来？在我们问这个问题之前，让我们先想想它们达到现在这种驯化的状态前所走过的路。

05

猫的"前世今生"

传统上，化石记录一直是推断物种如何随时间改变及分化的关键。古生物学家用这种方法来研究猫的进化，但他们遇到了阻碍，因为猫科动物的化石少得惊人：在猫科动物 3 000 万年的历史中，只有 60 个已知物种，和现今存活的物种数量差不多。难上加难的是，这些化石的分布很不均匀，对于某些类型和某些时期的猫，我们有很多化石，但对于其他一些猫却没那么多。

　　最早的猫科动物叫始猫（*Proailurus lemanensis*），它和短尾猫差不多大。它的腿很短，但毫无疑问是一只猫科动物。事实上，"猫就是猫"一直是猫科动物进化的一种标志。这看上去并没有什么了不起，但通常并不是这样的。对于很多类型的动物而言，一些灭绝物种往往与它们的现代近亲有很大不同。举个例子，大地懒与我们今天所知的挂在树上的小家伙就完全不同，还有一些看起来像鱼龙的蜥蜴能长到 50 英尺长，在恐龙时代巡游在世界海洋中，而一些古老的鳄生活在陆地上，还长着蹄。相反，猫似乎已经找到了制胜秘诀，并且一直坚持了下来。

　　在最初的 1 000 万年里，猫科动物的化石记录相当单薄。始猫属

（Proailurus）又进化出了两个物种，但（就我们所知）没有其他的了。接着，大约 2 000 万年前，猫科动物的进化开始加速。当时，猫科动物的大家庭分出了两个分支。其中一个分支产生了许多剑齿虎物种，它们遍布世界大部分地区。我们稍后会更详细地讲到它们，但这里只需知道，如果这些牙齿巨大的家伙中有一只和你擦肩而过，你肯定会注意到它（毫无疑问，最早的美洲人就遇到了这种情况，他们在这些猫科动物灭绝之前抵达了北美洲）。而且，虽然它们长着硕大的獠牙和粗壮的前肢，你还是不难认出剑齿虎属于猫科动物。

　　进化树的另一个分支被称为"锥齿"猫。这个群体包含了今天所有的猫科动物，却没有多少化石记录。其中的物种就像一般的猫，如果在动物园里看到一只，你也不会感到惊讶。

　　为什么我们发现了这么多剑齿物种的化石，而其他类型的猫科动物化石却很少？这是个很好的问题。当然，一种可能性是，这种差异是所发生的情况的真实记录。也许剑齿虎在进化上就是比其他类型的猫科动物多样化得多，也许现今物种如此丰富的现代猫科动物只是在近期才开始多样化的。

　　但是对于这种差异还有其他解释。也许与现代猫的祖先生活的地方相比，剑齿虎生活的栖息地导致它们的遗骸更有可能变成化石。一只死去的动物变成化石的可能性很大程度上取决于环境。例如，在潮湿的热带雨林中，尸体往往腐烂得太快而不可能变成化石。或许是出于这个原因，许多现代热带物种的化石记录都很有限。

　　此外，现代猫科动物在解剖学上大多非常相似，仅仅根据它们的牙齿和骨骼很难区分。因此，古生物学家也可能低估了化石记录中包含的锥齿猫的物种数量。相比之下，剑齿虎之间的骨骼差异要大得多，因此更容易将一个物种与其他物种区分开来。

第三个可能的因素是，研究剑齿虎比研究那些很像今天活着的猫的化石更令人兴奋。因此，剑齿虎物种的更高多样性可能反映的是它们在古生物学领域受到的更多关注。

检验这些假设都很难，而且所有假设可能都是正确的。唯有更多的研究才能搞清楚这个问题。不管怎么说，我们现在陷入了两难境地：由于缺乏有关锥齿猫，也就是如今活着的猫科动物的祖先的化石记录，我们要怎么知道究竟发生了什么？幸运的是，进化生物学家还有另一个法宝，即使没有化石，也能推断出今天的物种是如何进化的。但在了解这是怎么做到的之前，让我们先快速浏览一下当代猫科动物的花名册。

就像化石一样，如今所有猫科动物显然都是猫，即使是外表最极端的物种，比如大长腿、小脑袋的猎豹，也没有人不会一眼认出它们是猫科动物。或许正因如此，我们在看到我们的家庭伙伴时，会想得更远。我自己也有这个毛病，但我不是一个人。

我心爱的阿比西尼亚猫是它那一窝里最小的一只。在它的兄弟姐妹被卖掉后，它整天被单独留在一间空荡荡的公寓里。可怜的小家伙，当我们第一次带它回家时，它就是个胆小鬼。但它长成了一只高贵动人、充满爱的浅褐色猫。由于它的长相和宽广的胸怀，我们给它取名利奥（Leo），就是拉丁语中的"狮子"。

事实证明，利奥是热门程度排名第6的公猫名字，仅次于辛巴（Simba），而辛巴的意思也是"狮子"，只不过是斯瓦希里语。与此类似，《客厅里的狮子》（Lion in the Living Room）是加拿大广播公司的一部纪录片和一本畅销书[①]的标题（两个作品都相当不错）。显然，人们将他们的猫科动物朋友与非洲平原之王联系了起来。

但还有其他竞争者可以作为家庭猫的另一种身份。《纽约客》曾经发表过一篇题为《客厅里的豹子》的精彩文章。一本1920年的经典图书的书名是《屋里的老虎》，70年后还有一本《一群猛虎》。此外，对一座历史悠久的宠物公墓进行的姓名分析发现，在过去的115年中，最受欢迎的名字是泰格（Tiger，意为老虎）。

那么，当我们盯着躺在沙发上的家庭伙伴时，我们的脑海中应该看到哪种动物，是狮子、老虎还是豹子？这三种动物都很惊人，但它们与斯姆克之间有一个明显的区别，那就是体形差异。雄性非洲狮重达600磅，西伯利亚虎（现在又被称为东北虎）甚至更重。[②]相比之下，一只很大很大的家猫的重量只有它的几十分之一，大概30磅。[③]

大型猫科动物是猫科世界的名流，它们都是备受关注的物种，也是国家地理频道《大猫周》纪录片里的明星。但有一个鲜为人知的秘密：42个[④]野生猫科物种中，绝大多数都和家猫差不多大。

快问快答：你能想到多少个体重不到50磅的猫科物种？有虎猫，它也许是所有猫科动物中最漂亮的一种，还有短尾猫和它更大一点儿

---

① 这本书的简体中文版译名为《人类"吸猫"小史》。——译者注

② 有史以来最大的猫科动物是南美洲的剑齿虎，名为毁灭刃齿虎（*Smilodon populator*），它的体重接近半吨，是名副其实的大猫！

③ 《吉尼斯世界纪录》已经不再使用体重作为衡量任何种类最大的动物的标准了，但它曾一度将一只47磅重的超肥澳大利亚猫列在首位。

④ 对于猫科物种的确切数量存在分歧，主要是专家对两个种群是否应该被视作同一物种的成员的争论而产生的分歧。

的近亲猞猁①（猞猁有几个物种，有些可能超过 50 磅）。你还能说出更多物种吗（提示一下，我在前面的章节中已经提到了几种）？我问过的大多数人都说不出来。很少有人听说过黑足猫或者婆罗洲金猫，更不用说南美林猫或者小斑虎猫了。显然，猫科中的小型成员需要一家更好的公关公司。

撇开颜色和斑点，也许除了狡猾的细腰猫（一种矮个儿的中美洲物种，长着一颗小而尖的脑袋），所有这些小型猫科动物看上去都很像家猫。当然，除了许多小型物种漂亮的斑点大衣，它们彼此之间还有其他区别。它们中有些比家猫还小，比如迷你的锈斑豹猫最重也只有 3.5 磅，而狞猫、非洲金猫和薮猫都可能超过 35 磅。

有的猫科动物长着大长腿（薮猫），有的长着小耳朵（兔狲）。渔猫的脚有蹼，扁头豹猫的名字就说明了一切。它们的尾巴可能非常长（云猫），也可能很短（短尾猫）。长尾虎猫的脚踝关节可以旋转 180 度，让它们能像松鼠一样头朝下在树上移动。

尽管有这些不同寻常的异类，但放眼整个猫科物种的范围，家猫在外观上与小型野生猫科动物的相似度要远高于狮子或者其他大型猫科动物。而且，不要被把你家爱冒险的小猫塑造成一只成长中的老虎这种浪漫的愿景冲昏了头。小型和大型猫科动物之间的差异远远超出了外观，它们反映了猫科动物生活中许多方面的显著差异。

差别较大的一个方面在于食物。大型猫科动物倾向于捕捉相对自身体形较大的猎物，有时甚至会超过其自身体重。相比之下，小型猫

---

① 短尾猫（bobcat）通常指拉丁学名为 *Lynx rufus* 的物种，它是猞猁属中一个体形较小的物种。而猞猁（lynx）指猞猁属的其他物种，比如欧亚猞猁（*Lynx lynx*）等。——译者注

科动物则倾向于吃更小的猎物，猎物比自身体形小得多，比如昆虫、小鼠和鸟类。大型猫科动物的活动范围更大，繁殖也比小型猫科动物要慢。在所有这些方面，家猫都和它们的小型猫科同胞们一样。

当然，我们已经讨论过家猫和狮子的社会行为。我把这种相似性作为趋同进化的一个案例来讲，也就是两个关系不密切的物种独立地进化出相同的特征。但狮子和家猫真的是远亲吗？也许实际上它们是近亲，在这种情况下，它们行为的相似性很可能就是从拥有类似社会行为的共同祖先那里继承而来的。到底是哪一种情况呢？

科学家通过研究所有现存猫科动物的DNA来探索这个问题，这样，即使没有化石，也能确定现存物种彼此之间的亲缘关系有多密切。研究方法很复杂，但大多数情况下，两个物种之间的DNA差异越大，物种从一个共同祖先分化出来的时间就越长。科学家利用这些数据，推断出了现存猫科动物物种之间的进化树。这种描述用术语来说叫"系统发生"，它就像家谱一样。亲缘关系近的物种会靠在一起出现，可以追溯到一个最近的共同祖先，就像兄弟姐妹可以回溯到他们的父母一样。而亲缘关系较远的物种，比如第三代表亲，则会在系统发生树中离得较远的分支上，你必须深入树中，回到离树梢更远的位置，也就是进化时间上更久远的地方，才能找到它们的最近共同祖先。[①] 假设两个物种之间的DNA差异随着时间的推移以大致恒定的速度（不同物种间也有很大差异）进化，就可以推断出物种在多久之前分化了出来，这一速度有时也被称为分子钟。

---

① 科学家也会利用化石构建系统发生，但在这些研究中，数据通常来自对物种的骨骼或者其他特征的比较，而不是比较它们的DNA（除非可以从化石中恢复DNA，这个话题我们很快就会讨论到）。

　　系统发生研究显示，今天所有猫科动物的共同祖先生活在约 1 100
万年前。这个祖先随后分化为两个谱系，分别是包含 7 个物种的大型
猫科动物（豹亚科，Pantherinae），以及包含其余所有物种的小型猫科
动物（猫亚科，Felinae）。

　　但这些群体的通用名并不完全准确。所有的豹亚科动物都是大型
猫科动物（除了体形中等，外貌"惊为天猫"的云豹）。但猫亚科的两
个成员，也就是美洲狮和猎豹，体形其实相当大。美洲狮在许多方面
都只是一种被放大到了大型猫科动物大小的小型猫科动物，这也是为
什么许多有关美洲狮的假的目击报道都被证明是远远看到了大块头的
公猫。此外，长腿的猎豹则是最独特的猫科物种。

　　家猫属于猫亚科。它们的近亲，也就是大约 700 万年前首次出现
的一个谱系的成员，都是体形和习性相近的物种，比如野猫、沙猫、
丛林猫和黑足猫。

　　家猫与其他小型猫科动物在系统发生树上的位置，对应了它们在
外观和习性上许多方面的相似之处。尽管家猫存在社会行为，但它们
更像是庄园里的长尾虎猫或者厨房里的狞猫，而不是客厅里的狮子。
也许下次你在考虑给你的猫取名字时，杰弗里（Geoffroy）、罗斯提
（Rusty）或奥齐（Ozzie）可能是更恰当的选择（当然，它们指的是乔
氏猫、锈斑豹猫和虎猫）。

　　有了这些背景知识，让我们回到如何得知家猫是从非洲野猫进化
而来的问题。

　　我已经说过，非洲野猫在外观上与家猫几乎没什么分别，但别信
我的一家之言。我在纯种猫世界的导师（我们就是从这位女士手里接

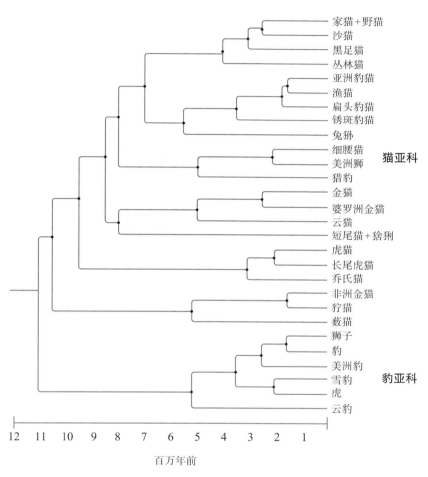

现存猫科物种的进化关系（系统发生树）。拥有共同祖先的物种之间的关系，比非该祖先后代的物种之间的关系更为密切（黑色圆点代表的是祖先物种）。要找到任何两个物种在多久之前存在最近共同祖先，可从两个物种的系统发生树上往回追踪，直到这两个族系相遇为止。图中并未画出所有物种（例如，中南美洲的小型猫科动物群体不仅包括虎猫、长尾虎猫和乔氏猫，还有南美林猫、小斑虎猫的两个物种以及其他三个物种）

到纳尔逊的）几年前去南非度假。这位女士是一位训练有素的猫展评委，她很了解猫。有一天，她正在荒郊野外的野生动物园旅馆的礼品店里闲逛，这时，一只长着淡淡条纹的红灰色的猫走进了店里。我朋友注意到这只猫的腿很长，但没多想。这只猫缓步走来，我朋友便上手轻抚它。

这时，柜台后的女士说，我的朋友正在摸一只南非野猫！她定睛一看，果然，有一个明显的迹象，它的耳朵后面有红色，就是南非野猫（*Felis silvestris cafra*）。这两个物种就是这么像。

当然，还有许多家猫是你绝不会误认成野猫的。家猫所表现出的各种各样的颜色、被毛花纹和毛发长度，在非洲野猫身上都没有。你不会在非洲草原上找到任何长毛或卷毛的野猫，也不会找到任何黑白相间、橘色或白色的野猫。还有许多定义品种的身体特征也不会出现在野猫身上。

非洲野猫的近亲、性情暴躁的欧洲野猫同样如此。欧洲野猫比非洲野猫更结实，颜色也更深，条纹更突出，这类野猫和一些家猫依旧没什么分别。顺带一提，这些斑纹被称为"鱼骨纹虎斑"图案，因为沿背部和两侧分布的条纹看起来有点儿像鱼骨架。[①]

这并不是说区分欧洲野猫和家猫就是不可能的事，但想要区分它们，就需要观察猫的身体内部。如果你这么做，那么有两个特征需要检查，分别是肠的长度和脑的大小。

我最初对家猫的肠子比它们的祖先更长这一点表示怀疑，因为大多数报告都引用了达尔文的著作作为参考来源。不要误会我的意思，

---

① 网上是这么说的。我没有找到这个术语的确切出处。

欧洲野猫

我是达尔文的忠实粉丝。此外,考虑到他的许多观点都被证明是对的,不仅是自然选择下的进化,还有蚯蚓在土壤通气中发挥的作用,以及珊瑚环礁如何形成等各种现象,和他打赌胜算不大。不过,在 19 世纪中期,科学还处于发展初期,所以我对这一点有所怀疑,特别是因为,达尔文的说法是基于 1756 年发表于法国的研究。我得诚实地承认,我并没有不辞辛劳地去追踪和翻译道本顿(Daubenton)先生的研究,但我猜测,这位法国人关于家猫的肠子比欧洲野猫长三分之一的发现基于的实际数据是有限的(我确实查阅了一项 1896 年的后续研究,它展示了对总共三只猫的测量结果)。

　　我就不该怀疑达尔文。几年前,科学家在一家自然历史博物馆里解剖了标本,发现野生的家猫的肠子比德国中部同一地区的欧洲野猫长 40%。苏格兰后来也报告了与之一致的发现(但据我所知,从来没有人对非洲野猫进行过类似研究)。

　　理论上,对这项发现有一种现成的解释,也是达尔文本人提出的:"长度的增加似乎是由于,相比于任何野生猫科物种,家猫饮食的肉食性没有那么严格。例如，我曾见过一只法国小猫像吃肉一样欣然吃下蔬菜。"肉比植物或者其他类型的食物更容易消化。因此，通常只吃肉的物种，比如猫，肠子都很短。混合饮食的物种，也就是杂食动物，肠道长度中等，而以植物为食的动物的肠道则很长。

　　在人类住地附近觅食的野生猫会吃任何它们能找到的东西，包括谷物和其他植物。很容易设想，在驯化早期，自然选择有利于肠子更长的个体，以便更好地消化它们吃下的那些残羹剩饭，这导致了现在家猫的肠子更长。①

　　相反，在脑这方面，家猫的天赋却不如野猫同胞们。两项研究得出了完全相同的结论：欧洲野猫的脑比家猫的要大27%。最近的一项研究证实，非洲野猫脑中的灰质也比家猫多，但不如它们的欧洲表亲。脑体积的缩小是驯化物种会出现的一种普遍现象，在绵羊、猪、马、狗、大羊驼、水貂和其他许多物种中都有报道。在这些比较中，体形的差异在统计学上已经被考虑在内，更小的脑不仅是整体体形更小的结果。

　　不过不用担心，这并不意味着西尔维斯特、菲多或者波奇和贝西比它们的野生表亲更蠢。相反，脑尺寸的缩小集中在与攻击性、恐惧和整体反应有关的部分。当然，这对生活在人类周围的驯养动物来说是有意义的。容易逃跑和产生压力的、高度紧张的动物无法存活下来，自然选择更青睐对这些不太敏感的个体，因此，缩小支配这些行为的脑的部分就获得了优势。

　　就解剖学而言，家猫和野猫的差别仅此而已——肠道长度和脑的

---

①　这并不是说让猫吃素就是合理的。猫高度适应肉食，以至于它们被一些研究人员称为"超肉食动物"。完全基于植物的饮食对它们来说很不健康。

大小，以及非洲野猫耳朵后面的红色。如果你身处非洲的灌木丛或者欧洲的森林之中，想确定你遇到的物种是什么，这些就是你为数不多可以依赖的特征。

＊　　＊　　＊

尽管家猫和野猫很相似，但并非所有科学家都同意家猫是野猫的后代。考虑到非洲、亚洲和南美洲到处都是小型猫科物种，还有很多其他的候选者。理论上来说，它们中的任何一种都可能是家猫的祖先。

不过，我们可以马上淘汰掉南美洲的小型猫科动物。这个由 9 个物种组成的群体，包括虎猫和其他几种长着斑点的"美猫"，都有 36 条染色体，而包括家猫在内的其他所有猫科动物都有 38 条。这种差异，以及家猫在西半球的古代文明中并不为人所知的事实，似乎排除了南美猫是家猫祖先的可能。①

不过，在亚洲和非洲的森林、平原和沙漠中，还是有很多类似家猫的小型猫科动物正四处游荡，其中有一些被认为是原始家猫。例如，体形极小的沙猫是一种可爱的黄褐色的沙漠居民，它长着一颗超大的脑袋。它的候选资格来自其脚底覆盖的毛发，就像波斯猫的脚底那样。

另一种提议是兔狲，它在优兔视频网站上很受欢迎，因为它长着一副古怪老男人结合侏儒猫的外表，还有头侧面圆圆的小耳朵。它蓬松的长毛在寒冷的亚洲草原上能保暖，让人联想到长毛的波斯猫品种。

---

① 拥有 36 条染色体的祖先繁育出拥有 38 条染色体的后代并非不可能，但在其他条件都相同的情况下，拥有 38 条染色体的祖先可能性更大。

还有就是美丽的斑点豹猫。它与暹罗猫有很多相似之处，比如身体细长、脑袋很窄，妊娠期长，公猫对小猫很友好。在一些人看来，这就暗示着一种祖先–后裔关系。但另一种竞争者是丛林猫，它与家猫非常相似，但腿更长、尾巴更短，而且体形也更大一些，最大的有27磅重。此外，它甚至被古埃及人作为宠物饲养。

20世纪70年代，通过对头骨和解剖学其他方面的详细研究，这些想法都被打消了。德国和捷克科学家的独立研究均得出结论，这些物种中没有一个是家猫的祖先，相反，骨骼的相似性清楚地表明，家猫和野猫的亲缘关系最密切。随后的DNA研究，也就是我刚才总结的那些证实了这个结论，它们发现，在进化树上与家猫最近的物种就是野猫。

2014年，由我所在的华盛顿大学的科学家领导的一组遗传学家团队对一只名为辛纳蒙（Cinnamon，字面意思为棕橘色）[①]的家猫的全基因组进行了测序，进一步巩固了这些成果。基因组是指一个个体的遗传密码，猫的基因组包括超过20亿个DNA基本单位，也叫碱基。确定每个碱基的身份显然是一项艰巨的任务，但近年来技术和计算的进步让基因组研究成为可能。科学家还对另外22只家猫，以及两只欧洲野猫和两只北非野猫的基因组测了序，但没有那么细致。

简单介绍几个术语要点：基因组的有效部分叫基因，猫有大约2万个基因（与人类大致相当）。一个基因可以由数百甚至数百万个DNA碱基组成。一个基因在不同个体上会有不同版本，它们在一个或多个碱基上略有差异，这些基因叫作等位基因，有时就叫基因变体。

---

① 得名于它的棕橘色的毛发，这是它所属的阿比西尼亚猫品种的标志。

对这些基因组进行测序和比较，是为了确定所有家猫都有，但任何野猫都没有的基因变体，从而揭示出家猫从它祖先中分化出来时进化出的基因。

科学家发现，能将家猫与野猫区分开来的基因差异很少，只有 13 个基因显示出了在驯化过程中被自然选择改变的证据（当然，在一些猫的种群或品种中还会出现其他变化）。[①] 相比之下，一项比较狗和狼的类似研究发现，与犬科驯化有关的基因数量几乎是猫科的 3 倍。

家猫和野猫之间的这种巨大的遗传相似性，与解剖学和行为学上的最小差异是一致的，它们都证明了家猫是从野猫进化而来的。

然而，即使我们承认家猫是野猫的后代，也不意味着驯化发生在一个地方。野猫生活的地理范围极为广阔，覆盖了欧洲大部分地区（它们已经被消灭的地方除外）、非洲（刚果雨林和撒哈拉沙漠除外）以及亚洲西南部。理论上来说，驯化可能在这片范围内的不同地方多次发生。

野猫在这片地理范围内也表现出了大量解剖学的变化。欧洲野猫体形魁梧，头部宽大，被毛厚实而色深。非洲野猫则更苗条，它们的腿很长，以至于蹲坐时看起来几乎像直立的一样（想想经典的埃及雕像，那并非巧合）。由于长着大长腿，这些猫有一种独特的步态，肩胛从背上突起。它们的脸比欧洲亲戚更窄、更有棱角，被毛也更浅、更短。亚洲野猫在某种程度上是欧洲野猫和非洲野猫的混合体，但相比

---

① 技术要点：基因也可能因为随机原因而出现分化。科学家使用复杂的统计方法来确定自然选择导致的变化。

于欧洲野猫，它们在大多数方面与非洲野猫更相似。

这些差异让人们认为，野猫可能是在多个地方被驯化的，欧洲野猫产生了结实、头部更宽的欧洲猫品种，而亚洲野猫带来了短毛、更苗条的亚洲品种。捷克的研究人员提供了一则证据，他们声称波斯猫、暹罗猫和其他所有家猫的阴茎骨①的形状都不一样。基于这些发现，研究人员认为，驯化是在三个不同的地方分别发生的。

这种多源假说并不是家猫独一份的。狗、牛、山羊和鸡在不同地方都有很大不同，这表明不同地区的种群有可能是由不同的野生祖先驯化而来。当然，另一种可能性是，这些物种都只被驯化了一次，而如今这种巨大的多样性是在被驯化之后才进化出来的。

我们如何才能在这两个选项中做出选择呢？

---

① 没错，许多哺乳动物物种（但不包括人类）的雄性在阴茎中都长着一块骨头，术语叫阴茎骨。

06

物种起源

卡洛斯·德里斯科尔（Carlos Driscoll）登场了。20世纪90年代末，这位马里兰大学巴尔的摩分校的学生主修的是生物学，他对物种保护工作相当感兴趣。德里斯科尔想拯救世界上的物种。但他不知道究竟要拯救哪些物种（尽管他确实对蛇和蜥蜴情有独钟），也不知道要怎么做。

有一天，他和生物系主任聊天，说他正在努力想清楚毕业后该做什么。结果发现，系主任的一位大学老同学正在进行最前沿的保护遗传学研究，偏偏正好在同一条路上的美国国家癌症研究所（NCI，我们将在第15章讨论到为什么NCI会有一位研究猫遗传学的研究员）。

德里斯科尔对DNA研究并不是特别感兴趣，但当你面对着一个不确定的未来时，你不会拒绝别人为你提供的帮助。于是他去找了斯蒂芬·奥布莱恩（Stephen O'Brien）博士聊天，后者曾经是，现在依然是这个领域的领军人物。接下来你知道的是，德里斯科尔在奥布莱恩的实验室工作，研究野生猫科物种的遗传变异性。这就是常常塑造了一个人科学生涯的那种机缘巧合。

德里斯科尔在NCI实验室工作了6年，先是作为拿工资的技术员，然后作为硕士生调查猎豹、狮子和美洲狮的遗传变异。当德里斯科尔准备开始攻读博士学位时，他已经对DNA分析着了迷。我在自己的实验室里看到过研究生出现这种情况：学生们最初打算进行生态学或者行为学的野外研究，却被遗传学研究的巨大力量诱惑进了实验室。你早上进实验室（或者对许多研究生来说，是在中午前后的某个时候冲进实验室），拼命工作一整天，当你晚上离开时，已经产生了海量的新数据。这可能不像带领一支野外探险队去某个遥远的异国他乡那样令人兴奋或者浪漫迷人，但你可以很快就取得实质性的进展。而且，DNA可以告诉你很多信息，比如动物如何行使身体功能，谁和谁交配了，以及它们如何随时间进化。

德里斯科尔现在面临的问题是博士期间选择什么物种作为研究对象，以及在哪里进行研究。又是命运弄人。德里斯科尔有个习惯，他会自愿前往机场接待来访的演讲者，这一方面是因为他人很好，另一方面用他的话说是因为"这让我有单程一个小时的时间和一位'无处可逃'的生物学的超级明星待在一起"。

戴维·麦克唐纳（David Macdonald）就是这样一位超级明星，他是牛津大学教授，也是研究哺乳动物捕食者的世界领衔的权威之一。他俩一拍即合。

麦克唐纳对学习如何区分苏格兰野猫（欧洲野猫的苏格兰版本①）与家猫很感兴趣。我们已经讨论过如何从外观上用可靠的方法区分它们。而更难的是将野猫与野猫和家猫交配产生的杂交后代区分开来。

---

① 苏格兰野猫曾被视为一个亚种，但如今它已经被认为在遗传上没有足够差异能与欧洲野猫分开。

麦克唐纳希望能找到一种区分它们的基因检测方法，这是试图将野猫作为一个遗传上独特的种群进行保护的必要的第一步。德里斯科尔此时已经是这些方法的专家了。这简直是天作之合。于是，德里斯科尔前往牛津大学攻读博士学位。

按照最初的设想，这个项目只关注苏格兰猫，但德里斯科尔很快就扩大了范围。野猫在它们的整个活动范围内都与家猫共存，因此"杂交"（两个物种或不同种群之间异种交配的术语）可能是一个广泛存在的问题。当然，还有家猫起源之谜，它们都等待着复杂的遗传学研究。如果把猫的遗传学作为博士项目，可能会解决一些大问题！

德里斯科尔想出了一个计划，在野猫的原生地从野猫和家猫身上获得DNA。这是项艰巨的任务，从头做起要很多年，可能是几十年。幸运的是，欧洲的许多研究人员一直在研究他们当地的野猫，所以已经有了来自很多地方的样本。

其中一些研究人员已经是牛津大学实验室的合作者，并且乐意为这个项目贡献一份力。但全球各地许多大学和政府机构的科学家与牛津大学并无联系。他们在做自己的事情，收集当地猫的数据，因为这是一种研究近在眼前的东西的方法。在这一点上，你得明白，动物学家是有等级之分的，你研究的课题越有魅力，你就越有声望。研究猞猁和棕熊，那相当令人印象深刻。研究豺，就没那么好了。野生猫？根本不落好。

换句话说，这些研究猫的人内心有一种自卑感。因此，他们对一个未曾谋面的美国人请求他们交出样本自然会感到怀疑，这个美国人还是在一所高高在上的英国大学里。这对他们有什么好处？他们怎么确定还会再得到他的消息，更别提因为对项目的贡献而获得赞誉了？

德里斯科尔有一个计划来赢得他们的信任。他在搬到牛津时，把他那辆亮橙色的宝马摩托车也运到了英国，这是他描述的"我做过的最聪明的事情"。当需要拜访研究人员并请求他们的帮助时，他不会像一位大牌研究人员那样预订飞机航班，住在一家豪华的酒店里。相反，他会跳上他的摩托车，乘坐气垫船（这是最佳选择）或走英吉利海峡隧道（如果需要的话）跨越英吉利海峡，并骑车穿越欧洲，拜访匈牙利、保加利亚、斯洛文尼亚、克罗地亚、塞尔维亚、黑山和其他地方的研究人员。他与生俱来的待人接物的方式有一种魅力，完全没有尴尬而僵硬的接触，他最终会受邀留宿过夜，并享用对方家里的家常便饭。然后他便带着样本离开了。

非洲和亚洲的情况则与欧洲截然不同，只有南非一处已有研究人员在收集样品。因此，德里斯科尔如果想在这些地区的大多数地方对猫采样，就必须亲自去抓它们。

要知道，在此之前德里斯科尔的科研工作都是在实验室里分析DNA。尽管他偶尔会为了实验室研究而出差，但他的野外经验很有限。他自己承认，"一开始我抓猫技术很差"。但随着项目进展，他变得更娴熟了。很多成功的经验都来自学习如何准确地放置诱捕陷阱（无论是带有橡胶垫的捕兽夹，还是一种哈瓦哈特步入式陷阱），以及学习如何引诱猫踏入其中。

在他学会了放置陷阱的精妙艺术（在附近悬挂一根羽毛似乎是一种无法抗拒的诱惑）后，唯一的问题是，他偶尔会抓到其他动物，释放其中一些动物有点儿危险，包括蜜獾（你知道的，这种动物根本无所顾忌）、臭鼬和巨蜥等。最令人难忘的一次是抓住了一只母疣猪和它的几只小猪崽的哈瓦哈特陷阱。当德里斯科尔回来解救它们时，陷阱已经完全被破坏了，但不知为什么，门还是锁住的（不过疣猪毫发无伤，门一被撬开，它们就翘着尾巴跑了）。

德里斯科尔前往亚洲和非洲寻找猫的样本，拜访了以色列、阿塞拜疆、哈萨克斯坦、蒙古国、中国、纳米比亚和南非。尽管这些工作大部分都是在"9·11"事件后不久进行的，但他的行程从未遇到过问题。不过，地缘政治确实影响了他的研究范围。埃及在猫的故事中扮演着重要的角色，但在"9·11"事件后，对那里和阿拉伯世界的其余大部分地区的研究访问变得困难了。在 2002 年布什总统发表"邪恶轴心"演讲的第二天，德里斯科尔原定的伊朗之行（经过了长时间而艰难的计划过程）被取消了。幸运的是，非洲野猫在中东地区广泛分布，德里斯科尔可以从以色列收集样本，并从巴林和阿拉伯联合酋长国获得了由他的一位合作者收集到的一些样本。

最终，德里斯科尔收集到了多达 979 份样本，包括来自整个野猫分布范围内的野猫和世界各地的家猫。

这些样本多种多样，大多数是科学家在日常监测中收集的血液样本。但是德里斯科尔也没有放弃其他机会，比如从他遇到的在马路上被车撞死的猫身上提取组织样本。他还从自然历史博物馆动物剥制标本的托架上剪了一小块。一点儿括约肌（也就是屁眼）格外有用，因为相对于耳朵尖这样的位置，馆长并不介意损失一点儿括约肌。

毫无疑问，最不寻常的来源是蒙古西部一位猎鹰人拥有的一件长及脚踝的外套。这片地区的哈萨克人会训练金雕来捕捉兔狲和狐狸，用来获取毛皮。德里斯科尔看到（并试穿）的这件长及脚踝的大衣是由 40 只兔狲制成的，内衬是亚洲野猫的毛。他从每张皮上剪下了一小块，不仅得到了当地野猫的样本，而且得到了兔狲这种不常见物种的样本（可以在后续研究中使用），可以说是中了头奖了。

回到实验室后，德里斯科尔处理了这些样本，提取DNA并进行了分析。那时，全基因组测序还没有那么容易，也不便宜，所以他专注于几个特定的基因。他从每份样本中都解码出了成千上万个碱基。通过比较这些DNA片段，他可以推断出个体之间的关系有多密切。

有些结果是意料之中的，比如世界不同地区的野猫确实在遗传上各不相同。但也出现了一种令人惊讶的现象：野猫有4个遗传群体，而不是3个。不仅欧洲野猫和亚洲野猫不同，而且非洲野猫实际上是两个具有遗传差异的群体，也就是南非野猫和北非野猫（后者包括来自土耳其、以色列、沙特阿拉伯和附近国家的猫，因此有时被称为近东野猫）。德里斯科尔根据遗传差异的程度估计，这4个群体已经在遗传上相互隔离了远远超过10万年，也就是说，它们一直没有异种交配，也没有交换遗传物质。（最近的研究表明，这个时间还被大大低估了。）

还有一个惊喜。最鲜为人知的猫科动物之一是荒漠猫[①]，它生活在青藏高原（被称为"世界屋脊"的地方，靠近珠穆朗玛峰）的高海拔地区。人们对这一物种知之甚少，以至于一位专家会写它的腿很短，而另一位则说它的腿很长。不过大家一致同意的是，这种猫体格壮硕，长着苏格兰野猫那样的长毛，但被毛比较薄，更接近欧洲野猫之外的野猫。尽管有些人曾认为它属于野猫，但大多权威人士都认为它是一个独立的物种。

德里斯科尔的研究让后一种想法化为泡影。他利用DNA数据，建

---

① 俗称中国山猫，是我国特有的猫科动物。——译者注

荒漠猫

立了不同类型的野猫和亲缘物种之间关系的进化树。先前的研究表明，
沙猫与野猫关系密切，而正如预期的那样，野猫之间的关系比它们中
任何一种与沙猫的关系都要密切。但荒漠猫的系统发生位置是个惊喜
（至少对大多数人来说如此），它正好位于野猫的中间，是亚洲野猫的
近亲。换句话说，荒漠猫的确是第 5 类野猫。

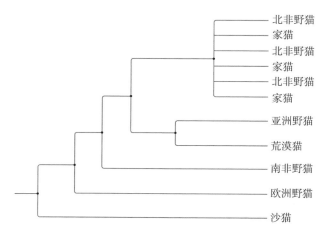

野猫和家猫的进化关系。图中对北非野猫和家猫的表述进行了简化，强调两者
没有形成独立的群体，相反，它们是混杂在一起的。线段长度并不与经历的时
间成正比，这不同于第 75 页的系统发生图

＊　　＊　　＊

如果你还记得高中生物课的内容，你也许能回忆起来，如果两个种群的成员无法或者不愿意相互交配，又或者，它们即使交配也不能产生可生育的后代，那么这两个种群就被视作不同的物种。道理很简单，如果物种无法交换基因，那它们的进化轨迹就是分离的。但如果它们可以交换基因，那它们就不是独立的进化实体，在一个物种中产生的任何遗传差异都可以传给另一个物种。如果这两个种群出现在同一个地方，这种判断方法就很有效：你只要出去研究它们的繁殖互动就行了。

但当这两个种群的成员生活在不同大陆上时，我们怎么能知道它们会不会异种交配？你可以把它们关进一家动物园里，看看会发生什么，但这可能产生误导。许多物种在自然中不会有任何瓜葛，也许是因为它们生活在不同的栖息地或者在不同的时间段活动，但如果把它们关进一个笼子里，它们还是会交配。当然，如果它们交配后，后代没法存活或者不育，你也能知道它们属于不同物种，否则就很难决定该如何看待这类实验的结果。

因此，许多科学家已不再赞同将能否交配作为建立物种身份的标准。相反，他们会根据种群之间的遗传差异的程度进行判断。虽然有很多方法可以做到这一点，但基本的想法都是，在遗传上差异巨大的种群，一定是长期在遗传交流很少的情况下进化出来的，因此应该被赋予物种的地位。种群得有多大差异才能被定义为一个物种的判断很主观，也是个颇具争议的问题。

这种新方法正是近年来被公认的鱼类物种数量明显增加的原因。遗传学研究表明，在许多情况下，过去被认为是同一个物种的地理隔离的种群，在遗传上其实存在很大不同，所以现在它们会被认定成两个或更多个物种。这就是为什么我们现在承认两个云豹物种，其中一个来自亚洲大陆，另一个来自印度尼西亚。类似的物种分割也发生在豹猫、小斑虎猫和其他动物中。

这两种方法并不像它们看上去的那般不同。一般来说，两个种群的遗传差异越大，就越不可能进行异种交配。在许多情况下，这两种方法会带来一样的结果。

就野猫的 5 个种群而言，我们没有异种交配的证据，只有遗传数据。过去 10 年间出版的三本关于猫科物种多样性的书，都是由猫科生物学和分类学方面的专家撰写的，但它们得出了三个不同的结论。其中一本认为，包括荒漠猫在内的所有野猫都属于一个物种，有 5 个亚种。另一种说法则将荒漠猫作为一个不同的物种，并将其他 4 个物种归为野猫的亚种。第三种结论同样承认荒漠猫是不同的物种，但将欧洲野猫提到了物种的水平（可能是因为它在解剖学上与其他三类野猫存在差异），与此同时将其他三类野猫作为亚非野猫物种的亚种。

没有什么客观的方法决定这三种分类法谁对谁错。我更倾向于第一种方案，认为它们都是一个野猫物种的成员，也就是野猫（*Felis silvestris*）。就我们的目的而言，这其实并不重要。无论是种还是亚种，这 5 种猫在遗传上都是不同的。

＊　　＊　　＊

但让我们回到家猫的问题上，这是德里斯科尔研究的中心。如果驯化多次发生在不同祖先身上，那么我们会期望出现两种可能结果中的一种。一种可能性是，来自全世界不同地区的家猫与同一地区相应的野猫被归为一组：亚洲家猫和亚洲野猫是系统发生上的近亲，英国家猫和苏格兰野猫也是如此，等等。而多次驯化事件的遗传特征则非常明显。

另外，即使家猫从不同的野猫祖先开始被多次驯化，这些种群之间的遗传差异也有可能因为猫从一个地方到另一个地方的迁移而变得更小。在这种情况下，家猫的基因库[①]将是所有野猫种群DNA的混合，也许会让家猫形成不同于所有野猫亚种的自己的遗传聚类。

德里斯科尔的结果推翻了这两种可能性。DNA分析结果将世界各地的家猫与北非野猫完全放在了一起。事实上，两者相似到甚至无法区分这两个群体，它们在遗传上混杂在一起。难怪几年后对猫基因组的研究发现，定义家猫区别于野猫的特征的遗传差异相当小。

德里斯科尔的研究否定了猫从不同的祖先多次驯化而来的想法。家猫起源于北非野猫，且仅仅起源于北非野猫。

然而，还有一些问题没有得到解答。特别是，北非野猫是在一个地方的某个时间点一次性被驯化，还是在多个地方被驯化的？这个物种显然有与人类交往的倾向，因此很容易设想，北非野猫在整个亚种地理范围内的许多地方都生活在人们中间，甚至可能被驯化。

DNA数据支持后一种可能性。如果家猫起源于一个地方，其遗传变异应该很有限，而德里斯科尔的研究发现，情况恰恰相反，今天的家猫在遗传上相当多变。德里斯科尔认为，这种多样性很可能是北非野猫在多个地方被反复驯化的结果，因此其包含了来自许多种群的遗传变异。

德里斯科尔的发现的一个重要意义在于，要了解猫的驯化，我们

---

① "基因库"是指一个种群中存在的所有遗传变异，也就是每个基因的所有等位基因。

需要专门研究北非野猫。一些重要的研究，比如尼古拉斯·尼卡斯特罗有关发声的研究，反而是在南非野猫身上进行的（当然，在尼卡斯特罗进行研究时，我们还没有意识到北非野猫和南非野猫之间的遗传差异）。在其他情况下，我们需要深入挖掘，弄清关于野外的或者从小猫起就被饲养的野猫的报告是指北非还是南非亚种的成员。更深层次的问题是，要弄清楚这两个亚种之间在行为和解剖学上的差异究竟有多大，据我所知，目前还没有关于这一点的数据。但它们都被归为非洲野猫，这强调了它们整体上的相似性。

至于这个项目最初的目标，也就是开发一种基因检测方法来识别家猫和野猫之间的杂交，研究已经取得了圆满成功。家猫来自北非野猫，而北非野猫在遗传上不同于其他野猫亚种。因此，如果你在检查一只推定的苏格兰野猫的基因时，却发现了一些北非野猫的DNA，你就能知道这只猫在遗传上不是100%的苏格兰野猫，而是来自一只家猫祖先的后代。（另一种可能是，这只推定的苏格兰猫的祖先就是北非野猫，但那样就必须解释北非野猫是如何抵达苏格兰的。）

事实上，德里斯科尔在所有野猫种群中都发现了这种杂交的证据。在某些情况下，例如在哈萨克斯坦和蒙古，以及欧洲各个地方，大多野猫的遗传构成中都带有一些北非野猫的遗产。世界各地的野猫似乎不管三七二十一都在和家猫交配。

在随后的15年间，一些研究人员拓展了德里斯科尔的方法，开发了更灵敏的家猫和野猫的基因混合检测方法。他们的发现是一致的：几乎所有野猫种群都存在某种程度的杂交。反过来，野猫的DNA也会进入家猫种群。例如，中国的研究人员惊讶地发现，在一些当地的家猫中发现了荒漠猫的DNA。

　　杂交是物种保护工作人员主要关心的一个问题。他们的目标是防止物种灭绝。[①]对此，我们通常会想到杀死物种中的个体的威胁，比如过度捕猎，破坏它们的栖息地，消灭它们的食物来源，等等。但还有一种威胁是遗传污染。如果从另一个物种引入的遗传物质多到一定程度，那你在保护的是什么呢？肯定不是已经进化了几千年甚至几百万年的那个原始物种了。

　　以苏格兰野猫为例。它们身体灰色的背景上长着黑色的条纹，绝对配得上"高地之虎"这个绰号。它们身形魁梧，长着大脑袋，被毛厚实，还有一根长着环纹的浓密尾巴，很容易想象这些野猫就像迷你版东北虎一样在雪地上移动的场景。这些猫曾经遍布整个英国，但由于栖息地的破坏和保护区管理员的残害，现在它们的活动范围仅限苏格兰北部的山区。

　　近年来，许多地方的森林已经重新生长出来，这种野猫现在也受到了法律保护。但又出现了一种新的威胁。就像美国和其他地方一样，家猫在英国随处可见。当家猫遇到野猫时，往往会发生浪漫的事情。由于家猫"猫多势众"（包括有主猫和无主猫），而野猫则没那么多，所以很大一部分野猫会和家猫交配。保护工作者估计，在野外生存的苏格兰野猫最多只有几百只。这并不是说苏格兰高地没有猫，恰恰相反，那里有很多猫。只不过，它们中大多数的家系中都包含家猫祖先，所以被认为是杂种，而非苏格兰野猫。

　　但我们不禁要问，这有多大问题呢？许多这样的杂种猫与它们对应的那些在基因上没有混合的野猫几乎没有区别。科学家一直在努力

[①]　还有亚种，但简单起见，我只提了物种。

寻找能够区分野猫和杂种猫的外部特征，但即使是苏格兰野猫最明显的外形指标，包括颈部4道条纹（而不是只有两道），肩部两道条纹，体侧有连续的竖向条纹，尾巴尖是纯黑的，而且是圆钝的，而不是渐变到末端，也并不完全可靠。

由于这种不可分辨性，只要树林里生活着野猫模样的猫，它们占据着生态系统中野猫的生态位，它们是不是杂交的又有什么要紧呢？事实上，科学家已经认识到，动物物种之间偶尔的异种交配比先前认识的更普遍，甚至在鲜有人类干扰的自然环境中也是如此。尽管物种的定义是不会互相交配并产生可育后代的群体，但现在看来，这个定义更像是一条指导准则，而不是硬性规则。物种至少有时可以在交换了一些基因的情况下保持它们进化的独立性。因此，也许杂交并不总是一件坏事。

另一方面，一些保护工作者对杂交有一种哲学上的厌恶，他们希望保持物种在人类出现之前的遗传特征。但这样的观点似乎已经过时了，因为如今的人们已经了解到，物种之间有时确实会自然杂交，并且认识到人类已经改变了世界的方方面面，试图维持自然的原貌已经为时过晚，还不如面对现状。此外，大多数科学家认为，北非野猫和欧洲野猫是同一物种的成员。因此，与家猫的杂交只是从同一物种的另一个亚种引入了遗传变异。也许这并不是什么大问题。

但一种更深层的担忧是，杂交的后果可能并非那般无害。如果杂交泛滥，我们最终可能会得到一群在苏格兰荒野上游荡的猫，每一只看起来都更像你家后面小巷里的猫，而不是典型的野猫。

事实上，情况已然如此。尽管苏格兰这里的大多数猫看起来或多或少都像野猫，但并不是所有猫都如此。大约每6只猫中就有一只是黑的，这种颜色直到最近才在苏格兰野猫中出现。研究表明，这些动物的黑色几乎肯定来自家猫祖先。[①]还有 15% 的猫有各种颜色，包括黑白相间、灰白相间、纯白、橘色，有些还带有旋涡状的图案，有些甚至长了长毛。当然，人们担心的是，如果杂交始终有增无减，定义苏格兰野猫的独特外观就会消失。

而且不仅是外观问题。还记得欧洲野猫和家猫在肠道的长度和脑的尺寸上的差异吗？杂种猫的特征往往介于两个物种之间，因此它们的消化效率可能会降低，对外部刺激的反应也可能会减弱。

所以，担心野猫和家猫之间的杂交也许是有根据的。杂种野猫群可能与过去生活在苏格兰的本地野猫相当不同，它们行事方式不同，生存方式也不尽相同，对生态系统的影响也不一样。同样是一种有猫的苏格兰环境，但这可能与人类和家猫来到这里之前的环境已经天差地别。

但从第三个方面来说，人们可以争辩，如果大脑袋、短肠子和虎斑纹有利于在苏格兰荒野中生存，那么自然选择就会创造奇迹，让种群保留那种基本的野猫特征，一旦与家猫的杂交引入了适应不良的特征，自然选择就会把它们清除掉。例如，黑白相间的猫在任何猫科物种中都不会自然出现，这应该是有原因的：无论是对捕食者还是猎物而言，这样的猫可能都更显眼，生存率也会因此更低。同样，如果大脑袋对在苏格兰荒野中的生存至关重要，那么自然选择应该就会有利于脑袋最大的猫。即使家猫的 DNA 涌入，苏格兰的猫也会保留苏格兰野猫的特征。

---

① 一个有趣的类似现象：黄石公园和北美其他地方的一些狼也是黑的，这种颜色之前从未出现在狼的身上。遗传分析表明，这种颜色是狼在过去某时某地和狗杂交的产物。

　　所以很难判断杂交的最终结果会怎样。苏格兰的保护工作者如今正在采取合理的措施，通过鼓励宠物主把猫养在室内、为猫绝育，减少家猫和野猫交配的机会，从而最大限度地减少杂交。此外，他们也正尝试通过各种方法减少景观中野生猫的数量。这种策略是有道理的。

　　与此同时，纠结于猫身上是否带有家猫血统似乎是徒劳的。如果一只猫看起来像苏格兰野猫，那就当它是苏格兰野猫吧。最好的办法是把精力放在限制新的野生家猫涌入，并从野外中清除那些从外观上看明显是家猫或者杂种后代的猫（希望能给它们找到好人家）。

　　德里斯科尔关于家猫与野猫杂交普遍性的研究结果具有重要的意义，这已经超出了苏格兰野猫的范畴。野猫和家猫很容易在野外交配，并且产生完全可育的后代，这一事实也意味着，按照标准，家猫和野猫属于同一物种。事实上，也是出于这个原因，一些科学家将两者都归类为 *Felis silvestris* 这个物种，而家猫只是 *Felis silvestris catus* 这个亚种。

　　其他科学家（包括我）并没有遵循这种惯例，而是将家猫称为 *Felis catus*。许多被驯化的动物都和其野生祖先拥有不一样的学名，即使它们能够异种杂交也是如此，比如狗（*Canis domesticus*）和狼（*Canis lupus*）。我们使用这些不一样的名字，并不是为了表明驯化物种和野生物种在繁殖上不相容——通常并非如此。相反，这些不同的名称强调了驯化物种在解剖学和行为学上与其祖先之间的巨大差异（这种差异在大多数驯化物种中比在猫身上的还要大）。将驯化物种作为另一个物种看待，同样强调了人类在驯化的进化改变中所扮演的角色。

　　你叫它番茄，我说是西红柿。我们称家猫为 *Felis catus* 还是 *Felis silvestris catus* 其实并不重要。科学的现实是，家猫和野猫就是同一个生物物种的成员，它们可以轻松杂交，它们的杂种后代很难和任何一个物种的非杂种成员区分开来。这种无法区分的现象突出表明，驯化过程几乎没有让猫偏离它们野猫的根儿。

家猫和野猫之间广泛的异种交配又带来了一个难题，它使得研究家猫进化难上加难。原因在于，为了弄清家猫和它们的祖先相比出现了什么变化，我们需要知道它们的祖先是什么样的。在理想的情况下，我们会找到家猫开始分化时的祖先化石，对祖先和后代做出前后对比。

但是我们并没有找到这样的化石，只能将家猫与现代非洲野猫进行比较，并假设如今的非洲野猫与祖先非洲野猫是一样的，而家猫就是那些祖先非洲野猫的后代。而由于杂交，这种假设可能并不正确。

问题在于，现在家猫与野猫繁殖时，家猫进化出的任何性状都可以传回野猫身上。举个例子，假设祖先非洲野猫身上有紫色的圆点，而不是条纹。然后，当家猫从非洲野猫进化而来时，出于某种原因，它们进化出了条纹，取代了圆点（也许条纹提供了有利于在人类住地周围捕猎的伪装，也可能是因为人们就是喜欢带条纹的猫）。在这一点上，这两种类型的猫本该很容易区分开来。但由于它们之间的杂交，负责产生条纹的等位基因可能从家猫传给了非洲野猫。如果条纹在灌木丛中同样有所帮助，自然选择就会有利于这种等位基因，野猫也就从圆点花纹进化成了条纹。

换句话说，这两个物种之间的异种交配，往往会令它们的基因库同质化，消除彼此的差异。因此，家猫相对于野猫祖先看上去几乎没什么进化，其中一个原因并不是它们没有进化，而是它们所有的进化特点后来也被如今的野猫得到了。

例如，基因组比较的结论是，猫的驯化中几乎没有基因发生变化。

但另一种可能性是，最初的家猫在更多的基因上都进化出了差异，但其中很多基因的家猫版本又通过杂交传回了野猫种群。

与此类似，这些考虑也表明，现代非洲野猫的友善或许是和家猫杂交的结果，因此，也许我们家庭伙伴的和睦真的是一种巨大的进化飞跃，只是通过家猫又传回给了它们的祖先。关于非洲野猫有群体生活倾向的说法同样如此。还记得住在耳廓狐的狐狸洞里的非洲野猫群吗？也许这并非表明非洲野猫具有潜在的群居倾向，另一种可能是，英国探险家没有意识到，他观察的是非洲野猫和家猫的杂种，这样一来，他看到的群居可能是野猫身上的家猫遗产。

消除这种可能性的一种方法是确认所研究的野猫种群没有发生过杂交。但是，除非对没有家猫的地方的种群进行取样（祝你能找到这样的地方），否则，想要明确知道没有杂交便相当困难。

然而，还存在另一种选择，就是研究遗传差异。如果能找到家猫之前的野猫化石，并从中提取DNA，我们就能看到它们在与家猫接触之前的基因组是什么样的。这听起来就像科幻小说，但我们将在第8章中看到，这并不像听上去那般不可能。

关于杂交的问题已经说得够多了，让我们回到猫的起源这个大问题上来。虽然德里斯科尔的工作明确地证明了家猫是北非野猫的后代，但这并没有告诉我们驯化是如何发生的，更不用说确切的地点和时间了。人们提出了许多不同的情景来解释非洲野猫（*Felis silvestris lybica*）是如何变成家猫的，评估这些想法需要从遗传学领域转战古代文明的研究。让我们探讨一下这些想法是什么，考古数据又对它们有何启示。

挖出猫来

猫与人产生联系的第二项最早证据可以追溯到大约 9 500 年前，它来自塞浦路斯岛的两座坟。其中一座坟里躺着一个人，距离这个人的脚 16 英寸①的地方是第二座更小的坟，里面有一只 8 个月大的猫，被小心翼翼地侧身放着，保存完好。这个人被埋在一堆珍贵的物品中，包括斧头、抛光的石块还有赭石，这说明这只猫同样是一件珍宝。这只猫巨大的体形也表明它被养得很好，进一步证明它可能是一只被驯服的家庭动物，甚至可能是人们心爱的宠物。

从鸭子到狗再到驴，在许多已经被驯化的物种中，一般有两条路可走。其中一条路是，人类从一开始就手握控制权，或迟或早地插手它们的繁育。在某些情况下，这个过程是逐步发生的，这包括了最初是人类狩猎对象的物种。随着时间的推移，人们开始通过限制它们的迁移、将它们圈养在一大片区域内，并且注意避免杀死雌性，让畜群

---

① 1 英寸 = 2.54 厘米。——译者注

更快增长。最后，人们开始引导繁殖过程，根据理想的特征筛选哪些个体可以繁殖。许多常见的畜牧场物种，比如牛、山羊和绵羊的驯化可能都是这样开始的。

显然，这种管理群体的途径并不适用于猫。放牧猫？这种想法太可笑了，而且找不到任何可以认为人类捕捉了野猫并开始有选择地繁育它们的理由。

在另一条驯化路径中，动物率先适应了和我们一同生活。随着人类文明的兴起，我们的住地提供了食物、住所和远离捕食者的安全环境等机会。许多物种利用这种优势成了"人类的共生者"，它们生活在我们之中，从我们的慷慨中获益，有些则让我们非常不高兴（想想大鼠和蟑螂就知道了）。

在某些情况下，这种关系一直延续了下去，变成了驯化，因为这些动物慢慢开始更加依赖人类。它们适应了与我们密不可分的生活。我们反过来更为有意地提供资源，在许多情况下，也开始决定哪些个体可以繁殖。

举个例子，起初，狼可能被人类聚落附近的垃圾坑所吸引，来到这里寻找食物。狼群中最大胆、最不害怕的成员可能具有优势，它们不容易被吓到，所以就会得到更多的食物。反过来，好心的人类也可能开始向狼群投喂一些残羹剩饭，进一步青睐狼群中那些最友好的，或者至少是最能容忍人类的成员。

也许狼群开始把村子视为它们的领地，它们开始在有人或有什么东西靠近时发出声响，守卫领地，从而抵御其他动物。人类可能已经开始注意到有狼在身边的价值，所以对狼群更为友好。这两个物种变得更加亲密。一代又一代过去了，最不怕人的狼受益最多，也因此而有了更多的后代。到了某一刻，狼就变成了狗。一旦它们生活在我们中间，我们最终便开始选择哪些狗可以繁殖，结果便出现了为各种目的而生的狗的品种。

大多数研究人员为猫的驯化描绘了一幅类似的画面。大约一万年前，农业生产伊始。人们从狩猎采集者的生活方式（不断寻找动植物为食）过渡到了定居、成为农民的生活方式。这是新石器革命的黎明，它首先发生在一片被称为新月沃土的地区，包括如今的伊朗、以色列、叙利亚、土耳其和其他一些国家的部分地区。

农业生活方式的优势之一便是，环境条件好的时候可以种植大量食物并储存起来，以备不时之需。但在自然中，机会不会被放过。考古记录显示，各种啮齿动物迅速涌来，利用这些被储存起来的丰富食物来源。

新月沃土位于北非野猫的自然地理分布范围内。就像啮齿动物利用新发现的种子和谷物一样，野猫同样迎来了它们最喜欢的菜品之一的大丰收。

你可能已经知道了，不管是猫还是其他家庭动物，不同个体的性情都各不相同。有些动物好奇而大胆，有些胆小怕人。近年来，越来越多的行为科学家不仅关注驯化动物中个体的个性差异，还注意到了野生物种中个体的个性差异。他们发现大多物种中都存在个性差异，这不足为奇。例如在我自己的实验室里，一位博士后研究员证明了蜥蜴在行为倾向上的差异，而且这种差异会影响它们在捕食者面前的生存机会。

可以想见当第一批人类聚落出现时发生了什么。突然间，一片地区来了一大群人居住。一些野猫，也就是那些比较谨慎的野猫，不会与村庄产生任何瓜葛，离得远远的。但更具冒险精神或者更好奇的猫可能会前去看看，甚至在附近溜达。这些猫因为发现了大量啮齿动物而得到了额外的食物，也许在人类的垃圾堆中觅食的行为也增加了食物。此外，由于大型捕食者可能避开这些聚落，这些地方对野猫来说或许还更安全（尽管已经被驯化的狗的存在可能抵消了这种好处）。

更多的食物和更少的捕食者会转化成更长的寿命和更多后代。自然选择倾向于进化出不怕人的猫，它们被吸引来到了我们中间生活。据推测，人类会容忍这些猫，甚至可能还支持它们的存在，因为这些猫可以提供灭虫鼠服务。猫反过来也会进化，它们不仅会和人打交道，还能适应新环境。特别是，丰富的食物会导致许多猫出现。猫在它们之前的环境中是出了名地独来独往，而聚居的猫则需要改变自己来抑制它们的反社会倾向。

此时，猫就成了共生动物，适应了人类周围的生活，方式和人们推断的在狼身上发生的方式相同。如今，浣熊、狐狸、负鼠和其他在城市环境中常见的物种可能也正在经历类似的过程。

但共生物种和驯化物种是两码事，想想家鼠和家麻雀就知道了，它们都相当适应在我们周围的生活，却没被驯化。早期的猫可能很像20世纪初生活在苏丹偏远村庄的猫，关于这一点，一位当地官员"觉得任何人拥有一只猫的想法非常好笑。他说，猫生活在村庄周围，晚上会进屋，但它们是野生动物，不会让人碰它们"。

那么，猫是如何从家里的食客，摇身一变成了受人珍视的宠物的呢？不难想象接下来发生了什么。也许人们试图通过提供食物和住所来吸引猫，好利用它们抓鼠的技能。反过来，最友好的猫获得了额外的食物，人们开始重视有它们陪伴在身边，因为喜欢它们的存在。自然选择会向最能与人有效互动的猫倾斜。据推测，这让猫得到了更好的照顾，寿命也因此更长，生下的小猫更多。任何使猫对人更友好的基因突变都会受到青睐，并在群体中传播开来。不久之后，非洲野猫就成了家猫。

一些研究人员不相信家猫能有效灭鼠，并因此对上述情景表示怀疑。卡洛斯·德里斯科尔本人写道："猫不会照章行事，它们的实际效用值得商榷，甚至作为捕鼠动物也是如此。对于后者的角色，㹴犬和雪貂（一种被驯化的鼬鼠）更适合。因此，没什么理由相信早期农业社区会积极寻找并选择野猫作为家庭宠物。"

这似乎是一种相当大胆的说法，因为家猫作为野生物种的掠夺者早已声名在外。证据是什么？

一些研究表明，尽管猫很凶猛，但它们并不能有效地控制大鼠的数量。20世纪40年代在英格兰农场进行的一项研究表明，如果大鼠被消灭了，猫的存在通常会让它们没法在农场建筑中死灰复燃。但不远处的农田里依然鼠患成灾。

在巴尔的摩市中心的一项研究中，一位研究人员夜里坐在停于各条小巷中的汽车里观察大鼠。"在这段时间里，虽然经常看到猫和体形很大的大鼠在一起，但……通常来说，这两种生物都是和平共处的。"这位研究人员写道，"我仅仅目睹了5次成年猫追捕大鼠，而且追捕总是在身体接触前就停下了。"

最近，研究人员在布鲁克林的一处工业废物回收厂研究大鼠，也观察到了类似的情况。研究人员在研究这家工厂的大鼠数量时，5只野生猫出现了。研究人员担心这些猫会大幅降低鼠群数量，从而毁了他们的研究，因此因势利导，安装了运动触发的摄像机来记录这些猫的袭击。令他们惊讶的是，这些猫并没有起到什么作用。在 79 天里，摄像机记录了 259 段出现猫的视频，但仅仅观察到了 20 次跟踪行为。仅有的两次杀戮发生在一只猫成功将一只大鼠从藏身处拉出来的时候。除此之外，"在空地上唯一一次捕食的尝试失败了，当时大鼠停止了奔跑，而猫也不再追逐，只是盯着它"。

因此，德里斯科尔说的可能有道理，这些研究表明，猫或许并不是城市和农场环境中大鼠的天才捕手。

但另一方面，科学文献中充斥着有关猫在更自然的环境中吃大鼠的报告。事实上，大鼠往往是生活在岛上的猫的最常见猎物。例如，一项针对新西兰野生猫的研究发现，大鼠是它们的主要猎物，按重量计算占到了所有食物的一半。在另一项同样来自新西兰的研究中，93%的猫吃过鼠（这是通过检查它们的粪便发现的）。这种嗜鼠的爱好并不是近期才出现的，埃及的一次考古发掘曾发现一只大猫的遗体，它的肚子里有 5 只成年大鼠。此外，近年来，动物福利团体也启动了一些项目，比如芝加哥的"工作猫"项目就会放一些猫给那些遭受鼠患的企业和住宅。

但这种争论可能根本没在重点上，原因很简单，大鼠并不是农业地区唯一一种带来问题的物种，小鼠和其他小型啮齿动物也可能是个大问题。即使猫捕大鼠的能力被夸大了，也没有人可以否认猫在控制小鼠方面的作用。此外，在现今的一些地方，猫还因为会捕食蛇而备受推崇。墓葬绘画表明，在古埃及情况同样如此。

总之一句话，猫在古代因为控制虫鼠的能力而受到重视的这种传统假设，依旧言之有理。

但还有其他的可能性。举个例子，也许在某个地方，人们开始抓到一窝窝小猫，抚养它们，然后繁育出最友好的猫。北非野猫已经够友好了①，也许用不着几代的选择，就能产生我们所知所爱的友好猫。这被称为"选择创造宠物"的假说。有人对狗的驯化提出了一种非常类似的想法，但它似乎已经没那么受欢迎了。

这种可能性的另一种变体是，猫被驯化是出于宗教原因。也许宗教让猫变得受人尊崇，促使祭司在神殿里开始了繁育计划，为他们的仪式培育温顺听话的猫。

因此，有关猫是如何被驯化的，存在很多假设，但它又发生在何时何地呢？

调查过去发生的事情的经典方法是直接研究历史记录。考古学是研究过往人类文明的学科，而对过去人与动物互动的研究也有自己的分支学科，那就是动物考古学（我在 15 岁时第一次听到这个词时以为这门学科的职责是发掘古代动物园②，但它其实是在人类考古背景下对动物遗骸的研究）。

我们可以肯定的是，在大约 3 500 年前，家猫在古埃及作为一种家庭宠物而存在。我们从墓中的壁画里得知了这一点，绘画描绘了猫作为家庭成员出现在餐桌下，以及在前往当地沼泽的船上。在早于 4 000 年前的时期，猫的形象几乎从未出现在埃及的图画中。

埃及或者其他地方缺乏更早的驯化证据，这支持了驯化在过去

---

① 别忘了上一章里的杂交警告。
② 英文中意为"动物"的前缀（zoo-）和"动物园"（zoo）一词拼写相同。——译者注

4 000 年内发生在埃及的假说。但正如我们在科学中常说的，没有证据并不能证明没有。当然也有可能是，猫先在其他地方被驯化，然后在 4 000 年前到达埃及。又或者，驯化的最初阶段发生在其他地方，然后猫到了埃及，它们从人类的伙伴摇身一变成了我们熟悉且喜爱的宠物。

不幸的是，有两个问题让我们很难评估这些想法。首先，在早于 4 000 年前的时期，猫的动物考古学记录或者其他关于人猫关系的证据少之又少。

其次，前面已经讨论过，野猫和家猫在解剖学上几乎无法区分。因此，我们没办法通过研究已经发现的几具几千年前被埋葬的猫的骨骼，来确定它们是在野外游荡的北非野猫，还是蜷缩在火堆旁过着惬意日子的已经被驯化的猫。此外，即使在考古遗迹中发现的遗骸可以确认是北非野猫，也不足以确定这种猫是被驯服的野猫，还是来自已经在驯化道路上开始发生遗传转变的种群。

考虑到这些注意事项，让我们来看看我们知道的情况。

还记得塞浦路斯的那座 9 500 年历史的坟墓吗？埋葬环境和猫的情况表明了人与猫的亲密关系。这会是猫驯化的黎明时分吗？

化石记录和更早的考古遗址表明，在早于 11 000 年前的时期，塞浦路斯没有猫（一块猫趾骨的发现揭示了岛上有猫的最早证据）。因此，被埋葬的猫一定是被人带到那里的猫的后代，可能来自附近的土耳其或叙利亚。猫被运到海外，又在死后被视作宝贵的家庭财产，至少在一些人看来，这两者的结合表明驯化在近一万年前就开始了。

但事实上，证据并没有那么确凿。古代塞浦路斯人也在同一时期将其他肯定没有被驯化的物种带到了塞浦路斯，比如狐狸。除此之外，我们也已经讨论过区分被驯服的野猫和被驯化的家猫的困难之处。表面看来，古代的猫是哪种都有可能。

在这一时期的考古发掘中，发现猫遗骸的频率低得惊人。我们还不清楚如何解释这种罕见的情况。也许是因为它们没有被吃掉，也没有以任何其他方式被利用，所以往往不会出现在墓葬或者垃圾坑中。也可能是因为它们真的很罕见。我们可能永远没有答案。

值得注意的次古老的记录是大约 8 000 年前的一颗猫牙，是在杰里科的聚落被发现的。第一只来自埃及的猫出现在一座比它晚 2 000 年的遗迹中。和塞浦路斯的墓葬一样，那里有一只猫被埋在人类的脚边，被埋的人是一位工匠，他的工具，还有一只瞪羚与他一同下葬（为了来世的生计？）。

更令人兴奋的是，人们在埃及希拉孔波利斯的一处可以追溯到 5 800 年前的墓地发现了 6 只猫，包括两只成年猫（一公一母）和 4 只小猫。奇怪的是，母猫只比小猫大 6 个月左右。家猫 6 个月大的时候就能繁殖，所以这本身并无特别之处。然而，北非的野猫只在春季自然繁殖，因此，6 个月大的野猫在秋季才有。相比之下，被驯化的猫一年四季都会繁殖。这 6 个月的差距能否证明它们是家猫？这种说法很诱人，但远不是决定性的证据。在这些以及其他很多埃及的发现中，这个问题始终存在：猫是被驯服的，还是说，此时的猫已经得以驯化？不幸的是，我们无法从骨骼上得知这一点。

这就把我们带到了法老的时代。古埃及人以爱猫著称。大约 4 000 年前，猫科动物首次出现在了埃及的艺术、象形文字和珠宝中，他们甚至用miit（埃及语中表示"猫"的词[①]）当作女孩的昵称。对这一时

---

① 有时拼作miw、miu或其他很多形式，据说被翻译成"喵喵叫的它"。

期的一处墓葬的发掘发现了 17 具猫的骨骼，旁边还有可能装了牛奶的小罐子。我们并不清楚这些猫是被驯服的还是被驯化的，但其中一些显然备受照顾。

从 3 500 年前图特摩斯三世统治时期开始，猫成了墓葬装饰中相当常见的元素。它们在画中常常戴着项圈、项链和耳环，吃着盘子里的东西，含情脉脉地坐在女主人的椅子下，或者偶尔坐到她丈夫的腿上，甚至还和一家人一起到草沼中打猎。此时，情况已显而易见：家猫已经出现了。

接下来的 1 500 年是埃及猫的辉煌时期（但我们很快就会看到它的黑暗面）。大约 3 000 年前，尼罗河三角洲的古城布巴斯提斯崛起，女神巴斯泰托随之受到崇拜。在之前的 2 000 年里，巴斯泰托被描绘成一个长着母狮脑袋的女性，她的颅骨从狮子的样子缩小到了猫的形状。从某种意义上来说，这并不是一种激进的变化，因为确定古埃及绘画和雕像中的猫科动物头部究竟是母狮还是家猫往往没那么容易。从母狮到家猫的转变，可能是为了强调巴斯泰托具有保护欲和哺育性的形象，而不像当代狮头女神塞赫美特那般凶猛。有一段时间，这两位女神被视作截然相反的象征，一位是愤怒，一位是友好。并非巧合的是，巴斯泰托的品质，包括俏皮、母性和多子，也都与家猫有关。

与巴斯泰托联系在一起的猫过着舒服的日子。神庙中的一些猫被认为是巴斯泰托本人的化身，人们崇拜的不是猫，而是它代表的女神。其他猫并没有得到这种名头，却也得到了很好的对待，就因为它们属于一个神圣的物种的一员。埃及宗教有许多与动物有关的神，但巴斯泰托成了其中最受尊敬的一位。

华丽的青铜雕像被大量制成，特别是那些标志性的直立坐姿的猫的雕像。家庭成员会剃掉眉毛来悼念猫的离世。为了安葬家里的宠物猫和神庙里的猫，人们建成了巨大的猫用墓地。杀猫是一种可能会被处死的罪。

最终，埃及王朝土崩瓦解，罗马人入侵埃及。古老的宗教不复存在，巴斯泰托的星光也消逝了，而猫也仅仅就是猫而已。但这个时候，猫科动物对世界的征服已经拉开了序幕。我们很快就会谈到猫科动物的大迁移，但首先，我要讨论另一项对古代猫科动物的考古发现，它来自比埃及人驯化猫更早的时代，而且来自一个最出人意料的地方。

中国最早的关于猫的记载是约 2 200 年前的汉朝早期的宫廷记录。[①]可以想象，考古学家在中国中部一个有 5 300 年历史的村庄发掘出至少两只中等体形的猫的 8 块骨骼时，会有多惊讶。[②]

就像其他地方的古老的考古遗址一样，难题在于弄清这些猫是在那里做什么。它们只是骨骼碰巧出现在村庄里的野猫，甚至可能是为了食物或者毛皮而被猎杀的野猫，还是说，它们与村民存在某种共生关系？

研究人员采用了一种新方法解开这个问题，他们试图确定这些猫在吃什么。为了弄清这一点，科学家利用了这样一则事实，那就是，你吃下的东西定义了你。食物的化学构成各异，生物会将它们吃下的

---

① 家猫普遍被认为是在大约东汉时期从欧洲传入中国的。但更古老的记载还出现了一些关于"狸"的记录。一些学者认为"狸"指野猫，而"猫"则指家猫。——译者注

② 最小个体数量是通过相同骨头的重复来确定的，在这个案例中是两块左胫骨（小腿骨骼）。这些骨骼在三处垃圾坑中被发现，表明它们可能来自三只个体。

食物中的分子吸收进自己的身体。因此，通过分析动物的化学构成，研究人员就能推断出它们的菜单上有什么。

与其他类型的植被相比，许多农作物包含的碳元素类型不同（严格来说是不同的碳的同位素）。[1]因此，以农作物为食的动物体内的碳的同位素浓度会比以农田之外野生植被为食的动物更高。人、猪、狗和村里啮齿动物的骨骼都有小米的同位素特征，而小米是当时这一地区种植的常见作物。相比之下，几块鹿骨的同位素特征则表明，它们的食物是非农业种植的植物。

猫骨显示的同位素特征与村庄居民的同位素特征更相似，这说明，小米在它们的饮食中占据明显位置。一种可能的解释是，这些猫吃的是以小米为食的啮齿动物，但另一种化学元素氮的同位素水平表明，它们的饮食由植物和动物物质共同组成，尤其是其中一只猫的饮食以植物为主，几乎没有摄入动物蛋白的证据。

猫在自然中是超级肉食动物。与狗不同，野外的猫只吃动物的肉。而这些中国猫从植物中获取部分或者全部营养，这只能说明一件事：它们要么是被人喂养的，要么吃的是村庄里的残羹剩饭（就像达尔文记录的法国小猫那样）。

还有第二条线索：这只猫颌骨上的牙齿磨损得很厉害，说明它已然进入暮年。虽然野外的动物有时也会活到年迈之时，但在这种情况下，更可能的解释是，有人在照顾这只猫。

这些发现表明，在猫在埃及被完全驯化之前，至少驯化过程的最初阶段已经在中国发生了，这比任何人预期的都早。

---

[1] 为生物化学爱好者解释一下，这是因为碳 3 和碳 4 两种光合作用途径的不同。

但这些猫是什么样的，它们又来自哪里？作者推测，要么这些猫是从西方被运到中国的北非野猫，但没有证据，要么，这些动物是亚洲野猫，以与北非野猫相同的途径被驯化了，但这种可能性同样缺乏证据。

接下来，故事变得更复杂了。一位法国动物考古学家，就是研究过塞浦路斯古代墓葬的那位，开始对此大为好奇，并决定进行更详细的研究。他与中国的博物馆馆长合作，检查了这些标本，还有在中国其他地方的另两处同样古老的地点发现的三只猫的骨骼。

在其他这些考古标本中，有一具侧卧的完整的猫骨骼。与塞浦路斯的那只猫一样，这种小心仔细的埋葬方式表明，这只猫不是生活在聚落周围的野猫，甚至不是一顿饭的食物，而是一位接受了完整的丧葬待遇的家庭成员，这更加证明猫在古代中国的家庭生活中占据着一席之地。

但还是那个问题，这些是什么猫呢？研究人员着重研究了其中4只猫的下颌骨。他们仔细测量了颌骨各处的长度、宽度和角度，并将古老的骨骼与博物馆里的家猫、野猫和中国豹猫的标本进行了比较（另一个本地物种兔狲被排除了，因为这个物种耳朵周围的骨骼具有一种考古标本不具备的特征构造）。

颌骨后端的形状（也就是与颌的其他部分的水平形状相比更向上突出的部分，就像人的一样）成了关键所在。在豹猫身上，颌的这一部分相当竖直且略大，而在野猫和家猫中，突出的骨骼向后倾斜，并且更小一点儿。

与考古发现中的猫骨骼比较后，结果显而易见。这4只猫的骨骼突起都直挺挺的。它们绝对是豹猫，而不是野猫或家猫！

这个结果令人震惊。学界通常认为，猫仅仅被驯化过一次，在中东的某个地方由北非野猫驯化而来。这一发现却推翻了这个结论。

豹猫（前面说过，它是一种和豹子关系并没有那么密切的小型斑点猫）从某些方面来说适合驯化，但就另一些方面而言则不适合。这些猫广泛分布在亚洲，比大多数小型猫科物种更能忍受人类活动。它们如今在农田和油棕榈种植园等受人类影响的栖息地中往往数量丰富，可能在控制鼠群的方面发挥着重要作用。虽然它们大多远离人类，但也有报道称，这些猫偶尔会进入村庄吃垃圾，并且捕食鸡。不难想象，豹猫会通过这样的生活习惯变为中国村庄周围的常客，但我没听说过现代环境中有人观察到这一现象。

亚洲豹猫

另一方面来说，对豹猫驯化的前景感到惊讶也情有可原。还记得第 3 章中提到的对动物园饲养员关于不同猫科物种亲和行为的调查吗？非洲野猫是最友好的物种之一。难怪它们被驯化了，它们从一开始便相当友好。

又是哪个物种在名单中垫底，是不友好中的不友好？不是"别猫"，正是豹猫。

鉴于豹猫这种脾气，即使有一只豹猫被小心翼翼地下葬了，我还是怀疑这些考古发现的豹猫的驯化甚至驯服程度到底有多高。人们是不会亲近一只毫无回报的动物的。猫的驯化途径涉及一个共同进化的过程，也就是说，猫至少是有一点儿友好的，人们提供一些食物款待它们，猫被选择而变得更友好，人们再以更多食物和庇护作为回报，如此循环往复，最终你就有了一只会趴在我们大腿上的猫，以及忠实的人类拥护者。如果猫一开始不付出一点儿爱，这种共同进化的"礼尚往来"似乎就更不可能发生了。

当然，我们永远无从得知，这些中国猫是被驯服的还是驯化的。无论如何，它们怎么样了？如果家猫抵达中国时与这些猫杂交，那么我们就会期望在现代家猫中找到豹猫DNA的证据，就像现在现代人类种群中存在尼安德特人的DNA一样。但我们并没有发现这类证据。豹猫并没有对如今家猫的基因库做出贡献。

也就是说，豹猫可能是和人类共生的，它们在村庄周围游荡，捕食啮齿动物，也许偶尔会得到一些施舍。但这些斑点猫可能并没有追随它们北非近亲的脚步走上驯化之路。而当家猫在大约2 000年前被带到中国时，这些猫也许是因为更亲人，或者是更好的捕鼠能手，又或者出于其他什么原因，占据了村庄猫的生态位。

古生物学及其姊妹学科动物考古学依据真实、具体的证据来证明生物在过去是什么样子的。当你发现雷龙硕大无比的股骨时，没人能（有理有据地）否认侏罗纪时期曾有巨兽在地球上行走。但是，古老的材料往往十分罕见，而且还会降解。许多化石物种只能从一个或者寥寥几个标本中得知，有时甚至只能从一块骨骼甚至一个脚印中得知！我们已经看到了猫在考古沉积物中有多稀少，因此，并没有太多数据可以利用。

另一种方法是根据现在来重建过去。进化生物学家可以建立一棵现代谱系关系的进化树，然后用系统发生学推断进化历史。举个例子，大熊猫和小熊猫都以竹子为食，并且拥有类似拇指的结构来摆弄高大的管状茎秆。科学家曾认为这两个物种亲缘关系很近，它们相似是因为它们是一种以竹子为食的共同祖先的后裔。但系统发生学研究展示出了截然不同的情况。大熊猫是一种熊，小熊猫则与浣熊的关系更近。因此，这两种熊猫一定是各自独立进化出了它们的相似性。它们的假拇指是对同一环境状况趋同适应的产物。

以往科学家是利用解剖数据，比如豹猫的颌突起的形状来推断系统发生关系的。但收集这类数据十分艰苦，需要仔细研究标本，发现解剖结构中有时相当微小的差异。这要花很长时间，而且最终得到的也只有相对比较少的差异特征的数据。

如今，大多数生物学家会用DNA数据来构建系统发生关系。之前已经提到，这么做的优点是可以很容易且快速地收集大量数据。

在理想情况下，我们可以把检查古老的骨骼和DNA这两种方法结合在一起。中国的猫骨就提供了一个绝佳的机会。为什么考古学家不直接对中国猫骨进行DNA检测，看看它们是否来自豹猫？答案是，说起来容易，做起来难。

08

"猫乃伊"的诅咒

我上课讲到琥珀中的蜥蜴化石时，问台下有没有人还没看过《侏罗纪公园》。几乎没有人举手。这部恐龙科幻惊悚片几乎成了一种文化普遍现象。但几乎没人意识到，《侏罗纪公园》不仅非常有趣，在科学方面也远远领先于其时代。你可能还记得，这部电影的前提是，恐龙的DNA可以从被包裹在琥珀中6 000多万年的吸血昆虫身上找到，这个想法看上去是天方夜谭。但在30多年后，当年科幻小说中的东西如今至少有一部分已经成了科学事实。

　　科学家已经从许多古老的标本中成功提取到了完整的DNA。恐龙时代的化石似乎太古老了，DNA经历几百万年后最终会分解，但更年轻的标本往往可以带来完整的DNA，比如百万年前的猛犸、50万年前的马，甚至还有4万年前我们尼安德特近亲的骨骸。温度和湿度似乎是关键，越冷、越干燥就越好，这也解释了为什么几乎没有热带的标本派上用场，而许多成功的标本都来自冰天雪地的北方。

　　对这种古DNA的研究已经颠覆了考古学。在20世纪80年代中期对埃及木乃伊的DNA分析的推动下，对数千年前的人类遗骸的遗传学研究已经成了一个欣欣向荣的研究领域。[①]通过检查骨骼、牙齿、皮肤甚至口香糖中包含的DNA，人们对现代人如何在全世界扩散，人类和尼安德特人如何互动，甚至古代人吃了什么以及他们生了什么样的疾病，都有了新的认识。

许多最敏锐的年轻头脑被吸引到生物学和考古学的这个交叉点也不足为奇了。其中之一就是克劳迪奥·奥托尼（Claudio Ottoni），他是一位生物学家的儿子，大学时就对现代分子遗传学如何帮助破译人类的过去着了迷。在罗马第二大学攻读博士时，他主要研究的是撒哈拉沙漠中部古老的游牧民族。这片地区有着丰富的考古记录，包括精美的岩画和早期被围栏围住的动物的证据。但人们还不清楚，现在生活在那里的人，也就是图阿雷格人，是不是这些早期沙漠居民的后裔。奥托尼希望通过比较现代图阿雷格人的DNA和利比亚考古遗址出土的骨骼的DNA来找到答案。

这个项目中古DNA的部分遭遇了滑铁卢。没有找到可用的DNA，奥托尼推测可能是骨骼在撒哈拉沙漠中被埋藏的 6 000~10 000 年间承受的高温所致。但在所有其他方面，这个博士论文课题都取得了巨大的成功。对现代DNA的分析带来了有关图阿雷格人的起源的深刻见解，就像德里斯科尔的研究阐明了家猫的起源一样。除此之外，虽然奥托尼没能获得古DNA，但他在一组技术论文中证明他已经掌握了相关技术。DNA在他有机会检查之前就已经被烤焦了，这也不是他的错！

随后，奥托尼在比利时法医遗传学和分子考古学实验室获得了一

[①] 进行木乃伊研究的斯万特·帕博（Svante Pääbo）因其在这一领域的开拓性成就于 2022 年获得了诺贝尔生理学或医学奖。

个赫赫有名的博士后职位，在那里，他和著名动物考古学家维姆·范尼尔（Wim Van Neer）一同进行研究。范尼尔虽然以研究鱼类闻名，却也发表了几篇有关猫的论文，包括报告了来自希拉孔波利斯的6具猫骨的那项研究。

奥托尼的工作为范尼尔和这家中心其他科学家的研究带来了遗传学的视角。实际的计划很模糊。一开始，奥托尼很想继续研究古人类DNA。但他对动物考古学了解得越多，就越觉得换个物种颇有助益。古人类DNA的研究是一个竞争激烈且有争议的领域，为什么不转去一个有更多施展的空间、戏剧性也更少的课题呢？奥托尼折中了一下，开始对古人类和古猪进行研究。

猪的项目大获成功。奥托尼对来自西亚48处考古遗址（最古老的可以追溯到12 000年前）的猪骨进行DNA测序，发现猪的驯化历史比先前认识的要复杂得多。这篇论文在科学界好评如潮，帮助奥托尼进一步打出了名气。

奥托尼拜访范尼尔和他满屋子的猫（活的，不是考古发现的）时，这位资深科学家一直尝试让奥托尼对古代猫的DNA产生兴趣。"研究研究猫怎么样？我有样本。"奥托尼回忆起这位资深科学家循循善诱的场景。奥托尼一直找这样或那样的理由搪塞他。

实际上，奥托尼是被他在处理图阿雷格考古样本时的遭遇伤到了。范尼尔的大部分猫的材料同样来自非洲北部的沙漠地区。奥托尼并不想再次踏上老路，他担心结果还是一样的，还是没有可用的DNA。但在猪的论文问世后，奥托尼终于忍不住了。他要给猫的样本一个机会。

在奥托尼测序的第一批样本中，有一只来自红海港口城市贝列尼凯的猫，它可以追溯到公元150年前后罗马统治下的埃及。结果显示，

贝列尼凯样本的DNA似乎来自一只亚洲野猫。在埃及发现这种猫的
DNA对奥托尼而言完全说不通，因为如今最近的亚洲野猫位于亚洲西
南部，是在阿拉伯半岛的另一边。他放弃了这个结果，认为它是某个
地方出错了的结果，没有再去想。

但接着，范尼尔指出，2 000年前，贝列尼凯是从南亚经红海到地
中海盆地的一处主要贸易地点。突然之间，在埃及的红海港口出现一
只带有亚洲DNA的猫的事实更说得通了。此外，这个发现提出了一种
非常令人兴奋的可能性，那就是，也许在2 000年前，印度或者亚洲其
他地方的人正在尝试驯化亚洲野猫。

奥托尼为之一振。这些样本不仅可以带来可用的DNA，还有可能
提供意想不到的结果。他把注意力转到了范尼尔的其他样本上。这位
动物考古学家广泛的合作网络在横跨欧洲、西亚和北非的遗址中都发
现了猫的遗骸，这些遗址可以追溯到石器时期和青铜时代、罗马和拜
占庭帝国，甚至还有德国北部的一处中世纪维京贸易港口。但范尼尔
的网络中仍有一处明显的漏洞。

提到古埃及，通常会冒出两个话题，也就是金字塔和木乃伊。事
实上，两者是相关的，因为金字塔其实是宏伟的墓穴，里面存放着逝
去的统治者的木乃伊。

埃及木乃伊经过了娴熟的开膛破肚、脱水、化学处理，并用亚麻
布缠绕，是一种科学的奇迹。它们的缠带和周围的木乃伊盒上的装饰
让它们在世界各地的艺术博物馆中理所当然地占据了一席之地。但大
多数人对埃及木乃伊的了解都来自电影，电影中的古代诅咒和复活的
统治者往往拥有超自然的邪恶力量。

尽管 1999 年翻拍的《木乃伊》后来有两部续集、一部前传、4 部前传的续集和一部动画电视剧，但好莱坞从来没有利用过在我看来显而易见的情节线索。埃及人不仅制作了人的木乃伊，还有各种各样的动物的木乃伊，包括狮子、鳄、狒狒和蛇。这么多种动物木乃伊显然提供了广阔的机会，能扩展典型的木乃伊电影的内容，超越那种老掉牙的古代诅咒和复活统治者的情节。

深入探索这个话题时，我以为猫会在埃及防腐动物中占据首位。但出乎我意料的是，情况并非如此。虽然狗受的关注要少得多，但它们却是最多被制成木乃伊的物种，一处地下墓穴（或者叫地下狗穴？）中就有近 800 万条狗的木乃伊。那么屈居第二的物种呢？[1]是猫，数以百万计的猫。《木乃伊喵星人》绝对会成为票房冠军。[2]

这么多猫死亡并随后被制成木乃伊，恰恰源自古埃及对猫的崇敬。在巴斯泰托女神崇拜最兴盛的时期，成千上万的埃及人每年都会去布巴斯提斯朝圣，为她举办盛大的庆典。到了那里，在狂欢节般的纵情声色的间隙，狂欢者也会参观神庙。

为了致敬女神，或者请求祈祷得到回应，朝圣者会购买木乃伊，并把它们放在神庙中作为祭品。不同的埃及神有不同的图腾动物，猫就是巴斯泰托的图腾，所以崇拜者会献上木乃伊猫。据推测，对神祈求的东西越多，献上的木乃伊就越精致、保存得越好。

祭司每年会把这些木乃伊移到地下墓穴中保存。几千年后，这些

---

① 也可能是屈居第三。鹮，也就是一种长着弯曲的喙的涉水鸟同样被大量制成了木乃伊，但没有人准确估计它们的数量有多少。

② 写完这段后，我得知木乃伊猫实际上在《史酷比》系列 2019 年的在线流媒体番外中出现过。

地下巷道被发掘出来，大量木乃伊被运到了英国，磨碎后被用作肥料。

在古代，大规模出售这些木乃伊也许是神庙赖以为生的一种赚钱方式。事实上，这种方式太有利可图了，以至于有时木乃伊猫里面并没有猫。有一处遗址的三分之一的木乃伊里只有泥、黏土块，还有一个木乃伊是一条鱼，这可能是因为死猫不够用了。

对木乃伊的X射线分析（警告：以下内容可能引起不适）表明，它们大多数是较大的幼猫或者年轻的猫，都是被折断脖子或者被勒死的。据推测，在神庙内或者神庙附近有大量猫舍，猫养在那里，也在那里被杀，制作成木乃伊。考古学家还没有发现猫在那里被饲养与被杀的证据，但已经发现了类似的繁殖鸟类甚至鳄的地方。

很长一段时间以来，这些木乃伊更被视为一种烦恼，而不是值得考古学研究的对象，因此博物馆里收藏的标本比人们预想的要少。举个例子，在19世纪末运往英国的19吨重的18万具木乃伊猫中，只有一小部分最终进入了博物馆。

尽管如此，还是有足够多的木乃伊猫成了博物馆的藏品，让一位雄心勃勃的动物考古学家看到了获取古埃及猫DNA的机会。于是，奥托尼向伦敦自然史博物馆申请了许可，从木乃伊上取下一小块骨骼、头发和皮肤，用来提取它们可能包含的任何DNA。

我作为一位前任馆长可以证明，博物馆对所谓的"破坏性取样"的请求抱持着相当怀疑的态度。我们的标本都很珍贵，而且往往无可替代，涉及以任何方式破坏它们的任何研究，都需要有非常充分的理由。

但奥托尼很走运。先前的一项研究使用了一台X光机来观察该木乃伊猫裹布内的东西。科学家正是通过这种方式得知了猫的死因（也正是由此才发现偶尔会有一些不是完整的猫的东西被包裹在外表看起来像猫的东西里）。但博物馆里的 X 光机相当小。

木乃伊猫有两种形式。在一些情况下，猫会被制成正常的猫的形状，也就是说通过木乃伊的形状可以清楚地辨认出这是一只猫。但在其他一些情况下，木乃伊是圆柱形的，因为猫在被保存时腿会紧贴腹部（前腿向后拉，后腿折叠成坐姿，尾巴夹在后腿之间，紧贴腹部）。

英国博物馆里的木乃伊属于后一种类型，它们太长了，无法放进 X 光机。工作人员做了个惊人的决定，和我刚刚告诉你的关于博物馆标本的神圣性恰恰背道而驰：他们被允许去掉木乃伊的脑袋，以便塞进机器里。这可能对标本的完整性很不利，却有助于奥托尼的研究。损害已经造成，他不需要解开并肢解木乃伊，而只要获准把手伸进去，夹取一块暴露的皮肤或骨骼。这项申请最终被批准了。

奥托尼回忆起他在那里的时光时，声音都变得柔和起来，这是他职业生涯中的一个高光时刻。在这座宏伟的博物馆的深处，地下室本身就像古老历史的一部分，里面满是考古标本，寂静无声，没有电话或者其他现代装置，还有那股古老的、陈旧的、有点儿发霉的气味。令人啧啧称奇的古董，包括木乃伊猴，就存放在博物馆的柜子里，塞满了各个角落。

但在他的记忆中，木乃伊猫格外引人注目。有些木乃伊猫显然没有经过精心制备，制备工作很仓促。但另外一些则被小心翼翼地包裹着，亚麻布条优美地交织在一起，头部的裹布被仔细塑形成恰到好处的猫科面容，尖尖的耳朵立在头顶。亚麻布上画着眼睛，有时是红的，还有鼻子和其他面部特征。奥托尼盯着这些东西，被带回了 3 000 年前的另一种文化、另一种生活方式中。

之前说过，获取古 DNA 的一个问题是，它通常已经高度降解了，可用的 DNA 量往往比你从新鲜材料中得到的要少得多。因此，风险之一便是你的样本会被现代 DNA 污染。科学家已经认识到，世界上充满了生物（包括你！）脱落的 DNA，它们悬浮在空气中、落在表面上、漂浮在水里。如果你有大量来自标本的 DNA，那就算有人或者其他生物的一段 DNA 落在了标本表面上也没关系，它会被标本的数百万份 DNA 淹没。但是，如果你只能从标本上获取一点点 DNA，甚至完全没有 DNA，那么污染的 DNA 就可能是你得到的大部分东西了。这样一来，你进行分析时所用的 DNA 序列就很可能来自污染的 DNA，而不是你想研究的标本。

当然，只有在落在你样本中的 DNA 来自同一物种或者密切相关的物种的情况下，才会出现这个问题。如果你正在研究一只古代的猫，而 DNA 的结果却说标本是一只蟾蜍，你就知道不对劲了。也就是说，如果你在研究一个鲜为人知的物种，比如鸭嘴兽，不太可能有现代鸭嘴兽的 DNA 漂浮在周围（除非你在澳大利亚）。但是，如果你想获取的是猫的 DNA（或者更糟糕的情况是人类 DNA），那就是另外一回事了，你必须非常谨慎。

古代 DNA 的研究人员采取了一系列无菌程序来杜绝污染。奥托尼和范尼尔从一具木乃伊猫的身上取样时都戴着橡胶手套和口罩，取每份样本前都会换上新手套，防止交叉污染。出于同样的原因，他们在每次取样后都会用消毒剂和酸溶液清洗所有工具和桌面。骨骼和皮肤样本被小心翼翼地用铝箔包裹起来，然后放在塑料袋里再运输。

样本一被送回 DNA 实验室，就立刻被转移到无菌室中。进入无菌室的工作人员从头到脚全副武装。他们会用消毒剂清洗标本，接着，用剃须刀片或者钻头去除外表面，露出不可能接触到DNA污染物的牙齿或骨骼的部分（毛发和皮肤样本更难消毒）。然后小心翼翼地取出材料，磨成粉末，并进行化学处理，从而提取DNA。整个过程要重复很多次，并对来自不同试验的DNA进行比较，因为多次提取的结果不太可能被同样的陌生的DNA同时污染。

奥托尼还有一项安全措施：尽管他的女朋友苦苦哀求，他也没有养猫。因为养猫的话，就太容易无意中把现代猫的DNA带进实验室了。（奥托尼告诉我，猫的DNA实际上还被用作刑事侦查的法医工具，因为它很容易通过猫主人传到各处。有一位谋杀犯被定罪，就多亏了在一件溅上了受害者血迹的夹克衫上发现了他的猫"雪球"的毛。）

奥托尼的目标是利用古代猫的DNA来记录猫的驯化和地理扩散的历史。他的样本不仅在地理上有所差异，在时间上也各不相同。他希望通过追踪特定的DNA变体（等位基因）在空间和时间上的扩散，可以绘制出驯化猫的扩散地图，彻底揭开猫的征服世界之路。

关于猫的驯化大体上存在三种假说。传统观点认为，3 500年前，猫在埃及成了真正的驯化动物（而不仅仅是共生动物），然后从那里向世界其他地方扩散。但有少数人认为，土耳其或者附近地区才是驯化发生的地方，家猫从那里扩散到埃及和其他地方。这一假说的证据来自距离土耳其不远的塞浦路斯的考古发现的猫，以及如今猫在土耳其大受欢迎的事实。最后第三种可能性是，猫在这两个地方都发生了驯化。

检验"走出埃及"假说的方法相当清晰：只要找到一种等位基因，它们最初只出现在古埃及的猫身上，但也在世界其他更新、更近代的地点出现。这样一种模式就将表明，埃及曾是家猫的祖先起源地。

奥托尼花了 4 年时间研究了共 352 份样本。然而,结果虽然诱人,却不是决定性的。正如他针对图阿雷格人进行的博士研究一样,奥托尼因为很多样本未能产生可用的 DNA 而恼火。他的总成功率达到了惊人的 59%,但英国博物馆的木乃伊倒是个巨大的例外,74 份样本中只有 6 份得到了 DNA。很有可能是涉及脱水和各种盐等化学品处理的防腐过程促进了 DNA 的降解,而埃及的炎热气候也帮了倒忙。

事实证明,缺乏来自最古老的埃及标本的数据是问题的关键。奥托尼的确发现了一个等位基因,它出现在 2 500 年前的埃及木乃伊中,接着在 1 000 年后,这个基因在整个欧洲变得很常见。不幸的是,这个等位基因还出现在了约旦、土耳其和保加利亚,时间与在埃及差不多。理论上来说,来自更古老的标本的数据能够确定这个等位基因首次出现的地点,从而揭示它扩散到其他地方的路径,但还需要做更多的研究。从更古老的木乃伊身上获取数据会大有帮助。

出乎意料的是,最令人兴奋的发现来自古代欧洲。欧洲野猫曾被认为分布在整个欧洲,并深入小亚细亚地区,但奥托尼的数据显示情况并非如此。72 份小亚细亚地区样本中没有一份含有欧洲野猫的DNA。3 份样本具有亚洲野猫血统(这是人们试图驯化这一亚种的更多证据?),其余都是北非野猫。"猫如其名",欧洲野猫的范围确实仅限于欧洲。

这个结果也许看起来有点儿不尽如人意。科学家似乎把野猫亚种的历史分布搞错了,但那又怎样?厘清事实终归是好的,但这个新知识对理解家猫的起源有什么意义吗?

确实有。来自更近期的考古遗址的样本显示,先前在小亚细亚地区的北非野猫中发现的一个等位基因在 6 000 年前传到了欧洲东南部。

值得注意的是，人们从小亚细亚迁移到这片地区时走的正是同一条路线，还带来了农业。接下来，一组波兰研究团队发现，在欧洲中部出现带有小亚细亚地区等位基因的猫的时间，与从事农业的人在那里出现的时间差不多，都是约 5 000 年前。

这意味着，在埃及"猫咪礼仪学校"开张的 2 000 年前，具有北非野猫血统的土耳其猫已经陪着人类移民从小亚细亚地区来到了欧洲。如果这些猫是作为宠物，而不是共生动物一同旅行的，那么"走出埃及"假说就被推翻了，至少它作为家猫起源的唯一解释就不成立了。当然，另一种可能性是，迁移的猫仍然只是共生的食客而已，追随着农业的进步和随之而来的啮齿动物大餐一路前行。

那关键的问题就落在了迁移的猫和与之相关的人之间的关系上。回答这个问题的关键方法我们在前面已经遇到过了，就是同位素！发现古代北非野猫等位基因的波兰研究人员采用了之前在对中国豹猫的研究中用到的同位素化学方法，来确定这些猫吃什么。

但分析方法略有不同。与在未施肥区域进食的动物相比，以施了粪肥的田地中生长的作物为食的动物（包括人类），体内含有更高浓度的特定氮同位素。反过来，吃了以这些作物为食的猎物的捕食者体内，这种同位素的水平也更高。当然，这种方法没法回答所有问题，毕竟无论一只猫是宠物还是共生动物，它都有可能吃下农田里的猎物，但这可以给人一种大致的感觉，了解这些猫与人的关系有多密切。

波兰科学家进行了两项比较。首先，他们比较了发掘出的那些迁移的猫的骨骼中氮同位素水平与波兰更早的前农业时期的欧洲野猫的水平。他们推断，如果新来的猫吃的是农耕区域中的猎物，那与前农业时期的欧洲野猫相比，这些猫的氮同位素水平会更高。其次，他们比较了迁移的猫的同位素水平与同一时期生活在同一地区的人和狗的同位素水平。他们认为，如果这些猫是驯化动物，那么它们的同位素水平应该与人类和狗相当。

结果发现，波兰的猫恰好位于两者中间。它们的同位素水平高于前农业时期的欧洲野猫，但低于狗和人。对此的理解是，这些猫在人们身边游荡，在某种程度上以农田里的大鼠和其他小动物为食，但它们并没有像狗那样完全以家庭成员的身份生活。

当然，猫不是狗，它们吃的东西也不一样。也许猫狗之间的同位素水平差异更多来自它们吃的东西，而不是它们的驯化程度。波兰科学家对此也给出了一个回答。他们还测量了来自一处更近期的波兰遗址的狗、猫和人的同位素水平，那是一片可以追溯到 2 000 年前的农业区域，当时猫更有可能已经被驯化了。在这些样本中，猫的同位素水平与狗和人大致相当，并且远远高于更古老的猫的样本。换句话说，氮同位素的水平似乎是与人在家中和谐相处的绝佳标志。

这项研究得出了一项非常重要的结论：5 000 年前，波兰的猫，也就是从土耳其迁移而来的猫科动物的后代，是人类的同伴，它们生活在农耕社区附近，但还是以一种未驯化的共生生活的方式。这种情况同样符合猫骨的考古学背景，这些猫骨是在附近洞穴中发现的，而不是与人类直接相关。

这些古老的波兰猫为驯化的标准模型中关键的一步提供了切实的证据：猫在人类周围游荡，从我们的存在中受益，并且作为回报，可能带来了控制啮齿动物的好处。

但驯化并没有发生。自农业伊始，波兰猫的祖先就一直在新月沃土与人类共存，但这些数据表明，它们依旧只是共生动物，而不是驯化动物。想想今天人类周围常见的动物，比如浣熊、负鼠和鸽子就知道了。这些动物并没有被驯化，但随着人类聚落的迁移，它们也会随之迁移。北非野猫可能做了同样的事情。要想让野猫跨过驯化的门槛，一定还发生了什么事。

我们仍然不知道那是什么事，但传统的观点认为，它发生在埃及，也许在大约 4 000 年前。据说，猫刚被驯化便大受欢迎，并迅速从埃及扩散到了世界其他地方。

诚然，这种"走出埃及"情景主要是基于其他地方缺乏驯养猫的考古证据。正如我之前所说，没有证据并不等于证明了没有。也许猫在现今的土耳其、叙利亚和其他地方被驯化的时间比它们被画在埃及墓葬中的时间还要早几千年，只不过我们还没找到证据而已。但来自波兰遗址的证据是对这种假说的一次打击。如果猫在土耳其被驯化了，那么古波兰猫应该表现出被驯化的迹象。我们会在第 15 章中再次探讨DNA 和猫科动物迁移的故事。

猫从埃及扩散到世界其他地方的情况在考古遗址和历史记录中有相当充分的记载。埃及人试图阻止猫的出口，据传，甚至他们的军队在远征时，都会在被入侵的国家找回所有被俘的猫，并将它们送回埃及。但这无济于事。水手们看到了猫控制啮齿动物的价值，将它们偷运上船。据说在地中海水域航行的腓尼基商人被埃及人称为"偷猫贼"，这些人运走了猫，不管是通过从埃及出发的船还是从其他地方出发的船。①

---

① 但我一直无法追溯这种说法的来源。

我们并不清楚为什么其他地方的人想要猫。希腊人和罗马人已经把雪貂和鼬当作捕鼠工具了，因此并没有特别需要猫来充当这一角色。至少在罗马，猫最初也并不是大受欢迎的宠物。它们最初的扩散或许完全是海上活动的结果，因为水手们看重猫可以防治虫鼠的作用，这让猫在地中海地区扩散开来，然后，它们一旦在异国他乡弃船而去，就只能自食其力了。

在希腊，猫存在的证据出现在壁画、壶罐、杯子、石印以及匕首上，最早可以追溯到公元前 1700 年。家猫在公元前 5 世纪一定已经在希腊出现了，还可能更早，它们从那里出发，很快就遍布了南欧的大部分地区。罗马人在猫向欧洲大陆大部分地区的扩散中发挥了重要作用，这种解释基于这样一则事实，那就是，在许多地区，最早有关猫的证据都是在罗马人的聚落中发现的。

猫还通过陆路和海路向东扩散到了整个亚洲。我已经提到了通过红海到南亚的海外贸易路线，它可能把猫带到了印度。此外，猫还通过陆路旅行，踏上丝绸之路抵达伊朗，并从那里向东一路来到中国。公元前 3 世纪，巴基斯坦的一处浮雕展示了一只家猫正和狗吵架。没过几百年，猫存在的证据便在印度和中国出现了。到公元 600 年，它们出现在日本。所有这些猫都是北非野猫的后代。

在克劳迪奥·奥托尼的研究中有很多绝对值得一提的发现，但是当这项研究第一次在牛津的一次会议上被介绍时，一项特别的发现引起了全世界的兴趣。不，不是猫的木乃伊，尽管这是我原本猜的答案。不是从小亚细亚入侵欧洲的猫，也不是被裹挟进红海与亚洲贸易的那些猫。

走红的是维京猫。

古斯堪的纳维亚人以航海见长，他们在航行中带着猫以防治啮齿动物，也许还享受着它们的陪伴——谁知道呢。一些科学家推测，正是维京人将猫带到了欧洲北部地区，以及冰岛和其他一些岛屿上。

奥托尼的研究为这种想法提供了佐证。他研究中的一处考古遗址是公元7世纪波罗的海的一处维京贸易港口，位于今德国境内。奥托尼发现，这个村庄里的猫携带着和埃及猫一样的等位基因，他认为，维京人确实在地中海遇见了这些猫，并用维京长船将它们运回了家。

全世界的媒体不遗余力地报道了这一发现。"猫和维京人一同踏上了征服世界的航程。"《商业内幕》这样说（没错，一家商业杂志报道了关于猫的科学发现）。"维京人有没有助猫一臂之力，让它们遍布世界各地？"《基督教科学箴言报》问道。各种文章出现在世界各地大大小小的报纸、杂志和网站上。网上到处都有戴着维京头盔的猫的表情包，有些猫还像凯特和莱昂纳多那样①站在船头。"我甚至不知道还有维京猫。"许多文章都引用了一位难堪的遗传学家的话。

这位遗传学家在知识面上的小失误是可以原谅的。维京人有猫，但纵观历史，其他很多人也都有猫，而且维京猫是否真的存在也不清楚。在网上，甚至在科学文献中，都有不少关于维京人的有趣且异想天开的想法，但我们应该抱持着怀疑的态度。大众对维京人那些广为流传的描述大多并不正确。那种两边各带一个角的头盔就从未存在过，

---

① 指的是电影《泰坦尼克号》的主演凯特·温斯莱特与莱昂纳多·迪卡普里奥，电影中有一处经典桥段是两人站在船头，张开双臂。——译者注

更不可能给猫戴上了。①考虑到这一点，让我们仔细看看我们对猫和维京人有多了解。

拥护维京人崇拜猫的观点的人常会引用北欧神话中的弗雷亚作为证据，她是爱、美和生育的女神，据说她驾驶着一辆由两只名叫比古尔和特雷亚古尔的猫拉着的战车穿梭。但近期的学术研究表明，弗雷亚实际上一开始被说成骑在一头野猪身上，而猫的版本是基督教徒后来创造的"修正主义"神话。更糟的是，弗雷亚的猫并不叫比古尔和特雷亚古尔，虽然这是互联网和其他地方广泛报道的版本。这两个名字来自 1984 年由戴安娜·L. 帕克森（Diana L. Paxson）创作的奇幻小说《布里辛加曼》（*Brisingamen*）。这两只猫如果有真正的北欧名字，它们的名字又是什么，早已消失在时间的迷雾中。

撇开弗雷亚不谈，显而易见的是，和埃及人一样，维京人和猫之间的关系同样相当复杂。猫被当作宠物珍视，和主人同葬，但它们也会在宗教仪式上被献祭，并因为它们的皮毛而被大量宰杀，这些皮毛被用来做成衣服的里衬和边饰。我们从许多考古遗址中发现了后一点，这些遗址中的猫骨上有剥皮过程中产生的切割痕迹，其中包括公元 1070 年在丹麦的一处遗址，那里有一个坑，里面至少有 70 具猫的遗骸。

顺便说一句，猫的纪录片经常提起维京人格外偏爱橘猫，他们是橘猫在欧洲和其他地方扩散的重要原因，但这并不比带角的维京头盔更有事实根据。据我所知，所有的证据只是大不列颠北部的一些岛屿

① 什么，你不知道吗？从来没有人发现过带着角的维京头盔。它们是由 19 世纪瑞典艺术家创造的，在 19 世纪 70 年代因瓦格纳的歌剧作品《尼伯龙根的指环》而闻名，自此便成了维京形象的代表。我直到开始研究这个话题才知道这一点。

上橘猫的比例异常高，而有一篇研究论文认为这可能是因为维京人喜欢橘猫，并且在近 1 000 年前在那里定居时带上了它们。

维京猫的故事清楚表明，关于猫是如何扩散到世界各地的，其中很多细节仍有待揭开。但奥托尼并没有气馁，他刚获得了欧盟的一项重要资助，这笔资助让他得以用更复杂的基因组测序方法获得质量更高的遗传数据。结合范尼尔收集的其他标本，这个项目应该能带来有关猫的起源和扩散的更详细的记录。

同时，奥托尼计划采用第二种方法来了解猫的驯化历史。还记得之前基因组分析发现的在猫的驯化中被选择的 13 个基因吗？奥托尼希望通过检验考古发现的猫的完整基因组，能确定这些基因变化首次出现的时间和地点。这类数据应该会大大有助于解决非洲野猫何时变成家猫的问题。这个项目已于 2021 年年初启动。我想在这本书出版后不久，你应该就会在《纽约时报》上读到有关的报道了。

无论如何，可以肯定的是，到了 1 500 年前，在欧洲、亚洲和非洲北部的大部分地方都能找到家猫了。猫已经征服了世界，而它们进化到如今我们所知的这般惊人的多样性的旅程，才刚刚开始。

09

三花老虎和黑白斑点的
美洲狮

埃及墓穴壁画中的猫通常在做以下三件事中的一件：坐在人旁边，通常是在女性的椅子下；在沼泽里随行捕猎；正和蛇搏斗，经常用刀占据上风。这些猫科动物的表现形式有的更写实，有的更抽象，但都有一个不变的特点，那就是，在所有这些绘画中，猫的外观都一样，它们都是黄褐色的，带有竖条纹或者一列列斑点，长着具有环斑的尾巴，四肢也有条纹。这些猫也都是纤细到中等体形，通常还有长长的腿，这种身形和当时的许多雕塑也很相似。

换句话说，古埃及的猫看起来很像北非野猫，只是颜色可能更浅一些。考虑到它们的血统，这毫不奇怪。但有趣的是，并没有关于它们出现变异的证据，没有任何我们今天所知的猫的各种颜色和花纹的线索。

我本人和猫的故事就是现代猫大杂烩的例证。亨利是我成年后养的第三只猫。它健壮敦实，呈灰色，侧面带有淡淡的深色条纹，腿和尾巴上有黑色的环斑，前额带着典型的M形标记，它是那种带有条纹

的鱼骨纹虎斑猫[①]，看上去多少有
点儿像欧洲野猫。

　　我从过去到现在养过的另外
8 只猫则没有一只看起来像野猫，
不管是欧洲野猫还是其他野猫都
不像。我有两只美丽的米白色暹
罗猫塔米和毛里希亚，它们的脚、
耳朵、脸和尾巴是黑色的；还有
纳尔逊，它有类似的深色斑纹，
衬托着一身光亮的棕色毛；还有
简和它的"分身"库拉卡，它们

鱼骨纹虎斑猫

都是中灰色的，没有斑纹；利奥则是一只橘色的阿比西尼亚猫，每根
毛的末端都带着点儿深色，看起来就像有斑点一样[②]；阿奇是浅橘色的，
脸和腿上带有虎斑花纹，其他地方则没有；而温斯顿则有灰白相间的
斑块。

　　我的 9 只猫仅仅反映了家猫多样性的一小部分。家猫包括三花猫、
玳瑁猫、黑猫和烟熏色的猫；有长毛猫和短毛猫；还有长着羽毛一样
的大尾巴的猫以及无尾猫；也有身体雪白，而头尾是其他颜色的猫。
更不用说过去几十年来繁育者开发的许多新样貌的猫了。惊人的是，

①　在猫的世界里，"虎斑猫"有一种特定的含义，它指的是前额带有 M 形标记的
　　猫。它们侧面的花纹各有不同，从完全的条纹，到分成几行的断开的条纹，再
　　到斑点，甚至什么都没有。
②　许多哺乳动物都有类似的"带斑点"的毛发，术语叫"深浅环纹毛皮"（agouti），
　　这个名字取自一种具有这种毛皮的中南美洲的热带啮齿动物。

在任何自由生活的家猫群体中，都能找到这些各式各样的外观。然而，这在今天的非洲野猫和古埃及的猫身上却看不到。这些千奇百怪的猫是什么时候出现的，又为什么会出现呢？

古希腊和古罗马时代猫的画像比埃及艺术品中出现的要少，但它们呈现出的信息是一样的，那就是，早期家猫看起来很像非洲野猫。从表面上看，这种记录表明，如今家猫外观的多样性是在猫离开它们祖先的家园，并在亚洲和欧洲扩散之后才开始出现的。

非虎斑猫在 2 000 年前便开始出现在历史记录中了。现存最早的长得不像野猫的猫画像是一块来自法国南部的马赛克瓷砖，上面画着一只黑猫，它被认为是罗马帝国时代早期的作品。几个世纪后，希腊医生阿蒂乌斯（Aetius）写到了黑猫和白猫。再跳几百年，12 世纪的欧洲肯定已经有了黑猫，因为我们知道当时出现了关于黑猫的迷信。由于 13 世纪的教皇法令，当时的人们几乎"谈黑猫色变"，导致黑猫惨遭几个世纪的屠杀。白猫出现在中世纪欧洲的一些绘画和壁画中。13 世纪的一本百科全书记录了橘猫、白猫和黑猫，可能还有长毛猫。到了 16 世纪，在文艺复兴时期美丽的绘画中，猫已经有了各种各样的颜色和斑纹，更不用说达·芬奇创作的一些可爱的纯色猫的素描了。在东方，1 000 年前，许多不同颜色和花纹的猫也已经在中国画中出现。

但中世纪猫科动物多样性的最佳证据来自泰国（也就是以前的暹罗）。一卷《论猫》（*Tamra Maew*，全称叫《论如何分辨猫的特征》）历代流传并历经修订，它被认为最初写于 14 世纪。

这本书图文并茂，文字部分是泰文诗歌，本质上则是一本繁育指南，阐述了各种猫的情况。所有猫都身形修长，长着一条细尾巴，还有长长的口鼻。其中包括一只身体末端（也就是耳朵、腿和尾巴——在猫的世界里就是"尖端"）呈深色的米白色猫，这显然是现今暹罗猫的前身，还有一只灰猫、一只白猫、一只华丽的铜褐色猫，以及一只黑猫。其余的大多是花纹各异的奶牛猫。《论猫》的后续版本对它们的描述不太一致，但都有 17 种不同的类型。

综合来看，这些描述表明，在 1 500 年的时间里，世界各地的家猫从看起来和野猫很像的鱼骨纹虎斑猫，变成了一个带有各种颜色和花纹的物种。这种转变引出了一些问题：变异从何而来？为什么家猫比它们的祖先以及其他野生猫科动物都更多样化？让我们首先来看看变异的来源。

我们已经讨论过一种途径。杂交可以将新的变体从一个物种导入另一个物种。事实上，在有限的程度上，这可能已经发生在了家猫身上。欧洲野猫比它的非洲近亲颜色更深，体形更敦实，头部也更圆。当家猫披着非洲野猫的外衣在欧洲扩散时，它们一定和当地的欧洲猫混在一起，吸收了它们的一些 DNA。这很有可能就是今天许多家猫都有欧洲野猫的灰色外表的原因，比如我们的亨利。

但杂交只是故事的一小部分，原因很简单：如今家猫的大部分变异并没有出现在任何野猫种群之中（或者说在它们开始与家猫杂交之前没有）。家猫的橘色、黑色或白色都不是通过与当地野猫交配得到的，更不用说玳瑁猫、梵猫[1]或者海豹色系[2]的花纹了，因为历史上有限的野猫调色板并没有包括这些颜色或者花纹。

---

[1]　通常指只有头部和尾部的毛带有颜色，其他部位是白色的猫。——译者注

[2]　通常指身上带有奶油色或者浅褐色毛发，尖端部位为深棕色的猫，比如暹罗猫。——译者注

变异的另一种来源是突变，也就是DNA的变化。有些突变没有带来任何影响，但有些则会让猫在解剖学、生理学或者行为的某些方面发生变化。例如，一个基因的单个突变可以让一只本来长着鱼骨纹的猫，在身体两侧长出一种几乎会产生迷幻效果的旋涡状花纹，就好像从凡·高的《星空》走出来的一样（这样的猫被称为"宽纹"或"经典"虎斑猫）。

宽纹虎斑猫

另一种突变可以产生橘色，还有几个不同基因的突变可以带来长毛猫。

这是否意味着，我们如果对一只猫的基因组进行测序，就能知道它的长相？还不尽然，但我们已经取得了很大的进展。在某些情况下，遗传学家已经发现了对应于这些特征的特定DNA变化，比如宽纹虎斑猫和长毛猫就是如此。但对于许多性状，我们还做不到。举个例子，通过分析家谱中的遗传，我们知道橘色是由单个基因的等位基因造成的（我将在第15章举一些例子说明是如何做到这一点的），但这个基因本身还没有被确定。

突变比人们意识到的要普遍得多，在人类和猫科动物中都是如此。

随着对单只猫的完整基因组进行测序成为可能，突变率得以被准确计算出来。通过比较一个人及其双亲的基因组，科学家可以确定一个人的DNA碱基对与双亲的DNA之间有什么不同。这种差异就是DNA突变的结果。

近期的研究利用这种方法计算出，家猫平均拥有43项突变，也就是说，其DNA与双亲的DNA相比，存在43处差异。这个数字比我们人类的平均突变数量要低一些，人类的突变率要高40%，而且我们的基因组也比家猫的更大。

现代家猫种类繁多，包括颜色、花纹、毛发长度以及其他在非洲野猫身上看不到的特征，都是过去2 000年里产生的突变的结果。但为什么野猫身上没有这些特征呢？是因为这些突变从未在野猫身上出现过，还是因为它们确实出现过但没能延续下去？

野猫已经存在了几十万年，也许是几百万年，它们无疑经历了无数突变，其中许多与今天的家猫很相似。说野猫种群中从未出现在家猫中看到的这些多变外形是因为必要的突变从未发生，这似乎不可能。相反，更有可能的是，许多这样的突变在某个时候也出现在了野猫身上，却没能"站住脚"。①这些突变转瞬即逝的原因正是自然选择。

鱼骨纹虎斑猫的花纹为想要藏身于灌木丛生的草原或者黑暗的森林植被的野猫提供了绝佳的伪装。想象一下生活在苏丹这些地方的一群非洲野猫。假设一只小猫天生带有突变，让它成了橘猫或白猫，或者一只三花猫。由于缺乏伪装，它的猎物在很远的地方就会看见它靠

---

① 但请记住，种群越大，发生的突变就越多。今天6亿只家猫经历的突变，要比现有的规模小得多的野猫种群所经历的多得多。但野猫存在的时间更长，为突变的发生提供了充足的机会。

近。同样重要的是，它的天敌（野猫有很多天敌）也会轻易发现它。它活不了太久，而随着它的死亡，这种突变也就从基因库中消失了。

这种解释似乎很有可能，但令人惊讶的是，没人检验过这种假说。检验它并不难，至少原则上如此。我曾在蜥蜴身上进行过类似的研究。你可以这么做：去找一群生活在野外的野生猫，它们自食其力，无人喂养。按理来说，这种由流浪猫组成的群体会包含各种各样的颜色和花纹。而你要检验的假说是，与其他颜色和花纹的猫相比，鱼骨纹虎斑猫的生存能力更强，并且繁衍了更多后代。

为了检验这种假说，你得尽可能地多认识几只猫。做到这一点的方法之一是拍照，学会通过它们的花纹、胡须排布或者其他标记来区分它们，就像韦雷德·米尔莫维奇对奈克拉沃的猫所做的那样。或者尽可能多抓一些猫，给每只猫做一个永久性的识别标记，好比在你的猫身上植入微型芯片，这样一来，它万一走失了也能被识别。在了解这些猫的同时，你还要记录下每只猫的毛色和花纹，还有其他一些信息，比如性别、体重等。然后你就可以回家了。

你等半年一年之后再回来，看看哪些猫活下来了，哪些没有。有个棘手的问题是你需要确认那些找不到的猫是死了，还是只是搬到了别的地方。你得广泛搜寻，希望任何未被发现的迁徙都和毛色无关（比如白猫并没有比其他颜色的猫更有可能离开）。接着，你把你的笔记拿出来，把结果列出来。存活率与毛色和花纹有关系吗？和灰猫相比，橘猫的死亡比例是不是更高？带条纹的猫是不是比三花猫生存得更好？如果是的，这就是自然选择。

你也可以抓一些小猫并提取DNA样本（比如从毛发或者唾液中提取）。然后，亲子鉴定可以确定每只猫的父母，让你检验毛色或者花纹是否与繁殖成功有关。

小菜一碟，至少理论上如此。但据我所知，从来没有人检验过野生家猫种群的自然选择。

尽管如此，在过去漫长的岁月中，各种颜色和花纹的突变都在野猫种群之中出现过，只不过每次都会被自然选择迅速淘汰，这相当合理。

但现在让我们想想早期家猫，它们看上去依旧很像非洲野猫，但不再生活在野外了。它们躲过了捕食者（因为大多数捕食者都离人类居住地远远的），也许还会被喂一些餐桌上的残羹剩饭，于是它们便不再需要捕猎了，这些猫面临的自然选择的压力可以称得上很小。在这种情况下，生来就是橘色、白色或者玳瑁色的猫也许就没什么劣势了。

有时，某些性状被进化出来并不是因为它们是有益的，只是因为它们走运了罢了。"突变"这个词通常带有一种负面的含义，的确，一些突变是有害的。但并非所有都如此。许多突变都无关紧要，用科学术语来说，它们在选择上是中性的。举个例子，想想一种影响你会不会卷舌头的突变。卷舌能力似乎不太可能对个体生存或者繁殖成功产生太大影响。生活在人类周围的家猫的被毛颜色和花纹可能同样如此。

当选择中性的突变发生时，自然选择便显然不起作用了，因此突变的命运是偶然的。因为一种突变开始时并不常见（最初只有一个个体拥有它），大多数突变终将从种群中消失，因为它们无法被传递给下一代。但是，偶尔，一种新的突变撞了大运：仅仅出于机缘巧合，携带突变的个体活得很长、很充实，并且有了很多后代。如果这样的好运能持续几代——记住，这不是因为自然选择，而仅仅是运气——突变的等位基因可能会在种群中变得普遍。在某些情况下，它甚至可能取代这个基因之前那种等位基因。

在很大程度上，我们看惯了的猫的外观多样性可能就来自这种进化随机性，也就是一种被称为遗传漂变的过程。当然，不仅是颜色。在某些种群中，其他很多奇怪的性状也可能惊人地普遍，比如多一个脚趾（被称为"多趾"①）、尾巴末端有个结，或者根本没有尾巴。很难想象为什么自然选择会偏爱这些奇怪的性状，它们流行开来可能是遗传漂变的结果。

另一方面，关于为什么一种性状可能受到自然选择的青睐这一点，也许我们根本就没有问对问题。

家畜身上新性状的正向选择，最明显的来源就是人类的偏好，宠物尤其如此。人们喜欢新东西。对此还有一个进化生物学的术语叫"负频率依赖的选择"，也就是说，稀有的性状更受青睐。想象一下你第一次看到一只橘猫或者奶牛猫的场景，你一定觉得太酷了！在过去的 2 000 年里，人们可能更喜欢带有新性状的个体，会给它们更多食物，更为精心地照顾它们，甚至有意繁育它们，这种人工选择可能是如今家猫多种多样的原因。②我们会在后面几章中看到，即使今天，这种对新性状的偏爱依旧存在，有时受偏爱的甚至是相当奇怪的性状。

自然选择还能以另一种方式影响家猫的多样性。许多基因影响着多种性状，例如，尖端呈深色（海豹色系）的猫也会长着蓝眼睛。由于这种遗传相关性，一种性状会在种群中站住脚，是因为自然选择倾向于另一种与之遗传相关的性状。青睐海豹色系的猫的自然选择不仅会在后代中产生更多的海豹色系的猫，还会带来更多蓝眼睛的猫。

---

①　就像人多了手指或脚趾一样，猫也不会因为有更多的脚趾而得到任何好处。

②　类似的选择同样发生在自然中。比如雌孔雀鱼更喜欢和颜色不寻常的雄性交配。

橘猫可能就是一个例子。它们在一些地方相当常见，这是为什么呢？当然不是为了伪装，它们只有在南瓜地里看起来才不显眼吧。一种可能是，猫的橘色在遗传上和其他一些具有优势的性状相关。事实上，一些研究已经发现，橘猫比同龄、同性别的非橘猫更重。研究人员不知道是什么原因，但这种相关性表明，与橘色相关的突变还影响了猫的生物学的其他某些方面，让它们能长得更大。如果"大橘为重"受到了自然选择的青睐（这种假设很合理），那么橘猫的高频出现可能就是自然选择青睐大体形的一种间接产物。

橘色的优势也可能来自一种与行为相关的遗传连锁。橘色和黑色（或者类似的颜色，比如黄色和灰色）拼凑在一起的玳瑁猫，因为其刚毅的品质而广为人知。喵顿网（Meowingtons）好心告诉我们，这个词适用于"玳瑁或者三花被毛的猫，而且恰好有一点儿……呃…… '喵之傲娇'"。[①]更有用的是，这个网站接着说，玳瑁猫"更具挑战性，意志坚强，对它们的主人有很强的占有欲"，而且还"极其独立，易怒好斗，并且神秘莫测"。

可以想象，具有这种行为风格的猫会受到自然选择的青睐，因此，橘色的普遍性可能是橘色和好斗之间这种遗传相关的结果。但玳瑁猫刚毅的性格是真的吗？

唯一可用的数据来自互联网调查。一项针对 1 200 多位猫主人的调查发现，相比于其他颜色的猫而言，玳瑁猫、奶牛猫和灰白色的猫对人类更有攻击性。另一项调查通过克雷格列表网站（Craigslist）的

---

① 除了少数例外，只有母猫会有玳瑁或者三花花纹，因为橘色在猫身上是一种性别连锁性状。因此，带有橘色等位基因的公猫都是纯橘的，而带有这种等位基因的母猫的被毛则常由橘色和其他颜色的斑块构成。

社区志愿者网页招募参与者，要求参与者对 5 种不同颜色的猫针对 10 种不同的性格特征打分。有点儿令人困惑的是，橘猫在"友好度"方面得分最高，而玳瑁猫和三花猫则最常被认为"偏执"、"冷漠"又"顽固"。

理想情况下，可以对猫的气质和颜色之间的关系进行更科学的研究，而这就需要一种衡量气质的标准方法。一旦这种方法被建立起来，科学家就可以把猫带到实验室，或者到猫的家里去，就像尼古拉斯·尼卡斯特罗和其他人研究发声行为那样。但据我所知，还没有人用这种方法来测试行为与被毛颜色或花纹之间有没有联系。

我们有充分的理由拿家猫和野猫进行比较，因为家猫是野猫的后代。但其他猫科物种呢？它们的颜色和花纹有没有为理解家猫各种各样的外观带来有用信息？

答案在很大程度上是否定的，其他猫科动物与家猫几乎没有相似之处。想想一只燕尾服虎①、一只三花狞猫，或者一只奶牛美洲狮就知道了。它们压根儿就不存在。事实上，除了鱼骨纹虎斑猫像野猫祖先，以及最近被繁育出的几种模仿具有斑点或条纹的野生物种的品种之外，家养猫科动物和野生猫科动物的颜色和花纹几乎没有重叠。

只有一个例外。从女巫的伙伴，到漫威超级英雄，再到《丛林之书》中莫格里的朋友和守护者，黑色的猫科动物在人类的想象中占据着特殊的地位。

_____

① 燕尾服猫通常指胸部、腹部和爪子为白色，其余部分是黑色，就像穿了燕尾服一样的猫。这里指具有这种颜色和花纹的老虎。——译者注

而且它们并不局限于家养的种类。黑豹（实际上是豹）最为人所知，但已知有 15 个猫科物种存在全黑（被称为黑化型）个体。[1] 在哺乳动物中，黑化型是突变引起的，这种突变导致真黑色素沉积在每根毛发的每一处，这样个体看起来就是黑的。人们已经确定了 8 种不同的突变会让猫科动物黑化。[2]

黑色家猫有一段漫长且悲伤的历史。黑猫被视作女巫的"密友"，甚至被认为是化身成猫的女巫，它们在整个中世纪一直遭到残忍的屠杀。一些人认为，这种经常祸及所有猫的屠杀可能是大鼠数量激增的原因，后来，跳蚤在啮齿动物的背上传播，带来了黑死病。即使在今天，黑猫依旧被一些人认为是不祥之兆，与非黑猫相比，黑猫遭到虐待的频率更高，被收养的也更少（在此赞美我妹妹和其他许多因此而收养了黑猫的人）。

黑猫在一些家猫种群中很常见，但在其他一些中却没有。现在欧洲部分地区黑猫相对比较少，这被认为是它们过去遭受迫害的结果。这种解释虽然可能成立，但缺乏证据。

相比之下，野生猫科物种内部和物种之间的黑化型的分布都很清楚。在 14 种出现黑化型的野生猫科物种中，有 10 种主要出现在森林中。这种关联同样存在于多个物种的种群之中，比如在豹、美洲豹和

---

① 尽管"黑豹"（black panther）指的物种属于豹（leopard），但"黑豹"中的"豹"（panther）最常指的却是另一个被称为山狮或美洲狮的物种，这一物种分布在美洲，从阿拉斯加到巴塔哥尼亚。与许多猫科物种不同，从来没有过黑色山狮的记录。

② 这个故事的一个有趣的续集是，黑化型并没有完全消除豹、美洲豹、薮猫和类似花纹的猫身上的斑点。尽管每根毛都是黑的，但黑的强度不同。在适当的光线下，某些地方的黑毛稍微浅一些，就会产生若隐若现的正常斑点花纹的图像。

细腰猫的种群中，黑化型在森林居住的种群中更为常见。

　　这些观察表明，变黑可能是在黑暗的森林内部加强伪装的一种适应，让黑化的个体在白天更活跃。科学家通过相机陷阱记录下了三个生活在森林中的物种中黑色和非黑色个体的活动模式，以研究这一假说，这三个物种分别是小斑虎猫、南方虎猫和美洲豹。这三种动物的结果是一样的：黑色个体在白天比长有斑点花纹的个体更常活动。而且，更进一步的证据是，黑色个体在月圆时也更活跃。其中的含义很清晰，也就是说，有光时，黑化在黑暗的栖息地更具优势，大概是因为黑色个体比长有斑点花纹的个体更难被发现。①

　　如果在森林中的生活更青睐其他猫科动物的黑色，那么有理由认为，在野生家猫身上同样如此。令人惊讶的是，这一假说也从来没有被明确检验过，但有一点点证据。在澳大利亚，东南部一片森林地区的猫有四成都是黑的，而在沙漠内陆这一比例只有 4%。

*　　*　　*

　　猫通过生活在我们周围，占据了一个不需要伪装的生态位，从而为毛色或者花纹的多样化创造了条件。但人类在各种各样的家猫品

---

①　如果黑色更具优势，为什么不是所有的个体都是黑的？如果一种性状提供了生存优势，我们可能认为自然选择会从种群中消除另一种性状。科学家认为，非黑色的个体可能也有一种反过来的优势，但还不确定是什么。一种假说是，许多猫科物种的身体的各个部位都有浅色的斑块，比如耳朵后面，用于交流。举个例子，许多小猫跟在母亲身后走的时候，会用耳朵上的标记追踪母亲。但那些斑块在黑猫身上并不存在，这可能会让幼崽更难待在母亲身边。科学家仍在研究这种观点，还有其他一些想法。

种产生的过程中所起的作用还不确定。也许五颜六色的突变只是由于遗传漂移而激增，一种毛色和另一种毛色没什么不同。人类的偏好是不是促进这些毛色进化的主要因素，我们还不得而知，可能也无法得知了。

但猫的多样性不仅在于毛色和花纹，家猫最有趣的变化是在大小、身形和毛发质地的方面。毫无疑问，通过人工选择，我们的审美偏好在推动这种多样性的进化中发挥了重要作用。但我们也不能抢了所有的功劳。猫在没有我们的帮助下，也已经自然地适应了它们生活了几个世纪的环境。

一段毛茸茸的猫的故事

在许多哺乳动物物种中，寒冷地区的种群都会长出比热带地区种群更厚的皮毛。对这个规律的解释不言自明，毕竟外面很冷的时候，谁不想要一件厚外套呢？自然界中这样的例子比比皆是，想想长毛猛犸就知道了。野生猫科动物也展现出了同样的趋势。东北虎长着又长又厚的被毛，亚洲极北地区的豹和豹猫也是如此。相比之下，这三个物种的南方种群都穿着更轻薄的"外衣"。野猫也表现出同样的趋势，特别是来自寒冷地区的欧洲野猫，它们都裹得"严严实实"的。

　　也就是说，随着家猫从中东的起源地向北迁移，自然选择会促使它们进化出更长、更浓密的毛发来适应更寒冷的天气，这完全说得通。同样，我们会认为人们在北方繁殖出的品种也会长着厚厚的毛，因为它们是由那些毛发本就蓬松的当地猫发展而来的。而我们发现事实正是如此。

　　在梅丽莎和我开始带着纳尔逊参加猫展之前，我对缅因猫这个品种并不了解。我们第一次在堪萨斯莱内克萨参加展会，就遇见了一只我见过的最大的猫托比（Toby），它是一只 28 磅重的缅因猫，就像一尊装饰品一样站在主人的电动滑板车上兜风。起初，我被它硕大的头、有棱角的下颌，还有那副海军陆战队士兵的派头吓到了，但我很快就知道了为什么这些温柔的长毛巨人会成为最受欢迎的品种猫之一（在 2021 年屈居第二）。这不仅是因为它们狮子一般的长相很威风，也因为这些毛茸茸的猫友好而悠闲，是绝佳的家庭伴侣，尤其适合陪伴孩子。

缅因猫

缅因猫是一种完全原产于美国的猫，是至少一个半世纪前起源于美国的第一个猫品种。缅因猫在 19 世纪 60 年代有了它们自己的猫展，当 19 世纪末出现一些全国性的比赛时，这些大块头带回来了许多绶带奖章。那时，缅因猫已经和它们如今的样子非常像了。早期的描述强调了它们体形硕大，被毛很长，长着大大的耳朵，尾巴毛茸茸的。

在典型的"爱猫"（cat fancy）①传说中，关于这个品种的起源有很多神话般的故事。一种显然非常荒谬的想法是，这种猫来自一只流浪猫和一只浣熊的交配，它们不仅因此得名②，还继承了浣熊的体形和毛茸茸的大尾巴。没那么离奇的版本是，这个品种来自玛丽·安托瓦内特③的长毛宠物，是她从法国寄来的，因为她计划很快就要逃跑，但我

---

① Fancy 这个词至少可以追溯到 19 世纪，指"对宠物或家畜的欣赏、推广或者饲养"。

② 缅因猫英文名 Maine Coon 中的 coon 意为"浣熊"。——译者注

③ 法国王后，国王路易十六的妻子，死于法国大革命。——译者注

们都知道这次逃跑从未发生。

在现实中，这些猫的祖先是如何来到美国缅因州的，我们可能永远也不知道，但接下来发生的事情是公认的事实。正如爱猫协会网站上所说，"缅因猫遵从着'适者生存'的进化规律，通过自然自身的繁育程序进化出了这些特征。这些特征都服务于一种目的或者功能。缅因猫成了一种强壮的猫，适合生活在东北地区冬天寒冷、四季分明的气候中"。它们厚重的被毛由丝绸般极柔软的毛发组成，还有能环绕身体的大尾巴、耳朵上长出的须，以及从耳朵里冒出的浓密毛发，这些特征都可以保暖。长满绒毛的爪子有助于在冰天雪地中行走，它们略微偏油性的皮毛则具有一定程度的防水功能。

换句话说，缅因猫的基本轮廓是由自然选择塑造的，自然选择青睐那些最适应缅因州户外寒冷天气的猫。毫无疑问，这些猫的外观已经被现代繁育者的奇思妙想改变了，但它们作为猫的基本特征还是由大自然母亲奠定的。

但缅因猫并不是唯一一种穿着御寒服的猫科动物。在 3 000 英里外同样寒冷的斯堪的纳维亚半岛，类似的环境孕育了一种相似的猫科动物，那就是挪威森林猫。

爱猫"菜鸟"可能会像我一样，因为难以区分缅因猫和挪威森林猫而慌了手脚。事实上，它们太像了，以至于有些人认为挪威森林猫可能是由维京人带到北美洲的，是缅因猫的祖先。

如果你像我一样上了猫展评委培训学校，学校老师就会纠正你错误的想法。这两种宛如分身的猫完全不是祖先和后代的关系，它们以各自独特的方式进化成了毛茸茸的样子：它们厚重的被毛非常相似，但层次不同，导致长毛出现的突变也不一样。[①] 一双经过训练的眼睛还可以挑出其他一些差别：这两种猫都有气宇轩昂的脑袋，但挪威森林猫的头更偏向三角形，也许没那么令人生畏。更宽的耳朵，以及从前额到鼻尖的直线轮廓，也让挪威森林猫区别于缅因猫。

和缅因猫一样，挪威森林猫也有一段神话般的背景故事，据说它们是北欧传说中粗犷的森林居民的后代，在这片土地上游荡了几个世纪甚至几千年。和缅因猫一样，人们认为这些挪威森林猫进化出厚厚的被毛和其他性状是为了适应它们所处的严寒环境。

直到 20 世纪，人们才从自然手中接过了雕琢挪威森林猫的工作。有组织的繁育始于 20 世纪 30 年代，并在第二次世界大战后流行开来。创造这个品种的人从对生活在挪威森林中的典型家猫的设想出发，接着，他们在挪威的后院和农场中寻找符合要求的猫。结果便得到了另一个品种，其身上的特征通过自然选择进化而来。

而第三种相当保暖的猫也来自冰天雪地。几个世纪以来，有许多关于俄罗斯和附近亚洲国家的不同地区的长毛猫的报告流传下来。英国人哈里森·韦尔（Harrison Weir）创办了猫展，也创造了爱猫潮流，他在 19 世纪后半叶的某个时候得到了一只俄罗斯长毛猫。他说这只猫巨大健硕，毛发浓密，腿很短，脖子上有很大一圈鬃毛，耳朵上长着一簇簇长毛。

这听起来就像缅因猫和挪威森林猫一样，对吧？据推测，这些性

---

① 不过这些突变确实发生在同一个基因上，这个基因被称为成纤维细胞生长因子 5（*Fibroblast Growth Factor 5*，简称 *FGF5*，科学家会将基因名称记为斜体）。*FGF5* 的突变也是狗、兔子、仓鼠和其他哺乳动物中许多品种出现长毛的原因，但不包括长毛猛犸。

状在自由生活的俄罗斯家猫身上通过自然选择进化而来，原因与缅因猫和挪威森林猫如出一辙——那里太冷了！

但后来故事就断了。俄罗斯猫不再出现在猫展上，甚至不再被谈起。它们差不多被遗忘了，至少在西方是如此，哪怕它们依旧在俄罗斯北部的街道、农场和森林中游荡。

换句话说，它们被遗忘了，直到 20 世纪 80 年代末，苏联的爱猫人士决定培育一个本地长毛猫品种。繁育者为此提出了一套该品种的理想成员应当具备的要求。然后他们在圣彼得堡、莫斯科和其他城市的街道上寻找接近这些标准的猫。这些动物和其他后来找到的个体，构成了一种"旧猫换新装"的基础，它们被形象地称为西伯利亚猫，人们称它们是过去传说中俄罗斯长毛猫的后代。

定义西伯利亚猫的性状据说和当代出现在西伯利亚、俄罗斯西北部和莫斯科城外的乡村猫的特征很相似。尤其是，这些猫长着又长又厚的三层毛，与缅因猫和挪威森林猫的毛都不一样，因此，西伯利亚猫可以说是最适应寒冷气候的品种，它们的背部、眼睛和耳朵周围以及胸腹部都长着充足的毛发。

需要记住的一点是，没有人说如今的这三个品种与它们生活在几个世纪前的祖先完全一样。恰恰相反，哪怕就在过去几年里，人工选择就已经改变了它们的外表。事实上，不仅这些品种和它们的祖先不一样，在不同爱猫机构中注册的同一品种的成员也有差异，因为这些机构对猫的外观都有不同的看法。例如，在美国不同的机构注册的缅因猫就不一样，而在美国和俄罗斯注册的缅因猫之间也有所差异。西伯利亚猫在两个国家中亦不尽相同。尽管有不少近期才发生的变化，但这些品种的主要特征都反映了自然选择的作用，让它们适应了在当地环境中的生活。

长毛的北方猫并不是仅有的带着自然选择印记的猫。想想野猫之间有多大区别就知道了。非洲野猫又高又瘦，头有点儿偏三角形，毛发很短。这些特征在这些猫所处的炎热气候中都说得通。谁愿意在外面热得冒烟的时候还在自己的骨头上堆很多肉呢？更别说穿一件毛茸茸的外套了。相反，欧洲野猫则体形粗壮短小，圆头圆脑，还披着一身更长的被毛。

这些差异在如今世界各地的家猫中也有类似的体现。泰国街头的猫往往长着大长腿，身形细长，头部是楔形的。开罗的猫也是这样。相反，英国街头的猫往往比赤道地区的猫更敦实，脑袋也更圆。

野猫和家猫在身体构造上的这种地理对应，表明了其进化进程。北非野猫的祖先很适合生活在炎热的地方。当在埃及或者附近新出现的家猫向东方和南方移动，到了同样炎热的地方时，自然选择便维持了这种体格。与此同时，随着猫进入欧洲北部和亚洲，并最终被运到北美洲北部，自然选择将苗条的祖先猫变成了短小粗壮的体形。与欧洲野猫的杂交可能促进了这一过程，将适应严寒的性状的基因转移到了家猫谱系中。

猫的品种也可以按照这个身形谱排列。其中一端是大体重的品种，它们身体短小健壮，腿又短又粗，脑袋圆圆的，脸也很短。

如你所料，几乎所有这样的短身形品种都有欧洲血统，比如英国短毛猫、曼岛猫和塞尔凯克卷毛猫。波斯猫是这种类型中最极端的例子，它们似乎是一种地理上的反常。但我们将在第 15 章中看到，名字可能误导人。

在更温暖、更靠南的地区发展出的品种和大块头的北方猫恰好相

短身形的猫

反。这些猫往往身材瘦长，腿长而纤细，头部为三角楔形。传统上来说，这些品种被称为"东方"或者"外来"品种，但这些术语在其他情况下已经很少被提及，并且无论如何，它们都不是描述性的，所以我把这类猫称为"纤长"品种。就像长毛猫一样，我们在这些品种中能看到自然选择的痕迹，但人工选择让它们和祖先的样子相比有了变化，而不同品种的变化程度不一。

但是，最近人们开发出的一个品种的确保留了其祖先的外观，那就是肯尼亚猫。什么，你从来没听说过？我也是直到最近才听说的。这是一个相当罕见的品种，来自肯尼亚沿海地区的家猫的野生种群。

40年前，生活在这片地区的人注意到了当地的猫，并且爱上了它们的样子。于是他们抓了几只，开始让其交配，保持了它们的外观。因此，肯尼亚猫看起来依然很像它们的野生祖先。你猜世界上这片炎热地区的野生家猫是什么样子的？它们高挑纤长，长着三角形的脑袋，一身短毛。肯尼亚猫让我们看到了一类品种发展的早期阶段，也就是一个品种刚刚从一片特定地区的猫中诞生，而人工选择还没有改变它的时候。

　　我想用两点提醒来结束这一章。首先，如今生活在一个地方的猫和过去生活在同一个地方的猫之间的相似性，并不能证明它们之间存在家谱上的联系。埃及猫就是个例子，它们据传是一种古老的猫，但起源其实很近。这些纤长、带着斑点的猫经常被描绘成"法老的猫的后代"，但这个品种是在 20 世纪 50 年代中期才被创造出来的，当时人们从开罗街道上挑出了一些身材纤长的斑点猫。这些小家伙可能看起来有点儿像法老墓的墙壁上画的那些猫，但要跨越 3 000 年的时间建立与古埃及猫的联系，这点儿证据太弱了。类似脆弱的证据链还有最近从泰国的猫中培育出的美丽的白猫品种泰国御猫，据说它们代表了《论猫》中的猫，也许是它们的后代。一些俄罗斯科学家对如今的西伯利亚猫与历史和传说中的俄罗斯长毛猫之间所谓的联系也表示了类似的怀疑。

　　其次，尽管我在这一整章中写的都是气候条件对猫品种的影响，但我得在最后总结强调，适应当地气候条件的进化史并非不可改变的命运。人类主导的人工选择很容易推翻祖先的蓝图，让一个品种的外观和体形随着时间的推移而发生变化，有时甚至是明显的变化。一种猫曾经是短身形，并不意味着它一直是短身形的猫！

　　美国缅甸猫①就是一个例子。虽然美国缅甸猫是一个来自亚洲的品种，但它们和地理规则背道而驰，是非常矮胖、短身形、圆头圆脑

---

① 不要与纳尔逊所属的欧洲缅甸猫混淆了。我们在美国称作欧洲缅甸猫的猫，在世界其他地方被称为缅甸猫，而我们称为缅甸猫的猫，在其他地方则被称为美国缅甸猫或现代缅甸猫。简直让人一头雾水！这两个品种在 20 世纪中期分道扬镳。

的猫。这是怎么回事？这是因为，美国繁育者觉得他们的猫和暹罗猫太像了，于是通过人工选择，相对迅速地培育出了一个看起来截然不同的品种，在这个过程中，这种猫的祖先通过自然选择进化出的身体构造特征就被淘汰了。

11

不是你爸爸的猫

提到猫展，大多数人都会想到西敏寺犬展①，那些衣着光鲜的驯犬师在擂台上展示着他们那些做了造型、举止完美的狗。狗们进行着花里胡哨的敏捷性尝试，在颇具挑战性的障碍赛中以极快的速度飞奔，不会出现任何失误。这在猫科动物身上是无法想象的。

但猫展确实存在。我知道这一点，是因为我已经参加过很多次了，无论是作为观众，还是和纳尔逊一起作为参与者。猫展比犬展更简单，没有牵着猫散步的环节，参加敏捷性比赛（这是最近才加入的项目）的竞争者往往也没有像狗那般专注的热情。

尽管如此，猫展的场面依然很壮观。想象一下，200只，甚至800只号叫着、呼噜着、瞌睡着的猫齐聚展会大厅，大厅里展示着各种各样的现代猫。场地多种多样，从破旧的高中体育馆和空荡荡的退伍军人纪念厅，到酒店宴会厅和大型表演厅。房间里摆满了一排排长桌，

---

① 全球最具规模的著名犬展之一，在美国纽约举行，拥有百年历史，有时被打趣地称为"狗狗界的奥斯卡"。——译者注

塞满了五颜六色的猫屋。参赛者在猫屋的布墙内懒散地躺着，等着被叫到评审席前。暹罗猫不停叫着。偶尔的"猫咪出来了"或者"猫咪在地上"的喊声会引起一阵骚动，直到任性的猫被领回来。

早上，唯一在场的人是猫的看护人（被称为参展者），他们把自己的宝贝安顿在猫屋里，为即将到来的赛事精心打扮它们。不过，随着时间的推移，大厅里逐渐挤满了观众，他们是各种各样的爱猫人士，花上三块钱来欣赏猫展的壮观场面。

如果你还记得犬展伪纪录片《人狗对对碰》①中的滑稽人物，你会失望地发现，参展者只是一些喜欢猫的普通人，他们愿意在一年中的大部分时间里，让自己的生活围绕着开车——或者有时坐飞机——去参加活动而展开。就像任何经常聚在一起比赛和社交的团体一样，这里有深厚的友谊，也有激烈的竞争，还有流言蜚语，以及对评审的抱怨，也有各种各样的胡闹。②

尽管猫展上的人充满魅力，但让我们把注意力集中在主要活动上，也就是那些猫。参展的参赛者大多文质彬彬，暹罗猫的圆滑老练和挪威猫的矜持庄重都难以超越。有些猫会用它们的外表或者举止吸引你的目光，但你也会惊讶于其他一些猫出乎意料的特征。但最重要的是，这些活动所展示的是猫惊人的多样性。东方猫修长灵活，缅因猫尊贵威严，阿比西尼亚猫像豹一样油光发亮，还有像小毛球一样的喜马拉雅猫，以及长得好似小精灵的德文卷毛猫。

---

① 一部有关西敏寺犬展的伪纪录片形式的喜剧电影。——译者注

② 如果你真的想了解猫展和带猫来参加猫展的人是什么样的，可以看看 2018 年的加拿大纪录片《猫步：巡回猫展中的故事》（*Catwalk: Tales from the Cat Show Circuit*）。

　　猫展表明，家猫并不只有一类猫，而是包含许多不同品种的猫。而且，猫的宝库正迅速扩张。繁育者利用自然发生的变异开发出了之前想都想不到的新品种，包括卷毛的德文卷毛猫，还有布偶猫，它们因为在被抱起时喜欢瘫在你怀里而得名。一些爱好者正从另一个方向寻找新的变异来源，他们让家猫与其他猫科动物交配，培育出华丽的斑点孟加拉猫、长腿的萨凡纳猫，等等。

　　国际猫协会现在承认 73 个猫品种，而且这个数字还在迅速增加。所有这些品种都有基本的猫的属性，但它们却变得越来越不同，在许多方面甚至比猫科的 42 个野生物种更多样。繁育猫的人能将现代猫的边界推到多远？猫的进化是不是没有任何限制？

　　为了找到答案，让我们到克利夫兰去看看。

　　国际展览中心是美国最大的展览场地之一，这里建筑面积超过100 万平方英尺①，足以容纳一个空军中队的飞机还有余。这栋建筑一度是一家坦克工厂，这里举办过船只、汽车和房车的展览，也举办过总统集会、美国全国橄榄球联盟球迷节以及贸易展会。这里的游乐园里的室内摩天轮多年间一直占据着世界最大室内摩天轮的名号。

　　但我在I–X中心（克利夫兰人对国际展览中心的简称）不是为了这些，我来这儿是为了看猫的！爱猫协会每年会举办一次国际猫展，这是全美同类展会中规模最大的一场。②2018 年和 2019 年，这个展就

①　1 平方英尺≈0.09 平方米。——编者注
②　爱猫协会（CFA，Cat Fanciers' Association）是全世界最大的猫团体，自 1906 年成立以来，登记在册的纯种猫多达 200 万只。该协会举办的国际猫展可能是世界上第二大的展会。我只知道有一个更大的，那就是由一个欧洲团体——猫科动物国际联合会（Fédération Internationale Féline）——每年举办的世界展览会，吸引着多达 1 600 名参赛者。

在克利夫兰举行。

我以前去过猫展，但这一次绝对是独一无二的。当然，规模是原因之一，此前的大多数展会占用的面积只有I–X的一小部分大。原因还在于参赛者的数量，这场展会聚集的猫多达 800 只，是一般展会报名数量的 5 倍。

国际猫展不仅是一群猫聚在一个空旷的空间里的巨大聚会。这是一场盛大的表演，是世界猫大赛。巨大的横幅横挂在房椽上，每条横幅上都有一张不同品种猫的动人照片。"暹罗猫、西伯利亚猫、索马里猫、斯芬克斯猫、东奇尼猫、土耳其安哥拉猫"，旗子上这样写着，还有更多种猫。

我从来没见过泰国御猫，也就是泰国的那种美丽的白猫，但快速扫视了横幅后，我被引导到了左侧的大厅后方，那里有几只猫待在猫屋里，等着被叫去评审站。想见见新加坡猫吗？这些身材小巧、长着大眼睛的猫在右侧，朝前走就是了。

猫明星相当多。"墨镜猫"戴着一副配得上艾尔顿·约翰的眼镜（因为它天生没长眼皮），和 11 000 位甘愿在见面会上排着长队的观众见面。"酸菜猫"展示它最新的服装。长着皱纹的斯芬克斯猫"斯拉·爪西"（Sarah Pawcett）[1]穿着玛丽·安托瓦内特的服装，看上去真是太漂亮了，它戴着白色假发，所以不是"无毛"的了。友好的大使猫，比如一只打着领结的阿比西尼亚猫苏格拉底，被牵着走来走去，接受参观者的轻拍和爱抚。

娱乐活动层出不穷。左前方的舞台上聚集着数百名观众，观看萨

---

[1] 名字来自法拉·弗西（Farrah Fawcett），20 世纪 70 年代活跃在美国影坛的著名女演员和性感偶像。——译者注

维茨基猫①的表演，它们展示了在《美国达人秀》上惊掉了西蒙·考埃尔下巴的惊人技巧。在敏捷性竞技场中，猫有时会飞速钻过或越过各种障碍物，但它们有时也会磨磨蹭蹭的，对赛道上的每件东西都要好好嗅闻一番，让饲养员恼怒，却也让观众不禁发笑。关于猫的起源和行为的讲座定时举行，在为期两天的活动中，"收养一只喵"的活动为100多只猫找到了家。

但是，参展的800只猫才是重头戏。CFA承认的45个品种中，除了3个品种外，其余所有品种都参了展。②这些品种的多样性令人叹为观止。

猫展就很多方面而言都是一场盛大的表演。但对生物学家来说，这种奢侈的活动具有一种特殊的意义，它强调了选择的力量，选择在短时间内产生了许许多多进化的改变。我们已经看到了自然选择的作用，而猫展让我们得以探索爱猫圈人工选择的结果。

让我们从它们的外衣开始。短毛猫的品种比较多，但由于一些长毛猫品种大受欢迎，比如波斯猫、缅因猫和布偶猫，展会上往往长毛猫更多。

不同品种的猫展现出了不同的毛色和花纹。一些品种，比如俄罗斯蓝猫和哈瓦那棕猫，其所有个体颜色都一样（顺便说一句，在猫狗

---

① 一群来自乌克兰的训练有素的表演猫。——译者注

② 缺席的是三个罕见品种，分别是美国硬毛猫、拉波猫和土耳其梵猫。其他爱猫机构的做法更自由，它们会包括许多未被CFA认证的品种，举几个例子，比如海兰德猫、雪鞋猫、塞伦盖蒂猫、萨凡纳猫、澳大利亚雾猫、非洲狮子猫、千岛短尾猫和顿斯科伊猫。

圈子里，灰色被称作"蓝色"，原因我不清楚），而其他品种则有几种毛色（例如埃及猫可以是银色、青铜色或者烟色的），还有一些品种几乎什么毛色都有（比如缅因猫、曼岛猫和日本短尾猫等）。

被毛花纹也有类似的差异。举个例子，虎斑纹在像缅因猫、东方短毛猫和曼岛猫等品种中很常见，但在暹罗猫和沙特尔猫等其他品种中却从未出现过。三花和其他花纹也是类似的情况。

这种在毛发长度、颜色和花纹上的多样性，在非纯种猫中同样会出现。但其他一些毛发属性几乎只出现在纯种猫身上。例如，不少品种长着波浪、卷曲或者硬而直的毛发（就举几个例子，比如德文卷毛猫、柯尼斯卷毛猫、塞尔凯克卷毛猫、拉波猫和美国硬毛猫）。斯芬克斯和其他几个品种看起来没有毛，但实际上它们往往浑身覆盖着一层细小的绒毛。再往前走一步，或者说只走半步，狼猫每年会有两次集中的脱毛期，其余时间毛会零星脱落，这个品种的官方爱猫协会网页上是这样描述它们的："腿、脚和脸部毛发……稀疏，看起来就像狼人"。他们可不是在开玩笑，我可不想在漆黑的小巷里碰上那些猫。

我们现在来看看头部。在一些品种中，猫的头部已经发生了明显变化。看看现代获奖的波斯猫，你会注意到有什么东西不见了，是鼻子！取而代之的是恰好在两只眼睛之间的两个小鼻孔（没错，是两眼之间，而不像普通的猫或者你我这样在眼睛下方）。从侧面看，你会发现波斯猫的脸从眼睛到下巴是一条直线。你可能会觉得我说的是几只非同寻常的猫，但看看官方品种标准对理想波斯猫的描述："从侧面看时……前额、鼻子和下巴看起来在竖直方向上是对齐的。"

波斯猫的正面和侧面

而且不仅仅是头。波斯猫的其他部分也这样被压缩了，形成了一种身形非常短小、敦实而粗壮的猫。这就好像有人把一只正常的猫放进了台钳里，然后从两头挤压。

你可能会想，这种异常的鼻腔构造会不会对猫不好。没错，可能是的，我们会在第 14 章讨论这个问题，以及其他一些会带来问题的猫的品种性状。

在繁育者压缩波斯猫、消除它们的鼻子的同时，他们对暹罗猫的做法恰恰反过来了。20 世纪 60 年代中期，典型的暹罗猫很纤长，长着偏楔形的三角脑袋。而在短短的几十年间，繁育者已经把这种猫变成了动物界中前所未知的东西。

如今的暹罗猫有一张又长又窄的尖脸，和这种尖头尖脑相平衡的则是又大又宽的耳朵。结果便是，现代暹罗猫的头部具有一种惊人的三角形的对称。

暹罗猫的其他部分也被拉长了。它们的躯干呈圆柱形，腿又长又细，尾巴纤细。这些"婀娜猫"在各个方面都和波斯猫完全相反。坦诚来说，我承认，我觉得现在的暹罗猫带着一种高雅的气质，它们作为猫或许看起来不常见，但的确夺人眼球。

现代暹罗猫

要说服任何怀疑进化是否真实存在的人，暹罗猫和波斯猫都是再好不过的例子。经过几十年有管控的育种，猫和其他驯化的动植物品种之间的差异提供了强有力的证据，说明选择的力量可以迅速改变一个物种的解剖特征和行为。

事实上，由于选择育种，现代暹罗猫和波斯猫不同于任何存在过的猫科物种，无论是今天依旧存在还是过去存在过的。它们之间的区别比狮子与猎豹或者家猫之间的区别还要大。如果这些品种不存在，而古生物学家发现了一块波斯猫的化石，他们将会在顶尖的科学期刊上发表一篇论文，不仅会将这块化石描述为一个新物种，还会将它分类进另一个属，甚至可能是猫科的另一个亚科。

我知道这是个相当大胆的说法。但想想波斯猫和它们鼻腔的缺陷吧，再把它们的鼻子和狮、虎、虎猫和短尾猫的鼻子比一比。上网补习一下，去查查一些更隐秘的野生物种，你猜怎么着，它们都有完整的鼻子。有些动物的脸比其他一些的要长，但它们都长着明显的口鼻。而且它们的鼻孔都长在眼睛下方，而不是在双眼之间。

暹罗猫没这么极端，但同样没有任何其他长着这么长、这么窄的锥形口鼻的猫科物种还活着，也没有发现任何类似的猫科动物化石。没有任何猫科物种有这么大的耳朵。换句话说，这两个品种表现出的面部结构，比猫科动物在自然进化的 3 000 万年的历史中产生的结构都要极端。

现代波斯猫和暹罗猫之间的差异，体现了不同猫品种头形上的大部分差异，但还有其他一些头形，比如长着硕大的方脑袋的缅因猫，小精灵一般的高颧骨的德文卷毛猫，还有鼻子隆起、蛋形脑袋的柯尼斯卷毛猫。

耳朵也有各种各样的形状，包括小巧的蝙蝠耳，长在头顶的宽间距的耳朵，长着毛、里面也有厚厚的毛（被称为"耳毛"）的耳朵。还有折耳的奇特魅力：苏格兰折耳猫的耳廓向前耷拉下来，让这种圆头圆脑的猫看上去好像没有耳朵一样，而美国卷耳猫的耳廓向后弯折，有时会碰到头部。

从暹罗猫到波斯猫的一系列猫，体现并夸大了上一章讨论的短身形欧洲猫和纤长的亚洲猫之间的差别，展示了猫品种之间身体形态的大部分变化。一般来说，长腿的猫体形也比较纤细，而短身形的猫则更有可能长着四条短腿。但最近繁育的一个品种对这种一般规律提出了挑战。

从肚子往上，曼基康猫看起来和一只普通的猫没什么差别。它们的躯干有点儿长，头部呈半三角形，在猫的体形谱中略偏于纤细的一端。但你接着往下看。这些猫以《绿野仙踪》中的芒奇金人命名[1]事出

---

[1] "曼基康"与"芒奇金"的英文均为Munchkin。——译者注

有因——它们的腿相当短。我不知道精确测量的结果，但我估计曼基康猫的腿还没有普通猫的一半长。或者更简单地说，曼基康猫就是猫界的柯基犬。

曼基康猫

关于曼基康猫的信息并没有你想的那么多。这个品种第一次出现时，一些繁育者很愤怒，把这种猫称为"变异香肠"，说它们"令人憎恶"。除了审美方面的考虑，还有人担心这些猫容易出现脊椎和髋部问题——这些问题就困扰着腊肠犬、柯基犬和一些类似的犬种。但狗和猫的骨骼结构在一些重要的方面存在很大差异，就目前所知，曼基康猫没有被这些疾病缠身。有一些迹象表明这些猫可能容易出现一些健康问题，但还没有确凿证据。

另一方面，曼基康猫的爱好者自己也提出了一些令人生疑的说法。国际猫科动物联合会的网页上写道："活泼、低矮的曼基康猫为速度和敏捷性而生。"在其他地方，有人则更明确地进行了比较：赛车底盘很低，而且速度非常快，所以曼基康猫一定也是如此。"曼基康猫真正的优势是速度。它们活力惊人，天生具有速度和敏捷性，就像一辆毛茸茸的赛车那样拐弯，并保持着低姿态来获得最大的牵引力。"一个权威性不亚于《爱猫者》(Catster)杂志的消息来源这样说。

作为一位研究过动物奔跑能力的动物学家，我不得不对此表示怀疑。想想跑得快的生物，比如猎豹、瞪羚和灵缇犬。它们长着粗壮的小短腿吗？没有，它们的腿都很长。腿越长，动物迈出一步的距离就越远。在我的研究中，我建了小赛马场来测量蜥蜴的冲刺能力，结果是一样的：腿长的蜥蜴跑得更快。

因此，关于曼基康猫是猫界的速度型选手的说法，我觉得不太可能是真的。但就像围绕这些猫的其他很多说法一样，没有确凿的科学数据可供参考。因此，为了研究这一说法，我采用了一种普遍的做法：我去看了视频网站优兔。

果然有很多曼基康猫在客厅里飞驰的视频。让我们首先明确一件事——它们相当可爱，尤其是小奶猫。但要说它们是奥林匹克短跑选手，我就不同意了。它们表现出的热情确实不比任何追着小球或者激光笔点跑的猫差，但我确信，如果跟其他猫并排奔跑，大多数猫都会在跑道上赢它们一筹。你不用轻信我的话，自己去看看这些视频吧。

说到这里，我承认，说曼基康猫更短的腿让它们能更快转弯是可以理解的。在某种程度上，这是因为速度较慢时更容易转弯（想想开车的时候），但这还因为，由于离地面比较近，它们的重心更容易重新定向。

我向澳大利亚的生物力学专家罗比·威尔逊（Robbie Wilson）核实了我直觉上的想法。他也认为短腿动物应该能更快转弯，并指出"非常普遍的观察是，短腿的足球运动员的转弯能力强得多。我也有两只吉娃娃，它们四肢长度不同，喜欢互相追逐。腿短的那只很快就被追上了，但随后它的转身动作却令人难以置信。看起来很有意思"。

最初，有些人声称曼基康猫没法跳起来。这也不对。恰恰相反，它们是狂热的跳跃选手，但它们跳不上厨房台面，只能跳上椅子和咖啡桌（这是这个品种所谓的优势之一）。它们显然也会用后腿站起来，像兔子一样，方便自己以更好的视野观察周围。

根据吉尼斯世界纪录，世界上最矮的猫叫利利普特（Lilieput），是一只9岁的曼基康猫，肩膀处只有5.25英寸高。没有哪种野生猫科动物的腿像曼基康猫那么短，这表明自然选择并没有青睐这种性状。另一方面，有一些关于半野生种群的报告称，短腿猫在这些种群中相当常见。这些野生曼基康似乎很健康，并成功将这种性状传给了下一代，说明短腿对健康的不利影响并不是压倒性的。

如果你认为，尾巴就是尾巴而已，那你就错了。猫的尾巴千奇百怪，有柯尼斯卷毛猫柔韧的尾巴，也有土耳其梵猫像羽毛一样的华丽大尾巴，还有缅因猫像一条裹着的毛毯的大尾巴。

但这些变化只适用于有尾巴的猫。有几个品种的特点是只有一根很短的尾巴，一小团，或者压根儿就没尾巴。这些品种中有些是最近才出现的，但日本短尾猫和曼岛猫的尾巴缺陷可以追溯到几个世纪前。

事实上，在今天亚洲的部分地区，长着卷曲、短小或者其他不寻常的尾巴的猫很常见，在某些地区占到了群体数量的三分之二。我心爱的暹罗猫毛里希亚就是这样一只猫，它的尾巴最末端带着一个弯，最后一两块椎骨与尾巴其余部分呈90度角。这种性状在暹罗猫中一度很常见，但随着时间推移大多都已经被繁育者消除了。

还不清楚为什么这些古怪的尾巴在亚洲如此普遍。当然，长着一根畸形的尾巴或者不长尾巴并没有优势，因为尾巴对平衡、保暖和交流都很重要，所以自然选择无法解释这种情况。有可能是出于某种原因，这种尾巴在亚洲更受欢迎，因此选择育种促进了这些性状的形成。事实上，有一些与此相关的传说，比如一位泰国公主在洗澡前会摘下戒指，把它们放在宫廷猫的尾巴上，猫尾巴上的弯能让戒指不会掉下来。

另一种可能性是，弯曲的尾巴在自然选择方面是中性的。也许一些最早抵达亚洲的猫只是碰巧有了产生这种性状的基因突变。只要它们不是有害的（如果它们是有害的，自然选择就会从种群中除去这种等位基因），这种"奠基者事件"，也就是一种基因漂变，就会让畸形尾巴在种群中高频出现。或许，这样一种随机事件催生了人类对这种性状的偏好，随后在尾巴突变出现时让人们更喜欢它们。当然，这完全是种猜想。直到现在，畸形尾巴出现的原因仍然是个谜。

12

喋喋不休的唠叨鬼

到这里，我们已经讨论了猫身体特征的差异，比如它们的皮毛、腿和尾巴。但熟悉猫的人都知道，这些小家伙在气质和行为上也天差地别。没有什么地方比一场盛大的猫展更能体现这种变化了。

关于猫展，你首先要明白的是，它不是一场比赛，而是好几场比赛。[①] 每个展会都有多位评委，通常在 4 到 12 位之间，每位评委主持一场独立的比赛。也就是说，每位评委要检查每一只猫，再选出每个品种中的最佳选手，以及本场展会最佳，而小猫、绝育的猫和未绝育的猫会分开评审。[②] 根据评委的数量，一场展会最多可以选出 12 只展会最佳猫。国际展是个例外，因为评委会在最后会交换意见，评出一

① 在不同的爱猫机构和不同的国家，猫展的规则和流程有所差异。我的描述是基于美国爱猫协会举办的展览。

② 犬展不允许绝育动物参赛。猫展更包容，但会将这两类分开，因为公猫在绝育后由于缺乏睾酮，成熟程度会有所差异（肌肉变少，脑袋也更小），而且繁育者往往不会为他们手中品相最好的猫做绝育手术，以繁育这些猫并延续血统。说起包容性，现在的猫展通常还有一个非纯种的"家庭宠物"类别。

只全场最佳的总冠军。

　　评委有他们自己的"竞技场"，他们在那里检查所有猫。评委的场地有一张桌子，有时上面摆着一根猫抓杆，桌旁三面摆着金属猫笼。在一整天里，广播会响起"102 号到 114 号猫选手，请到 6 号场地"，这时，参展者会将猫从猫屋中抱出来，将它们带到 6 号场地，放在一个笼子里。

　　评委接着会逐个检查这些猫选手，他们从笼子里抱出猫，放在评审台上。评估非常全面，评委会仔细检查猫的头部，把猫举起来，详细观察其身体结构，摇晃着玩具或者野鸡羽毛端详它们的眼睛，等等。评估结果各不相同，因为评委要检查每个品种的重要性状。例如，暹罗猫应该又长又纤细，身体呈圆柱形。评委经常把这些猫抱起来，一只手托着它们腋下，另一只手放在后腿前方的肚子上，把它们的身体拉开，评估它们是不是恰到好处的圆筒形状。

　　大多数参展的猫从小时候就开始参展了，而且对被戳和被捅习以为常。它们上了评审台，会在杆子上磨爪，无拘无束地追逐着玩具，

一位评委正在仔细察看暹罗猫

尽兴地摸爬滚打。一位优秀的评委会带来一场精彩的表演，让坐在台前的观众和参展者乐不可支。

评判猫的方式是判断它们有多接近品种标准[①]，换句话说，就是它们有多接近每个品种的管理委员会规定的理想的头部、身体、尾巴和被毛方面的特征。

在大多数情况下，评委和猫玩耍一番是为了仔细看看它们，而不是为了评估它们的个性。无论如何理应如此。但评委在如何打分的问题上掌握着很大的自由裁量权，而且不少人向我坦承，"不友好"的猫不会获得很高的分数。事实上，一只猫如果咬了一位评委——这种情况确实会发生，虽然没那么常见——就会立即被取消资格。咬了三位评委的猫会被终身禁赛。

评审台是了解各个品种的猫行为差异的好地方。评委要学会按住一些品种的猫，防止它们跳下桌子，而其他品种的猫即使不受约束也能待在原地。比如说，波斯猫性情相当温和，肯定会乖乖待在地上。如果评审台上有一根猫抓柱（通常是有的），柯尼斯卷毛猫往往会爬上去，摇摇晃晃地待在顶上。有些品种喜欢从评审手中偷来猫玩具，并且拒不归还，比如科拉特猫就是如此。欧西猫、欧洲缅甸猫、土耳其安哥拉猫和日本短尾猫都非常贪玩。

猫按照品种的字母顺序被叫到评审台，从阿比西尼亚猫开始。因为场地上有大约 14 个笼子，所以每次都有多个品种的猫一同出现。因为字母顺序相近，我的欧洲缅甸猫纳尔逊通常不幸会被安排在靠近重点色猫的位置。

---

① 这个词是从 19 世纪的原始表达缩略而来，原始表达是"优秀、美丽的得分点的标准"。

在我开始带着纳尔逊参展之前，我从来没听说过这个品种。重点色猫是指没有传统公认的暹罗猫的颜色和花纹（差不多身体是白色、奶油色、黄褐色或者浅钢灰色，而脚、尾巴、脸和耳朵上带着暹罗特有的暗色）的暹罗猫。在过去的某个时候，暹罗猫爱好者希望让暹罗猫的调色板变得更多样化，因此引入了各种颜色和花纹。但暹罗猫圈子的传统主义者不同意，并拒绝将这些猫登记成暹罗猫。为此，一场全面战争蔓延开来。最终，解决方案是，为这些带有非传统颜色的猫开辟另一个品种，也就是重点色猫（这个过程实际上发生了两次，还产生了另一个品种，也就是东方猫，它们同样只是穿着不同衣服的暹罗猫）①。关于猫的政治问题没有必要再深入讨论了（我发现这类问题还有很多）。我只想说，有三个品种的猫长得几乎一样。

说回纳尔逊的不幸遭遇。每次它被叫去评审台时，梅丽莎或我就会带它过去，把它放在笼子里，然后在附近坐下。在接下来的 15 分钟里，我们会被"喵……嗷，喵……嗷"的小夜曲包围，因为重点色猫在不停地叫。它们从来不会闭嘴！面对这样喋喋不休的唠叨鬼，谁又能怪纳尔逊心情不好呢？

暹罗猫家族以喋喋不休而闻名。一个专门介绍该品种的网站说它们是"停不下来的话痨"。另一个网站也说，"它们絮絮叨叨的名声当之无愧"。

一组研究团队调查了 80 位猫专科兽医，要求他们对 15 个品种的猫的行为差异进行排序。在所有被调查的性状中，发声是最能区分各品种的一项。那么，哪个品种的猫最健谈？暹罗猫以压倒性的优势拔

---

① 并非所有爱猫机构都认可这些品种有别于暹罗猫，尤其是重点色猫。

得头筹，其次是东方猫。[1]如果你想知道最不爱说话的猫是哪种，答案是波斯猫和缅因猫。

调查显示，各个品种在其他很多行为特征上也有差异。如果想要一只活跃的猫，那么孟加拉猫和阿比西尼亚猫是你的"菜"。想要一只"求抱抱"的懒散家伙，可以考虑波斯猫或者布偶猫。孟加拉猫和阿比西尼亚猫最贪玩，还有东奇尼猫和暹罗猫。波斯猫和斯芬克斯猫则最不喜欢玩乐。布偶猫在黏人榜单中名列前茅，曼岛猫、孟加拉猫和阿比西尼亚猫则在亲和力榜单中垫了底。[2]

一些研究团队调查了和猫一起生活的人，而不是兽医。虽然各项研究结果在一些细节上有所不同，但总的结论都很相似。猫的品种在你能想到的几乎所有行为性状上都存在差别，比如对其他猫的攻击性，对家庭成员的攻击性，面对陌生人和新东西时的害羞程度，甚至在抓挠家具、拾回玩具、使用猫砂盆、羊毛吸吮[3]和在家中喷尿等方面都有不同。

作为一位进行过行为研究的科学家，我必须补充说明一点：我希望研究人员在进行研究时能直接观察并记录不同品种的猫的行为，而不是采纳人们在调查中的说法。尽管我觉得这些调查的结果挺准确的，但各种偏见都会渗入调查数据。举个例子，人们可能期望某个品种的猫具有某种行为，并通过他们与猫的互动方式来引发这种行为。又或

---

[1]　这项研究没有囊括重点色猫，但在一本畅销的猫品种百科全书中，一份更具包容性的排名将这三种暹罗猫排在了健谈程度谱的顶端。

[2]　当我和养纯种猫的朋友聊起这些结果时，有人很失望，有人很惊愕。我只能说，勿斩来使。我只是报告研究结果，你自行决定要不要信它。

[3]　羊毛吸吮指幼猫如果提前离乳或者突然被迫断奶，通常会吮吸毛料、袜子或者其他同伴的身体来寻求安慰的行为。——译者注

者，说不定养布偶猫的人比养孟加拉猫的人在打分上更慷慨，换句话说，对品种打分的差异可能反映的是喜欢各个品种的人的个性，而不是品种本身的个性。一项设计合理的研究就会消除这些偏见。

　　但让我们回到纳尔逊身上。我们喜欢的是它难以置信的温柔性情。如果在 1 到 10 分之间打分，10 分代表最温柔，《猫品种百科全书》将欧洲缅甸猫评为 9 分，在所有猫中仅次于斯芬克斯猫。[①] 而当 4 个月大的纳尔逊刚来我们家时，事实就证明它的温柔度超过了 9 分。

　　在它到来之前，我一直不懂人们喜欢狗哪一点。但现在我明白了，和一只见到你似乎真的很开心，并且明显享受你的陪伴的动物伙伴一起生活，这相当暖心。纳尔逊会跟着我们，只要被抱起，或者甚至只要被看了一眼，就开始愉快地大声呼噜起来。它很快就跻身世界上最好的猫的行列。

　　这就是为什么接下来发生的事情这么惊人。起初，纳尔逊在猫展上表现得相当出色。我的地下室办公室里挂满了它赢得的五颜六色的丝带，包括伊利诺伊州最佳小猫第六名的蓝橙白三色飘带、威奇托最佳小猫第三名的蓝色长丝带、圣路易斯最佳高级奖第二名的红黑相间的丝带，还有克利夫兰国际博览会最佳高级奖的黄白丝带！猫每次在展会上取得成绩都会得到积分，积累足够积分，就可以晋升到下一个级别，比如特级奖或者超级冠军奖。纳尔逊似乎注定要成为一只伟大的猫！

　　尽管它有点儿小小的体重问题，但它还是取得了所有这些成功。

---

① 　芬兰对 4 316 只猫（好吧，是它们的人类同伴）的调查也把欧洲缅甸猫排在了第二，这次是在暹罗猫之后，远远超过斯芬克斯猫。

众所周知，欧洲缅甸猫的体重对于它们中等大小的纤长身形而言很惊人，但我们可能也喂了它太多的零食。我们知道这是个问题，一位友好的评委在给它颁奖时提醒我们，它正变得越来越大只，可能不得不改叫"欧洲缅甸胖子猫"。

我们解决了体重的问题，但随后便陷入了困境。纳尔逊开始不喜欢猫展了。我们不确定原因，也许是猫展上其他猫的气味太重了，也许是重点色猫停不下来的叫声。梅丽莎认为爆发点是在堪萨斯的一次猫展上，当时一只没绝育的公猫在附近的猫屋里喷尿喷得臭气熏天。

无论出于什么原因，我们这位温柔有爱的小伙子成了一个不开心、闹脾气的家伙。它的举止和身体姿态清楚地表明它不喜欢参加猫展。它开始在评审台上低吼，有时甚至对着评委发出嘶嘶声。它咬人似乎是迟早的事情了，而它对特级奖的追求也到此结束。

然后，在新冠病毒大流行中为数不多的积极进展是，爱猫协会在高级奖和特级奖之间设立了一个新奖项，只要你的猫已经积累了中等积分（比达到特级奖要求的更少），并且你愿意写一张 15 美元的支票，你的猫就能获奖。这两点都中了！纳尔逊终究是个赢家！从今以后，它将得到应有的尊重和敬意，并有了在猫界的正式名字：特级银奖真夜中的纳尔逊·洛索斯。[1]

更重要的是，现在它已经退出了演艺圈，迈入了退休生活，又恢复了那种随和、温柔、让欧洲缅甸猫位列最友好的猫品种的状态。

狗以各个品种之间的行为差异很大而著称，这是以人工选择的方

---

[1]　真夜中（Mayonaka）是纳尔逊出生的猫舍的名字。

式来让它们完成不同任务，比如放牧、守卫、追赶、战斗和追踪的结果。但想象以类似的方式选育出不同猫的品种却很滑稽——有工作犬，可没有工作猫。猫的品种反而几乎完全是根据身体差异发展出来的，没有任何一个猫品种是为了特定的工作或者功能而创造的。

但这并不是说在一个品种的历史上没有发生过对行为的选择。就像其他性状一样，个体间的行为变异也可以成为选择的目标。如果这种变异来自遗传差异，就会发生进化。事实上，我们将在第 14 章看到，对行为气质的选择是创造几个新品种的过程的一部分。

波斯猫就是个典型例子。哈里森·韦尔在 1889 年爱猫风潮出现之初，曾把这些猫描述成"在性情方面不如短毛猫可靠……在一些情况下，我发现它们几乎称得上性情野蛮，撕咬和扑咬的样子更像狗而不是猫……我的随从在检查安哥拉猫、波斯猫或者俄罗斯猫的皮毛、牙齿和其他地方时经常受伤"。14 年后，弗朗西斯·辛普森（Frances Simpson）在《猫之书》（*The Book of the Cat*）中同样表示："波斯猫在性情上不像短毛猫那般可亲、可靠。不过，我倾向于认为它们更聪明……它们显然和短毛猫一样是敏锐的捕猎者。"

这些描述所刻画的波斯猫的形象，和如今它们平和的懒汉形象大相径庭。虽然没有太多文献记录，但这种转变似乎是人工选择带来的，繁育者选择了最平静、反应最小的猫生育下一代。这种平静的性格可能是必要的，因为波斯猫的毛发太长了，需要每天长时间梳理。

另一方面，一个品种的行为也可能继承自这个品种的祖先，而不是在品种发展过程中选择的结果。举个例子，也许阿比西尼亚猫最初是由非常活跃的猫衍生出来的。几乎可以肯定的是，这解释了孟加拉猫和萨凡纳猫的精力充沛的滑稽行为，我们将在第 14 章中谈到其中的原因。

还有暹罗猫的健谈。这是一个正常人会选择的性状吗？暹罗猫到达西方后不久，就已经获得了"话痨"的称号。"这个品种肯定是所有猫里……最吵的。"20世纪初，一位繁育者这么说。还有一位观察家则说："它们不停地大声喵喵叫，就像要说话一样，还是对一位听障人士说话。"

因此，如果选择有利于这种发声，那选择一定是在这个品种的故乡发生的。别忘了《论猫》基本上就是一本繁育者手册，所以这当然有可能。但这本书几乎没有提及暹罗猫的大叫，而且据说今天泰国的暹罗猫（被称为wichienmaat）唠叨程度各异，并没有比当地的其他猫更乐于对话。因此，几乎没有证据表明暹罗猫曾经被选择成了一种话痨的猫。一种可能是，泰国的所有暹罗猫都不是很爱叫，最喋喋不休的猫可能就是被送到西方的那些。这种奠基者事件无论是有意还是无心，都可能造就了我们今天所知的健谈品种。

在很多情况下，一个品种具体的发展历程都已经消失在时间的迷雾中了。即使对于最近培育的品种，也很少有行为选择的记录，但这并不意味着行为选择没有发生。事实上，很多繁育者强调，选择能成为人类好伙伴的猫，正是选择过程中一个重要的考虑因素。不过，很难想象繁育者会因为猫有羊毛吸吮或者取回玩具的行为而选择它们。最有可能的是，这些性状在不同品种间的差异是无意中产生的，要么来自一个品种奠基个体的特别之处，要么就是因为这些行为在遗传上与选择所筛选的身体性状有关。

无论这些行为差异是如何产生的，它们的存在都具有两个重要的意义。首先，我们可以合理预测一个特定品种的成员的行为，其次，在这些行为中，有些会影响这些猫作为家庭伴侣的样子。我们将在第14章中再次说到这些。

育旧繁新

猫展和爱猫风潮始于维多利亚时代的英格兰，紧跟着宠物狗界类似发展的脚步。19 世纪末，猫的大多数类型都对应着被毛颜色、花纹和长度上的差别，身体比例或者头部形状的差异则鲜有人留意。但暹罗猫当时刚被引入西方世界，它们的独特之处受到了关注。现存的大多数品种在当时要么不存在，要么与今天的样子大相径庭。例外是无尾的曼岛猫和缅因猫，它们出现的新闻在世纪之交前夕传到了英国。换句话说，一些品种已经出现，但离我们今天猫的体形、形状和外观的多样性还相去甚远。[①]

两种最初的猫科动物"旗手"的转变体现了猫科动物界发生的变化，它们分别是波斯猫和暹罗猫。1938 年 11 月的《国家地理》杂志刊登了一篇题为《炉边的黑豹》的文章，其中有许多获奖的波斯猫和暹罗猫的照片。除了一只短鼻波斯猫（因为长得很像狮子狗而被称为

---

① 狗也有类似的趋势。虽然从功能角度衍生出的品种，也就是经典的"工作犬"经过了几个世纪的发展完善，得以帮助人类完成各种任务，但大多数狗品种也是近期才发展出来的。

"狮子狗脸型")之外，所有的猫都是那种长相正常的漂亮猫。事实上，一些获奖的波斯猫和暹罗猫的面部结构非常像。

我们已经说过，如今的波斯猫和暹罗猫几乎无法被看作同一物种的成员。这种分化是如何发生的，又为什么会发生？

让我们从"如何"开始说起。从表面上看，选择育种的做法很简单。想象一下当第一位繁育者决定培育出更纤长、长着三角脑袋的暹罗猫时会怎么样。变异几乎存在于任何生物物种的每一个种群中，猫也不例外。因此，如果想繁殖出更纤长的暹罗猫，你只要调查一下暹罗猫种群，挑选出那些最纤长的，让其交配。当你试图同时选择两种性状时，情况会略微复杂一些，因为最纤长的猫不一定长着最三角的脑袋，因此不得不做出一定程度的妥协。

无论如何，你挑选出中意的动物，把它们放在一起，希望它们相处融洽。接着，你看看它们交配产下的所有小猫，继续再做同样的事情，从那一代中挑选出最极致的猫让其交配。一代又一代，以此类推。

有时，结果是进了三步再退两步。你得到了一只眼睛完美的猫，但它的其他特征却没那么好。因此，你让它繁衍，并让与眼睛有关的等位基因留在基因库中，但还要花几代时间剔除其他特征的等位基因。

选择育种只是故事的一半。为了让选择发挥作用，种群中必须存在变异。举个例子，如果所有个体的眼睛都是棕色的，该群体就不可能进化出其他的眼睛颜色——或者说，在眼睛为其他颜色的个体通过突变或迁移出现在种群中之前，这是不可能的。就进化而言，变异和作用于进化的选择同等重要。

这里我们得聊聊遗传学了。在这本书的其余部分，我会集中讨论主要由单一基因决定的性状。类似这样的性状通常以各种不连续的状态出现，比如耳朵有没有向后卷曲、尾巴是长还是短（甚至根本没有）。这些差异是因为个体带有某种基因的不同等位基因。

但还有一些性状是多个不同基因的综合作用决定的，其中每个基因单独的影响相对较小。其中许多被称为数量性状，因为它们并非以不同的状态出现，而是呈现为一个连续谱，比如体形或者头部形状（从很窄到很宽，以及两者之间的一切状态）。对于像这样的性状，后代会倾向于取双亲的平均值，但这只是一种倾向，还有很多变异。例如，让一只暹罗猫和一只圆脸的英国短毛猫交配，大多数小猫的脸形会介于双亲之间，但有些会更偏三角形，有些则更圆一些。

最后，还有一个复杂的问题。性状的遗传可能介于刚才讨论的两种极端之间：一个或几个基因可能对一种性状有主要影响，而其他很多基因还有更小的影响。

为什么进化是一个创造性的过程，能产生不同于祖先种群中存在的性状？理解这个问题的关键之处就是通过突变而不断产生的新变异。有时，一种新性状会因为单一的突变而完全形成，我们很快就会说到这类性状的例子。但在其他情况下，选择育种不仅是找到预先存在的理想性状，并培育出具有这些性状的个体，而且是让新突变一代代发生，逐渐改变种群中出现的性状，通过进化构建出从未存在的新性状。这就是从 20 世纪 30 年代的那些长着正常鼻子的猫开始，最后产生现在的波斯猫的过程。起初，繁育者从长相非常正常的猫开始，选择了鼻子最短的个体。接着新突变出现，带来了鼻子更短的个体。[①]通过繁育这些个体，鼻子的平均长度进一步缩短了。然后另一种突变让鼻子

---

① 突变也带来了鼻子更长的个体，但繁育者忽略了那些。突变不会因为需要而发生。就选择而言，突变是随机发生的。

继续改变。就这样，突变和选择，突变和选择，一代又一代。最终就有了一只没鼻子的猫。

20世纪，科学家已经用实验室实验证明了这种方法的有效性。果蝇一直大受欢迎，因为使用这一物种，可以饲养包含大量变异的大型集群，产生大量新突变。它们繁殖周期很短（仅仅几周），也有助于加速进化产生的变化。这些实验表明，选择能迅速改变果蝇的几乎任何特征，无论是它们翅膀的大小、腹部刚毛的数量，甚至它们向上飞的习性，在短短几年内就能产生与祖先群体大相径庭的果蝇。

当然，农民和农场主将玉米、小麦、绵羊和奶牛从它们的祖先彻底变成我们今天的家养动植物，也是采用了这样的方法。而猫也不例外：人类运用强势的选择，令它们进化得非常迅速。

因此，我们很容易设想繁育者如何使用标准的人工选择方法，将波斯猫和暹罗猫从平平无奇的猫的外表变成了现在这般体形。但更大的问题是"为什么"。仅仅因为繁育者有能力把猫重塑成非传统的怪样子，并不意味着他们必须这么做。站在业余心理学家的角度去想，我非常困惑是什么让一个人想要培育出这样的猫，尤其是波斯猫。是谁冒出了这样的想法，要把一只普通面孔的漂亮猫的鼻子拿掉，只在两只眼睛之间留下鼻孔？为什么其他人会按照这个计划走？为什么这个过程没有在中间某一点处终止，而是继续了下去，直到波斯猫的鼻子不见了？答案可能藏在波斯猫爱猫机构的笔记和会议记录中，但我一直找不到。所以我们只好把"消失的鼻子案"当作一个未解之谜。相反，让我们来看看"婀娜猫案"吧！

19世纪70年代，暹罗猫引起了西方世界的注意，当时有几只暹罗猫被出口到英国，并出现在最早的猫展上。当时被称为"暹罗皇家猫"①的它们立即引起了轰动（但并不都是正面的，《哈珀周刊》说它们是"一种非自然的、噩梦般的猫"）。

到了 1902 年，暹罗猫俱乐部已经在英国成立，致力于促进这个品种的发展。他们制定的"特征标准"包括：

"形状——身体相当长，腿部成比例地纤细。

"头部——相当长且尖。

"总体外观——……一种有点儿奇怪、引人注目的猫，体形中等；即使体重大，也不会看上去粗壮，因为这样会影响那种让人喜爱的'苗条'外表。它们在类型上，在每个细节上，都和理想的短毛家猫截然相反。"

回想一下英国常见的猫，特别是在 20 世纪初，都是那种圆头圆脑、大骨架、结实的家伙。因此，这些标准就是想在暹罗猫和人们熟悉的当地猫之间做出明确的区隔。

1903 年出版的描述这些标准的书是弗朗西斯·辛普森的《猫之书》，它至今依旧是经典。讲暹罗猫的章节中放了很多猫的照片，它们看起来就像过去常见的普通的"传统"暹罗猫，就像和我一起长大的塔米和毛里希亚一样。问题是，俱乐部的新标准是仅仅描述了现状——也就是他们家里已经有的暹罗猫，还是绘制了未来发展出更极致体格的路线图？换种问法，这些制定标准的人说头应该又长又尖，那他们想让猫的头有多长、有多尖？

1938 年《国家地理》杂志文章中的照片说明，几十年来，暹罗猫品种相对而言没什么变化。但在第二次世界大战后，情况发生了改变。

---

① 我们现在知道这个称呼不对，这些猫并不是皇家特供。

20世纪50年代，更极致的猫开始在猫展上现身。20世纪60年代，人们修订了品种标准，明确支持这些极致的样子。到了20世纪80年代，具有传统暹罗猫头部和身体构造的猫再也没有出现在猫展上，"婀娜猫"的样子成了常态。

　　问题是，为什么在50多年后，暹罗猫的繁育者突然决定将传统类型的暹罗猫变成现在的极致猫？我和研究猫的权威人士讨论，并类比了犬种的发展中发生的故事（关于这一点已经有学术研究），我认为至少有5种可能的解释。剧透警告：我并不知道答案！

　　第一，这可能是富有的繁育者的一种策略，为了让老百姓远离暹罗猫产业。通过坚持爱猫圈精英维持的极致标准，或许可以边缘化家庭小作坊式的繁育者，从而把利润留给少数人，就更不用说那些获得的荣誉了。

　　第二，这就是繁育者做的事情。他们对理想的猫该是什么样子存在一种设想，并且他们认为，努力培育出符合理想的猫是他们的工作，是他们的责任。这种观点带来的必然结果是，猫品种当前的状态永远达不到理想水平。这是朝着正确的方向迈出的一步，但这个品种总是需要改进。当然，这种说法并不能解释为什么这种转变需要50年来积聚动力。

　　第三，答案可能是，一直以来暹罗猫的繁育者都在追求现代的样子，但只有猫出生时带有适当的变异，选择才会发生。也就是说，如果一个种群中所有猫都长着一样的头部形状，就没有机会进行选择，产生进化变化，无论是人为驱动的还是其他选择都无能为力。也许等了50年才出现恰当的突变。

　　第四，一旦品种转变开始，就很难再踩下刹车了。如果品种标准要求一个品种的猫脑袋要长而尖，那么总是有可能想象一只猫的头比现在的样子还要长、还要尖。毫无疑问，这就解释了为什么波斯猫最终没了鼻子——一个世纪前，当波斯猫还有正常的口鼻，而有人开始想象其口鼻略微更短会是什么样子时，哪个头脑清醒的人会提出这种"没鼻子"的目标呢？

第五，极致的外表能拿奖。当一场猫展的评委并不容易。评委必须熟悉几十个品种的标准。如果品种标准规定头部应该又长又尖，那么给头部最长、最尖的猫颁发第一名的绶带，要比努力记住这个品种最合适的头部的长而尖的程度要容易得多。这样一来，评委可能不断偏向极致，从而导致猫的形态越来越夸张。

这个故事还有一段有趣的支线故事。显然，公众中的大多数——包括我自己——更喜欢"传统"暹罗猫的样子，而不是现在暹罗猫品种标准规定的那种极端的新式外观。20世纪80年代，一些爱猫人士联合起来为旧式样貌的暹罗猫创造了一种新品种。这引发了一场猫界大战，现有暹罗猫俱乐部的成员再次竭尽全力抵制对另一个品种的认可。但他们失败了，新的（旧式）品种泰国猫与过去的暹罗猫没什么区别，如今被一些爱猫机构认定为与现代暹罗猫并列的品种。

这些不同故事的重点是，繁育者有能力迅速且明显地改变一个品种。这些变化在很大程度上是由负责为一个品种设定特定标准的人在审美上的突发奇想而驱动的。你可能会问："品种委员会的这些人是谁，为什么他们可以决定一个品种的命运？"不同爱猫机构对谁可以进入它们的品种委员会有不同规定，但无论如何，他们都是这个品种的猫的饲主。当然，这并不意味着他们的观点天然地就比其他人的更有见地或者更有价值，但正是这些人决定了某个品种的理想猫应该是什么样子的。我们刚刚已经在暹罗猫身上看到，他们的决定可能与大多数关心一个品种的人的决定是脱节的。①

前面这些讨论仅仅说到了品种如何随时间变化。爱猫风潮的一个特点是，被认可的品种数量大幅增加。这些新品种从何而来？在很多情况下只是机缘巧合，有人遇到了一只外表酷炫的猫，然后想，"应该有一个像这样的品种"。

1981 年的一天，两只小猫出现在格蕾丝·鲁加和乔·鲁加位于加利福尼亚州莱克伍德的家门口的停车场。当时，怀着 7 个月身孕的格蕾丝因为持续了一整天的糟糕的孕吐"正努力无所事事"——用她自己的话说。乔下班回家后看到了这两只小猫，和它们玩了 15 分钟。然后他进屋告诉了格蕾丝它们的存在，还多说了一句，"它们看起来皮包骨了。不要喂它们"。乔刚出房间，格蕾丝立即起身，给它们端来一盘"冰箱里剩下的不知什么东西"和一碗水。这时，她注意到它们的"耳朵以一种有趣的方式从头上向后卷起来"。

不到一周，两只小猫就成了他们家的成员，获得了一直待在室内的特权。几周后，其中一只猫不见了，留下了另一只漂亮的黑猫，格蕾丝取了《圣经·旧约》中《雅歌》女主人公的名字，叫它书拉密（Shulamith）。

书拉密不仅漂亮，而且甜美可爱，它生了几窝，这些同样友好的小猫有些是卷耳的，它们都被送了出去。每个看到它们的人都对它们不同寻常的耳廓印象深刻，它们的耳廓有时向后卷曲，尖端朝下。最终，鲁加夫妇意识到，书拉密的标志性耳朵在爱猫圈前所未见。一位

---

① 因为每个爱猫机构都有一个品种委员会（或者叫理事会，或者其他什么名字），每个品种都有多套标准。通常情况下，各个标准之间很相似，不过也不一定。

朋友的朋友建议，可以以这些猫为基础创造一个新的卷耳品种。他们照做了。至于这个品种的名字，人们提出了很多可爱的选项，但他们选择了一个既富有描述性又爱国的简洁名字，叫作美国卷耳猫。

美国卷耳猫

一旦决定建立一个新的卷耳猫品种，鲁加夫妇就得做出一项重大的决定：他们希望美国卷耳猫看起来什么样？毕竟，一只猫除了耳朵形状之外还有很多方面。为了让一个品种获得正式认可，鲁加夫妇在其他一些人的帮助下，要制定出一套独一无二的品种标准。这套标准必须囊括不限于以下内容的多个方面：

耳朵

角度：至少 90 度的卷曲弧度，但不超过 180 度。从耳根到至少 1/3 高度长有坚实的软骨。

形状：底部宽而开放，从前后看向后弯曲，呈平滑的弧形。尖端呈圆形且灵活。

尺寸：中等大小。

布局：直立，匀称地长在头部上方和侧面。

装饰：理想特征。

具体来说，这套标准必须包括有关头部形状、身体构造、尾巴和猫的其他所有特征的细节。美国卷耳猫应该像波斯猫那样有着结实的短身形吗？还是像暹罗猫一样又长又婀娜？或者像缅因猫一样粗犷有力？或者是一些特征的全新组合，一些大胆、新颖、原创的东西？

鲁加夫妇从来没有考虑过这些选择。书拉密是这个品种的奠基猫。美国卷耳猫应该看起来像它们最初的女王一样，略纤长，长着一颗适中的楔形脑袋，体形不要太大，也许在耳朵尺寸和下巴力量上有些许提高更好。

还记得第 1 章中"品种"的定义吗？一个品种就是一群外形独特的家养动物，它们的后代看起来和它们一样，也就是说它们能"准确地繁殖"。近年来，人们爱狗已经到了疯狂的地步，几乎把可以想象到的任何两个品种杂交，创造了圣伯纳犬、斑点斗牛犬和其他很多所谓的设计犬品种。如果圣伯纳犬交配产生的后代长得像圣伯纳犬，那圣伯纳犬就是一个品种。① 如果身材苗条、头部呈适中的楔形、耳朵向后卷曲的猫常常生出外形相似的小猫，那么美国卷耳猫也是一个品种。

有了创造美国卷耳猫的想法后，鲁加很快面临着第二项挑战，那就是近亲交配。这个新品种的所有成员必然都是书拉密的后代，因为它传递下去的突变，正是这个品种的基础（当然，除非在其他地方突然出现一只带有相同突变的猫。这有可能，但还没发生过）。

一个品种都是有亲缘关系的个体所带来的问题是，近亲产生的后代往往有患有遗传疾病的风险。解决这个问题的办法是把没有亲缘的新个体引入基因库，增加遗传变异。

当然，这种解决方案的困难在于，这些没有亲缘关系的猫也就没有卷耳的等位基因。想想在像卷耳这样的显性性状情况下会发生什么。假设你让一只带有两个卷耳等位基因的美国卷耳公猫和一只与之没有

---

① 但在大多数情况下，现在的宠物狗世界并非如此。相反，设计犬的每一代都是通过来自两个不同品种的父母交配而重新创造的。澳大利亚拉布拉多犬是一个重要的例外。

亲缘关系的母猫交配，所有后代都有一个来自父本的卷耳等位基因，还有一个来自母本的非卷耳等位基因。带有一个基因的两个不同等位基因的个体被称为杂合子，带有两个相同等位基因的个体则被称为纯合子。由于这种性状是显性的，杂合个体长着卷曲的耳朵，但也是非卷耳等位基因的携带者。

现在想想，如果两只杂合的美国卷耳猫交配，又会怎么样。平均来说，四分之一的小猫会同时从父母双方那里继承非卷耳的等位基因，因此会长出立耳。这对繁育者而言是件令人失望的事，毕竟你繁育美国卷耳猫是为了生出耳朵卷曲的猫。

立耳猫不会被允许继续繁殖，因此非卷耳的等位基因会慢慢从种群中淘汰。但这种清除过程需要很长时间，因为你无法仅仅通过观察一只卷耳猫，就判断它是不是非卷耳等位基因的携带者（一旦人们发现了卷耳的基因，第 15 章讨论的基因检测就能解决这个问题）。这就是把没有亲缘关系且不具备这种性状的个体引入品种的代价——你最终要花很长时间才能消除你不想要的性状。①

---

① 如果想要的性状是隐性的，比如日本短尾猫，那情况就截然不同了。对于日本短尾猫来说，一只猫必须带有短尾等位基因的两份拷贝才会拥有短尾。现在想象让日本短尾猫和一些随机的尾巴正常的猫交配。这样的猫不太可能携带短尾等位基因，所以它们是正常尾巴的等位基因的纯合子。因此，所有后代都是杂合子，长着正常的尾巴，因为这种性状是隐性的。试想，你是一位日本短尾猫的繁育者，但你这里的所有小猫都不是短尾。但你了解遗传学，知道结果一定会是这样。然后，你将这些猫与其他以类似方式繁育产生的杂合猫交配。在这样产生的后代中，四分之一的猫会从父母双方那里继承短尾的等位基因，它们是纯合子，长着短尾巴。一旦你繁育出了足够多的纯合隐性个体，你的工作就完成了：通过这些猫的相互繁殖，正常尾巴的等位基因就从你的品种中移除了。换言之，对隐性性状而言，代价在前面，你在早期繁育了很多没有你想要的性状的猫，但随后你就能摆脱那些不想要的性状的等位基因。反之，对显性性状来说，在等位基因慢慢从种群中除去的过程中，带有这种性状的个体会在许多代中不断出现。

在找一些没有亲缘关系的立耳猫和他们的卷耳猫进行配种时，鲁加夫妇为了让自己轻松一些，选择了一些身体和头部构造和书拉密很像的猫。他们想避免麻烦，因此不想用任何纯种猫，也不想冒险，被比如繁育土耳其安哥拉猫的人说鲁加的猫只是卷耳的土耳其安哥拉猫（事实上，和其他品种相比，书拉密在外观上和土耳其安哥拉猫最相似）。

他们因此用了历史悠久的普通家猫，正如格蕾丝简明扼要地概括的，"我可以在任何地方找到它们"。动物收容所、快餐店停车场、猫展——只要它们有书拉密那样的身体构造，那就可以。格蕾丝一直带着一个猫包，以备不时之需。

至于颜色和花纹，他们并不关心。"由于它们来自国内，所有的颜色和花纹都可以。"标准中这样规定。这是美国的猫，他们希望反映出全国各地猫的多样性。毛发长度也不重要。

在书拉密来到鲁加家 5 年后，美国卷耳猫成了一个被认可的品种。

在过去 70 年间，随着新品种从带有新的特征的个体中发展出来，差不多同样的故事反复发生。以下是猫品种繁育历史上的一份集锦：

1950 年：一只住在英格兰康沃尔的家猫生下了一窝小猫，其中一只小猫长着浓密的卷毛，看起来就像一只小羊羔。卡利邦克是第一只柯尼斯卷毛猫。

1960 年：一只流浪的母猫在一位好心女士的后院得到庇护，生下了一只卷毛的公猫。柯里成了德文卷毛猫的祖先。

1966 年：一只多伦多家猫生下一只无毛小猫，斯芬克斯猫诞生了。

1983 年：一名女士在路易斯安那的一辆小货车下面发现了一只怀孕的短腿猫，把它带回了家，它在家生了几只短腿小猫。瞧！曼基康猫。

2010 年：两只长相古怪、毛发半秃不秃的猫在弗吉尼亚的一片农场出生。一位猫救助人员因为它们看起来的模样而感到担心，带它们去看了兽医。与此同时，另一个问诊的人看到了这两只小猫，认为它们相当特别。结果，狼猫成了一个被承认的品种。

更不用说苏格兰折耳猫（1961 年）、美国短尾猫（1966 年）、美国硬毛猫（1966 年）、拉波猫（1982 年）、北美洲短毛猫（1986 年）、顿斯科伊无毛猫（1987 年）、塞尔凯克卷毛猫（1987 年）和田纳西卷毛猫（2004 年）了。这个列表还没有覆盖所有品种呢！

细节因品种而异，但整体的故事都很像：一只带有新性状的猫出生或者在街上徘徊。繁育测试表明，这种性状具有遗传基础（可能是母亲接触了某些有毒化学物质，或者其他非遗传原因致畸的结果）。新品种的标准随之被制定出来，通常是基于首次表现出突变的"奠基猫"的外观，并且要确保新的品种与现有的任何品种不会过于相似。其他不带这种性状的猫被引入，以增加基因多样性。一段时间后，这个品种就建立起来了，并得到一个或者多个爱猫机构的认可（当然，还有一些新类型的猫是非正式创造的，从未得到官方认可）。

一些性状的突变只发生过一次（据大家所知），如美国卷耳猫卷曲的耳朵。但也有很多特征在这些年里多次出现。举个例子，在短腿猫出现在路易斯安那州之前的 40 年里，英格兰、布鲁克林、伏尔加格勒、宾夕法尼亚和新英格兰都有对它们的报道。尽管在其中一些地方，短腿的性状遗传了几代，但它们最终都消失了。在曼基康猫得到认可后，其他地方也出现了更多短腿猫，其中一些猫被纳入了这个品种。

与此类似，在过去的两个世纪中，"秃的"、"无毛的"或者叫"裸"猫也被多次报道，更不用说"墨西哥无毛犬"了。它们大多也都消失了，但两种不同的无毛突变创造了斯芬克斯无毛猫和顿斯科伊无毛猫两个品种。

我们知道曼基康猫的短腿是由一个基因的一个等位基因引起的。斯芬克斯无毛猫的无毛是由另一个基因的一个等位基因造成的。停下想想，有没有可能……它们没这么做，对吧？

它们这么做了。

请允许我介绍一下这只幼崽，一只全身赤裸、皮肤皱巴巴、腿短的奇怪小猫。它有点儿让人反感。还是说它很可爱？无论如何，你的目光从它身上移不开。

人们把曼基康猫和其他很多品种杂交。想要一身卷毛的曼基康猫吗？只要和柯尼斯卷毛猫交配就行了，但小心，它不仅毛发卷曲，而且耳朵几乎和腿一样长。曼基康猫和美国卷耳猫杂交？有人这么做了，我不得不说它很珍贵。暹罗猫和曼基康猫的杂交是优雅与喜剧的完美结合。至于缅因猫和曼基康猫的混血儿……天啊，巨人怎么倒下了？

同样的狂热爱好也发生在了无毛猫身上。似乎每个品种都与斯芬克斯或者顿斯科伊无毛猫杂交了。上网搜索一下你就知道了。

这种趋势大到国际猫协会采纳了它旗下遗传委员会的建议，这家机构"不接受……任何没有新突变的拟议品种。目前的突变仅限目前认可的品种"。正如一位委员会成员所说，"这将终结那些似乎无穷无尽的'曼基康化'的新品种的申请，并阻止人们不可避免地引入其他所有'无毛'、'短尾'和'多趾'（额外的脚趾）品种"。

这一决定强调，仅仅因为一个品种已经被创造出来，并不意味着猫狗登记机构就要认可它们。出于同样的原因，许多繁育者并不是这些机构的成员，这意味着他们并不受登记机构的品种标准的约束。事实上，为猫展而繁育猫的人和为利润而繁育猫的人之间的关系很紧张。参加猫展的繁育者也会卖猫，但大多都不赚钱。另一方面，不参加猫展的繁育者通常是为了赚钱。比起满足登记机构的品种标准，他们更关心的是如何创造出能卖给大众的猫。

我在这里讲的例子非常简单，那就是，一个想要当繁育者的人发现一只猫带有一种非同寻常的性状的突变，并围绕这种性状创建出一个新品种。再往前走一步，想到让两个各自带有不同新性状的品种杂交，也不是什么难事。

但一些繁育者还有更大的抱负。为了实现它们，他们采用了一种在狗的世界中闻所未闻的方法，很多人还以为这种方法是不可能的。

14

带斑点的家猫和
野性的呼唤

我们已经看到，和另一个品种的成员交配是一种快速获得新性状的办法。但即使不同品种的猫差异很大，这种方法也有其局限性，因为有些特征任何品种都没有。

　　但为什么不试着更进一步呢？家猫可以和野猫种群杂交，也许它们也能和其他猫科物种繁殖？

　　这就是几十年前一些繁育者决定采用的方法。他们的目标是，创造一只长得像薮猫的家猫。

　　我不得不跑题一下。我已经好几次提到过薮猫了，但都控制住了自己的情绪。但我再也没法保持冷静了。

　　我在非洲南部和东部待了很久，研究蜥蜴、做讲座、领队自然之旅，或者只是单纯地参观。我印象最清晰的一次是我和梅丽莎开车穿过南非一片野生动物保护区的那天。经过一片高高的草地时，我突然注意到草丛中冒出了一对小三角。这会是我多年来一直想看到的东西吗？我拿起望远镜，看到了那两个三角是两只巨大的耳朵的尖。它们之下就是一颗茶色的、带着斑点的脑袋，长着一对距离很近的眼睛，还有一个黑色的鼻子和尖尖的口吻。没错，它就是！直到今天，梅丽莎还会取笑我无法控制的小声尖叫："是只薮猫！"这只猫很快就溜掉了，消失在了高高的植被中，但在此之前，它已经巩固了我最喜欢的猫科动物的地位。

这是理所应当的！想象一只小猫版的猎豹，因为鲜艳的黑斑被毛，它甚至比猎豹更美。再加上硕大的直立的耳朵，加长版凯迪拉克那样的脖子，还有半长的条纹尾巴。没有其他猫比得上它（参见 58 页）。

薮猫的捕猎行为同样令人印象深刻。两只巨大的派对帽一样的耳朵是有用的。薮猫蹲伏着，身体前倾，耳朵向下弯，就可以探测到高高的草丛中小型哺乳动物最轻微的窸窣声。一旦锁定目标，薮猫就会像赤狐一样向上跳起，爪子同时着地，按住猎物。

自古埃及时代，薮猫就已经被驯服，动物园饲养员认为它们在最友好的野猫之列。根据事实推断，想出创造家猫版的薮猫的想法并不难，计划很简单，就是安排它们俩"相亲结婚"。

但有一个大问题。如果我们看一眼第 75 页上猫科动物的进化树，就会发现家猫和薮猫位于两侧。薮猫所在的分支是一个早期分支，大约在 1 500 万年前就和家猫（以及其他大多数物种）的分支分道扬镳了。

这是一段漫长的时间。物种在进化上分道扬镳时，它们杂交的能力就会减弱。随着时间的推移，两个谱系中出现了不同的突变，自然选择让它们产生了适应各自环境的特征。因此，这两个物种在遗传上出现了差别。这是一个潜在的问题，因为后代会从父母中的一方得到每个基因的一份拷贝，从另一方获得另一份拷贝（性连锁基因除外）。如果它们父母的DNA差异太大，往往就会出问题，比如：精子可能无法让卵子受精；受精卵可能无法发育；胚胎或许会生长异常；后代就算活着出生，也有可能无法茁壮成长；而它即使身体健康，也可能不育。

因此，两个物种在进化上分开的时间越长，能成功繁殖的概率就越低。大多数能成功异种交配的物种，独立进化时间都相对较短，比如家猫和欧洲野猫。哺乳动物作为一个群体也遵循这样的趋势，那就是，大多能交配并产生活体后代的物种，独立进化的时间不超过400万年。

简而言之，薮猫和家猫之间漫长的进化分岔路表明，它们不太可能产生可育的后代。由此推断，开创一个带有薮猫血统的新家猫品种，似乎是一个遥不可及的目标。

DNA不兼容是个问题，但事实证明，一个更实际的问题带来的障碍更大。薮猫比家猫大得多，体重最重超过30磅。想象一只公家猫骑上母薮猫，进行了所有正确的动作，按照猫科动物惯例咬住颈背，但是，用一位专家的话说，它们的"下体够不到要去的地方"。想象一下这只可怜的公猫的困惑和惊愕。约会几乎没法完成，这太可悲了。

反过来的组合则会出现另一个更可怕的问题。公薮猫有时咬得太狠，会让可怜的母家猫受伤甚至被咬死。我不知道繁育者是如何避免这种情况发生的，但他们确实获得了一些成功案例，你瞧，半薮猫、半家猫的小猫出生了，它们是萨凡纳猫这个品种最早的成员。

但新生的品种能不能自我繁殖？换句话说，这些后代有没有生育能力？许多亲缘关系遥远的物种交配也能产下完全健康的后代，但后代不育，比如骡子（公驴和母马交配的产物）。显然，如果你得到的后代无法繁殖，你就没法开创一个新品种。

萨凡纳猫

　　奇妙的是，半薮猫、半家猫的母猫具有生育能力，公猫却没有。[①]
这是物种之间杂交的一种常见结果，因为太常见了，它甚至有了名字，
叫"霍尔丹法则"，以第一位注意到这一规律的科学家的姓氏命名。在
许多哺乳动物、昆虫和其他生物物种中，雌性杂种是可育的，但雄性
却不能，相反的结果几乎从未有过。这似乎与性染色体有关：这些物
种的雄性带有一条X性染色体和一条Y性染色体，雌性有两条X染色
体。这种联系的证据来自鸟类和蝴蝶等生物，这些生物的雌性反而带
有不同的性染色体。在这些物种中，不育的杂种几乎都是雌性。科学
家仍然不确定为什么会这样，但规律显而易见。

　　公猫不育，母猫可育。这是一个新品种的开始还是终结？

　　萨凡纳猫的情况算是"半杯子满"，因为母猫有生殖能力就足够
了。繁育者让第一代杂种母猫（被称为F1）和公家猫交配。F1看起来
很像薮猫，但小得多，母猫平均体重为19磅。那仍然是一种大猫，但
显然没有大到让公猫无法在"卧室"里完成工作。

---

① 　这种生育能力的削弱证实了薮猫和家猫是不同物种。薮猫和家猫的杂种从来没
　　有在野外出现过（据我所知是这样），即使这两个物种在某些地方一定有接触。
　　这一事实进一步支持了这种结论。

F2 的公猫仍然不育，F3 和 F4 的公猫也是如此。但繁育者们不断让可育的母猫与公家猫杂交，终于，成功了！到了 F5，公猫有了生育能力，此时萨凡纳猫就能相互交配，不用再引入家猫了。

这种方法有个问题。随着每一代与家猫的回交，祖先薮猫的遗传贡献就会减少 50%。第一代杂种 50% 是薮猫，看上去也像。第二代是 25% 的薮猫，以此类推。到了第 5 代，产生的萨凡纳猫只有 3% 的薮猫血统了。虽然这些猫仍旧英俊潇洒，但它们不会被误认成薮猫，因为它们的颜色更偏棕色，尾巴也更长，脸没那么瘦。

并且它们的个头通常也更小了。[①]虽然 F1 非常大，F2 也挺大的，但后期的萨凡纳猫往往更多落在了大型猫的体重范围内，就像我家的温斯顿一样。这并不是说后期的萨凡纳猫看起来像任何一只旧式家猫，恰恰相反，它们带有独特的斑点被毛，腿仍然比典型的家猫长得多。

说到腿，萨凡纳猫是最高的猫品种，和曼基康猫截然相反。从腹部往上，萨凡纳猫就像曼基康猫一样，看起来是略纤长的普通的猫。但往下面看，萨凡纳猫的腿又瘦又长，比标准家猫的腿长得多。事实上，一只曼基康猫可以轻易地从一只大型的萨凡纳猫肚子下走过去，也不会撞到脑袋。

我最喜欢的一段优兔视频是上传于 2015 年的一段 9 秒短片。影片开始时，一只巨大的斑点猫佐伊蹲坐在那里，抬头看着它正上方天花板上的灯泡。突然，它直接起跳，抓住短线，把灯关了。佐伊的身体

---

① 记住，各种各样的杂种种群，由于多样的血统，往往要比非杂种种群或者品种更多变。结果便是，一些早期的萨凡纳猫很小，而一些晚期的萨凡纳猫却很大。最终，当萨凡纳猫彼此交配几代后，基因库中的变异性降低，后代在外观上就更一致了。

完全伸展开来，我们看到了它那惊人的大长腿。这个房间的天花板似乎比较低，但这仍然是一次惊人的 6 英尺多高的竖直跳跃。网上还有一段视频是，有人用码尺测量到另一只萨凡纳猫跳起了 8 英尺高抓住了一个猫玩具。

世代越往后，萨凡纳猫也越温顺。关于F1 是否适合作为家庭宠物还存在一些争议，支持萨凡纳猫的网站会把它们描绘成有爱但桀骜不驯的猫，反对者则把它们说成嗜血的野生动物。当然，超过 20 磅的雄性F1 可能很难对付。正如一位猫科动物专家告诉我的，"那些大猫成年后可能很难管束，因为它们通常非常自信，乐于和你争论，而你赢不了"。

薮猫是一种比较友好的野生猫科物种，这也是动物园将它们作为访问学校课堂和其他群体的大使动物的原因。当然，这在很大程度上也取决于它是如何被养大的，但我的猜测是，如果饲养得当，一只经过适当社会化的F1 萨凡纳猫可以变成一只很好的宠物（它们显然需要很多关注，如果被单独留下，它们就会以破坏性的方式自娱自乐，就像一些狗那样）。不过，还是不应该忘了我的猫专家朋友的警告。

不管怎么说，世代更往后的萨凡纳猫确实更为温和，这是因为它们的薮猫DNA更少了，也因为繁育者会有意选择脾气好的猫。

萨凡纳猫并不是第一个由家猫和野生物种交配而产生的品种。这项殊荣属于一种叫作孟加拉猫的美丽猫品种，这个品种其实始于意外。

亚洲豹猫在外观上绝对可以和薮猫相媲美，它们长着华丽的斑点被毛，有一双迷人的大眼睛，前额带条纹，还有一个粉红小巧的鼻子以及可爱的圆耳朵。但是，选择薮猫作为新品种的来源，不仅是图它们的美貌，还因为它们友好而可驯服的特性。而在这方面，用亚洲豹猫来杂交就有点儿不对劲了。还记得动物园饲养员将豹猫评为最不友好的猫科动物吗？根据《纽约客》报道，它是"一个带有华丽的斑点被毛，但脾气暴躁的小野兽"。

尽管如此，它们确实很漂亮，而且多年前，就算它们的性格糟透了，你还是可以在宠物店买到它们。让·米尔（Jean Mill）就这么做了。她并没有打算创造一个新品种，但是当她把一只黑色公猫和她的母豹猫放在一起时，两只小家伙一拍即合，不久，最早的孟加拉猫就诞生了。

孟加拉猫

和萨凡纳猫一样，F1公孟加拉猫也不能生育。与家猫回交，可以在F5代前后或者更早一点儿时恢复生育能力。但与萨凡纳猫不同的是，孟加拉猫的标志性特征，也就是华丽、保暖的被毛上的黑斑，只有在精心繁育的情况下才会变得更好。

事实上，孟加拉猫爱好者在增强斑点的繁育方面已经做了出色的工作，他们构建出了由深色斑点环组成的玫瑰花形花纹，图案内部是橘棕色的。玫瑰花形花纹在许多猫科动物身上都有，比如豹、美洲豹和长尾虎猫，但孟加拉猫是第一种带有这种花纹的家猫。我们还不清楚玫瑰花形花纹最初是如何出现在孟加拉猫身上的，但有一种猜测是，它们来自与一只宽纹美国短毛猫的交配，宽纹猫的旋涡状花纹和孟加拉猫的斑点杂交，以某种方式最终产生了玫瑰花形花纹。

仔细的选择同样提高了斑点的清晰度，让斑点在背景的映衬下清晰可见，而不是外缘逐渐模糊地褪色，融入背景色。

此外，许多孟加拉猫都有一种彩虹色的光泽。让·米尔最早在新德里动物园犀牛围场里的一只来历不明的猫身上发现了这种"充满光泽的性状"。米尔通过哄骗把这只猫弄到手，把它运回了加利福尼亚，并把这种性状引入了她的孟加拉猫身上（由于后续的交配，孟加拉猫现在已经把它们的光泽以及玫瑰花形花纹传给了其他品种）。

与此同时，繁育者也在挑选友好的猫。很多事实表明他们取得了令人钦佩的成功。早期世代的孟加拉猫常常留有祖先豹猫的那种恶劣举止，但到了更后来的几代，这些猫成了深情有爱的伙伴，但大多数也绝不是那种喜欢趴在你腿上的猫。[1]

所有这些繁育的结果成就了一种与众不同的猫，经过多年的繁殖，它们只会变得越来越漂亮。因此，孟加拉猫已成了当今最受欢迎的品种之一，全世界有 2 000 多位繁育者。

但孟加拉猫的世界也并非一帆风顺。有些人对孟加拉猫有着更高的期望，想让它不仅是一只涂着华丽的外漆的家猫。

让·米尔创造了孟加拉猫，这实至名归。她把接力棒传给了安东

---

[1]　但并不是所有人都意识到了这一点。一位欧洲缅甸猫的繁育者告诉我，她不会把猫卖给养孟加拉猫的人，因为孟加拉猫是野生动物，会把她的猫孩子大卸八块。

尼·哈奇森（Anthony Hutcherson），他已成了孟加拉猫繁育圈的领军人物。这理所当然，因为哈奇森从十几岁开始就对孟加拉猫的一切着了迷。

他的迷恋始于 11 岁时一次去小学图书馆的经历。当时已经爱上了猫的他，偶然发现一本有关宠物虎猫的旧书。20 世纪中期，把虎猫甚至更大的猫科动物（包括猎豹和豹）当作宠物饲养确有其事。但当哈奇森冒出这样的想法时，这么做已经困难得多了，成本也高很多。尽管他逐渐明白，虎猫属于丛林而不是人们的家，但养一只带斑点的宠物猫的想法却一直萦绕在他心头。仅仅几年后，他就繁育出了自己的孟加拉猫。他的目标是，如果他没办法拥有一只野生虎猫，那就创造一只同样野性、同样具有奇特外表的家猫。

关于哈奇森，你还需要知道一件事：他相当有魅力，风度翩翩。他的笑容很迷人。他也是一位伟大的表演者。

把这些特质放在一起，再加上一只有着野猫外表的美丽宠物的魅力，他成为媒体的宠儿就不足为奇了。哈奇森曾登上《华盛顿邮报》和《时代》杂志，也曾上过 CBS（哥伦比亚广播公司）新闻和《玛莎·斯图尔特秀》。当西敏寺犬展邀请猫参加他们 2017 年的盛会时，哈奇森和他的猫在那里抢尽风头。当《纽约客》组织一场狗猫辩论时，他被选为"猫队"成员，随后的一篇文章放了一张他的照片，他两只胳膊上各挂着一只孟加拉猫。

这并不是说他不真诚。自 2009 年以来，他一直是国际猫协会孟加拉猫品种分部的主席，也是国际孟加拉猫协会的主席。他的猫普雷斯蒂奇是 2016 年国际猫协会的孟加拉猫世界冠军，普雷斯蒂奇的母亲阿拜丁·欧维逊（Abiding Ovation）[①]是一年前的小猫冠军。

哈奇森是孟加拉猫圈的大人物。他还有什么可抱怨的？从一开始，繁育孟加拉猫的目标就是创造一种能让人联想到野性的猫。但他认为，一只丛林猫的特征不仅在于被毛。

国际猫协会的孟加拉猫品种标准规定，"孟加拉猫繁育计划的目标是创造一种家猫，兼具生活在森林中的小型野猫独有的身体特征，以及家猫的有爱、可靠的气质"。他们所说的"生活在森林中的野猫"指的是亚洲豹猫或者虎猫。尽管哈奇森很爱孟加拉猫现在的样子，但他认为它们还有很长的路要走。

与其他家猫相比，"理想情况下，孟加拉猫的耳朵应该更圆，而不是尖，眼睛应该倾向于更大，尾巴在远端也应该更粗，比其他家猫更短，头部的长度要大于宽度"。他这样解释道。此外，为了让这种猫更像虎猫，"我真的很想有那种水平连贯的玫瑰花形花纹，它们要么彼此相连，要么以水平流动的方式重复出现，这目前在任何家猫身上都没有"。所以，敬请关注吧！虽然孟加拉猫已经很美了，但如果哈奇森能成功的话，这个品种将变得更为华丽独特。

还有一个问题令哈奇森感到担心。一些繁育者一直吵着要往孟加拉猫品种中加入更多亚洲豹猫血统，但是没有真正的理由这么做。世代较晚的孟加拉猫不缺任何性状，它们反而比早期世代的杂种更好。而且由于和不同品种的杂交（包括过去用到的许多亚洲豹猫），孟加拉猫已经有了足够的遗传变异性。

而引进更多豹猫血统也有弊端，这也是哈奇森密切关注的一个问

---

① "Abiding ovation"意为"持久的欢呼"。——译者注

题。孟加拉猫如今已经被认为是一个家猫品种了，让人们重新对它们的野性产生担忧会损害这个品种的声誉。此外，我们也不想促进亚洲豹猫的国际贸易，从而危及它们的生存。

尽管存在这些顾虑，一些繁育者仍旧想引进更多豹猫，原因很简单，就是钱。对一些人而言，说你有一只来自丛林的猫的直接后代很有好处，哪怕这些猫性格并不友好。哈奇森希望杜绝这种情况。别画蛇添足了，孟加拉猫已经是个很出色的家猫品种了。让我们把亚洲豹猫留在属于它们的地方，留在丛林里。

虽然萨凡纳猫和孟加拉猫都是一流的杂种猫，但还有其他一些品种也是通过家猫和野猫杂交产生的，比如和丛林猫（得到非洲狮子猫）、乔氏猫（得到萨法里猫）还有狞猫（得到卡勒拉猫）杂交。这些品种都不常见。试图与其他很多物种进行杂交的传言也比比皆是。

多个主流爱猫组织都同意哈奇森的观点。由于担心对野生种群造成影响（其中许多种群已经受到了其他因素的威胁），这些机构已经颁布了禁令，不再承认借助野生物种发展出的更多品种。尽管如此，这仅仅意味着，这些品种无法在这些机构中正式登记注册。人们依旧可以做他们想做的事，而且很可能会这么做。

*　　*　　*

繁育者神通广大。他们利用新发现的突变，让不同品种杂交以结合它们各自独特的性状，甚至会借用野生猫科物种，所有这一切都是为了利用某些猫在某个地方的变异。

但有时，繁育者也不是从某个性状开始围绕它构建出一个品种。

相反，他们会从自己心目中的肖像开始，也就是他们希望拥有的猫的模样。为了实现这种设想，他们会从许许多多、各种各样的猫科动物中挑选，一点一滴地构建品种，使之具备他们想要的性状。

凯伦·索斯曼（Karen Sausman）从小就对动物很着迷。她在大学期间偶然找到了一份在芝加哥林肯公园动物园担任饲养员的兼职。从那里开始，经过一连串的事件，她最终成了加利福尼亚州棕榈泉沙漠野生动植物园的创始董事。在她在职的 39 年间，沙漠野生动植物园从一个当地巨富的疯狂想法，发展成了一家占地 80 英亩的机构，每年迎接 50 万名游客。在这段时间里，索斯曼以多种方式为动物园界服务，发展了创新的做法，并获得多项荣誉，包括 R. 马林·珀金斯奖，这是对动物园领域专业贡献的最高认可。

你可能会以为，从零开始建立一家动物园会让你没什么时间去追求其他的东西，但在工作之余，索斯曼还是一位热心的动物繁育者。多年来，她饲养并繁育了安达卢西亚马，还有几个犬种。她甚至涉足了大羊驼领域，仅仅用了 5 年就繁育出了一只全国冠军。

她的第二项爱好和第一项爱好紧密相关，那就是素描和干笔水彩肖像画。两者的共同点是都需要一种创造意识，也就是设想一只动物可能是什么样的能力，无论是在画布上，还是实际上。作为一位自学成才的艺术家，她找到了一种诀窍，检查她的构成细节，并弄清楚需要什么才能让动物拥有恰到好处的特点。"如果你想画出一只写实的动物，最终你会发展出一种观察事物的方式，这样你就能真正看到它。"她还解释说，就像你可以观察一只动物，看如何在纸上描绘它一样，你也可以观察一群动物，看看哪些特征需要塑造或者调整，以让一个品种达到你想要的样子。

繁育狗是她的心头好，她因为在猎狐猩等犬种中创造出了新花样而在爱狗圈享有盛名。但猫提供了一个狗没有的机会，那就是通过不同品种的杂交，创造一个全新的品种（像圣伯纳犬这样的混合品种的"设计"犬没有资格成为主流爱狗组织承认的品种[①]）。

最早的萨凡纳猫被繁育出来时，索斯曼很感兴趣。她一直很喜欢沙漠野生动植物园中的薮猫，也是长腿犬种的忠实粉丝，她曾养过视觉型猎犬和苏格兰猎鹿犬。难怪她被萨凡纳猫迷住了！但索斯曼认为，作为薮猫的替身，萨凡纳猫太大了，不适合被当作家庭宠物，如果是一只一般体形，但长着大长腿和大耳朵的猫，就更好。解决办法显而易见，她将从头开始创造她自己的家猫大小的萨凡纳猫版本，而不使用任何带有薮猫基因的猫。

但要怎么做呢？没有哪个品种差不多就是一只薮猫，只要注入一种来自另一个品种的性状即可。相反，她需要在任何可能的地方找到这些性状，将它们混合在一起。在这里加一点儿长腿，在那里加一撮斑点，再扔进来一些大耳朵的特征，又大又圆的眼睛也不错。她希望每一代产生的猫能更接近目标。

她从孟加拉猫开始得到了斑点，因为她本来就已经在繁育这种猫了。东方猫有长腿和大耳朵，但腿还不够长，而且太脆弱了，它们的耳朵还长在头侧面。因此，她没有选择冠军东方猫和她的孟加拉猫交

[①] 我不知道提出这条规定的原因，但网上充满了对这种杂交的后果的支持和反对的猜测。也许理由类似国际猫协会的新规定，也就是不允许让一种突变成为多个品种的特征。有这么多犬种已经存在（200 到近 400 个，具体数字取决于你问的是哪个爱狗组织），杂交品种可能出现的组合数量巨大。无论如何，没有遗传原因能解释为什么不允许杂交品种，混合品种的犬反而可能更健康。

配繁殖，而是找到了那些（从爱猫圈评选角度来说）没那么完美的东方猫，它们的特征并不符合东方猫的品种标准，却恰恰是她需要的。孟加拉猫也是如此，她会选择最接近她脑海中设想的猫。

除此之外，她还总会留意其他一些具备她要找的性状的猫，无论它们是不是纯种猫。一只是来自收容所的猫，长着完美的长腿和大眼睛。另一只是来自印度的流浪猫，它有漂亮的斑点和长腿。几年间，还有几只孟加拉猫和东方猫也被加了进来。

有了这些"原料"以后，就只要一代代地选择朝着正确方向发展的后代，让这些猫看上去越来越像她设想的理想猫。"你在创造一件活的艺术品。"她说，"是在用遗传学作画。"

20 年后，她的成果诞生了：被命名为塞伦盖蒂猫的这种猫非常美丽，它有大长腿，长着直挺挺的大耳朵，还有强壮但纤细的身体，上面覆盖着带有黑色斑点的温暖的黄褐色被毛。[①]

塞伦盖蒂猫

---

①　塞伦盖蒂猫也有全黑的，在适当的光线下可以隐约看到"若隐若现的斑点"，让人想起黑化的薮猫。

你不会把塞伦盖蒂猫误认成薮猫，那也绝不是索斯曼的本意。相反，索斯曼创造了一种向经典的非洲版本致敬的迷人的新型猫。额外的奖励是，它们真的很可爱，既顽皮又深情。

所以我们有了两种受薮猫启发的新的猫品种。如果你是一位薮猫爱好者，你会选哪种呢？

在外貌、气质和体形上，晚期世代的萨凡纳猫和塞伦盖蒂猫非常相似。主要区别在于，塞伦盖蒂猫的眼睛更大、更圆，头部略长一些，还有前面提到的没那么强健的骨骼结构。

而更大的区别，或者坦率地说对很多人来说有吸引力的特征是，F1 和 F2 萨凡纳猫更像薮猫的外观和大块头。[①] 有史以来有测量记录的最高的家猫是阿克图斯·阿鲁迪巴·鲍尔斯（Arcturus Aldebaran Powers），那是一只 F2 的萨凡纳猫，肩高 19 英寸，重 30 磅。拿出一把尺子自己看看这有多高！它的身高是普通家猫的两倍多。这些猫能一下子跳到超过人头的高度。

不过，请记住，这些早期世代的大型萨凡纳猫并不是一个能自我延续的种群。你不能让两只猫交配，得到大块头的后代，因为公猫没有生育能力。因此，要生出这些猫需要薮猫和家猫之间不断地交配。反过来，这也要有稳定的薮猫供应，要么来自野外，要么来自繁育薮猫的人。尽管薮猫目前不是濒危物种，但许多人仍然认为这个主意糟透了。当然，塞伦盖蒂猫和晚期世代的萨凡纳猫完全有生育能力，不会出现这种问题。

---

① 由于这些原因，随着萨凡纳猫的世代而变化的另一个特点是它的价格标签，F1 可以卖到五位数，而 F5 只能卖出两千美元的小钱，上下浮动几百美元。

在索斯曼开始塞伦盖蒂猫繁育计划的几年前，另一个南加利福尼亚州人想到了一个类似的计划，要创造世界上最大的大猫，也就是老虎的微型版本复刻。

朱迪·萨格登（Judy Sugden）会有这样一个宏伟的愿景并不奇怪。和索斯曼一样，她也是个艺术家，尽管领域不同。作为一位科班出身的建筑师，她有足够的想象力设想新的创造，也有足够的组织能力来想办法实现它。萨格登还具有索斯曼所没有的一种倾向。创造了孟加拉猫的那位女士让·米尔斯正是萨格登的母亲，因此，萨格登是在米尔斯雕琢新型猫的过程中长大的。如果她妈妈创造了一只小不点儿的豹子，那下一步不就是创造一只小不点儿的老虎吗？萨格登的目标很简单：将老虎的精髓，也就是大骨架、强健的躯体和带有黑色条纹的橘色外表，与家猫的友好的特性结合在一起。

创造一只带虎纹的家猫比你想象的要困难得多。橘猫的确存在，而鱼骨纹虎斑猫也有竖直的黑色条纹。你可能会认为，要做的就是让两者交配，结合这些性状。

但是有个问题。带来橘色的等位基因会影响猫身上的所有斑纹，而不仅仅是底色。橘色的鱼骨纹虎斑猫的确存在，但它们的条纹并不是黑的，只是一种更深的橘色。[①]加菲猫的粉丝注意了，你的偶像在生物学上是不可能存在的。

---

① 条纹和底色的不同颜色源自不同的色素沉积强度，而非不同的色素。典型的鱼骨纹虎斑猫是灰色底色上带有黑条纹，黑色和灰色都是由毛发中的同一种色素——真黑色素产生的，不同的颜色来自沉积在毛干上的真黑色素的量的差异。而橘猫身上的色素是棕黑色素，而不是真黑色素，棕黑色素差异化地沉积在橘色的底色上，就会带来更深的橘色条纹。

　　还有第二个难题。虎斑猫的条纹与老虎条纹的排列方式不一样。猫的虎斑纹非常线性，就像牢房的栅栏那样。相比之下，虎纹更像是一些始于背部中线的条纹和另外一些从腹部向上的条纹交错在一起。除此之外，这些条纹中有些带有分岔，有些分岔又会回归交叉，形成一块封闭的区域。[①]东尼虎的粉丝注意了，你最喜欢的麦片代言人长的是家猫的条纹，而不是虎纹。

　　萨格登创造"玩具虎猫"（这个新品种的名字一点儿也不优雅）的剧本，与索斯曼的几乎一样。她从一只带有三种重要性状的孟加拉猫开始，这只猫有棕褐色的被毛、粗壮的骨骼，以及有爱的性格。然后，萨格登让它和一只带有明显条纹的鱼骨纹虎斑流浪猫交配。随着项目的进行，具有其他类似老虎的特征的猫也被小心地加入了组合。许多年后，引入一只带有玫瑰花形花纹的孟加拉猫变得格外重要，因为萨格登认为，玫瑰花形花纹的基因可能会和鱼骨纹虎斑猫的基因结合，产生细长的玫瑰花形花纹，类似于那种分岔的虎纹（项目开始时还不存在带有玫瑰花形花纹的孟加拉猫），事实证明这完全正确。她还加入了色调更暖、"更橘"的猫，最终得到了她想要的颜色，同时并没有用到那种通常在家猫中产生橘色的等位基因。她一代又一代地选择具有最佳特征的后代，不断繁育，"一块砖又一块砖"地接近她想要的外观。

　　萨格登的方法和索斯曼的方法还有一个相似之处。从一开始，两

---

① 　为什么家猫的条纹和虎纹不一样，我们不得而知。我的猜测是，这只是历史的
　　意外，不同突变刚好发生在这两类猫科动物的祖先身上，产生了不同类型的条
　　纹。当然，这种差异可能有一些适应性的意义，虎纹在老虎的栖息地更有利于
　　伪装，家猫（好吧，其实是野猫）的条纹在它们出没的地方更有效。

玩具虎猫

人就不仅在解剖学和颜色花纹的性状方面进行选择，还在性格气质方面进行选择。"我的理念是，我不仅是在创造可爱的猫雕塑供人观赏，而且是在创造能成为人类家庭生活一部分的活生生的动物。"索斯曼说。两人都尽力选择友好、讨人喜欢的猫。事实上，这才是首要任务。原因也很简单：在选择性繁育中，你会得到许许多多的小猫，然后选择少数最好的个体作为下一代的繁殖猫。这就留下了其他很多没有被选中的小猫，该如何处理这些多出来的小家伙呢？

她们的策略直截了当：如果她们开发出的猫非常友好，那么为惹人爱的次级玩具虎猫或者塞伦盖蒂猫找到好人家就比较容易。[①]这种选择的结果便是，这两种猫位于最具感情的猫品种之列，至少喜欢说好话的猫网站是这么说的。

自从萨格登和索斯曼开始创造新类型的猫至今，几十年过去了，已经有足够长的时间来评估她们有多成功了。积极的一面是，两位女士都创造了不同品种的猫。玩具虎猫的身上带着醒目的橘色和黑色斑

---

① 在动物繁育界，事情并不总是那么文雅。达尔文在他有关驯化的书中评论道："当里弗斯勋爵被问及为何一直有一流的格雷伊猎犬时，他回答道，'我养了很多，也杀了很多'。"如今，一些毫无顾忌的繁育者也被怀疑存在类似的行为。

纹，很容易被认出是一只想要成为老虎的猫，而且是一只可爱的老虎。玩具虎猫看起来就像穿着老虎睡衣的小猫。

塞伦盖蒂猫则名副其实，这种长腿、带着斑点的优雅的猫，头顶上长着硕大的耳朵，在你的客厅里看起来就像在非洲平原上一样怡然自得。

但两位女士都认为，她们培养的品种仍在发展之中。除了条纹，玩具虎猫并不能唤起萨格登一直追求的"虎性的本质"——人靠衣装，但虎不能靠条纹。被她作为目标的许多老虎的性状仍然有待实现，比如又大又圆的脑袋、小巧的耳朵，还有头侧一圈的圆形条纹。[1]

同样，塞伦盖蒂猫也有很长的路要走。索斯曼强调，被毛的清晰度，也就是斑点与背景的区分度，一直都是个难题。此外，虽然她的目标一直是正常体形的猫，但塞伦盖蒂猫的骨骼还需要更重一些，因为一些塞伦盖蒂猫看起来过于精致了。

毫无疑问，进展缓慢的原因之一在于实施规模。举个例子，索斯曼在任何时候通常只有6到10只供繁育的成体。自然选择带来的进化以变异为基础，种群越大，可供选择的变异就越多。研究果蝇的人在进化实验中使用上千只的种群是有道理的。我很惊讶繁育猫的人在养这么少猫的情况下，还能如此之快地改变品种。[2]我认为只要有足够的时间，玩具虎猫和塞伦盖蒂猫的繁育者就能把这些品种变成他们想要的模样。

---

[1]　但就在我定稿的前几天，萨格登报告，玩具虎猫社区最近在繁育长脸、直鼻子、小眼睛的猫方面取得了重大突破，这些都是老虎而非家猫的典型特征。

[2]　当然，果蝇的世代时间短得多，这也是实验室果蝇实验中的进化速度比繁育猫要快得多的原因。

不是每个人都对创造新的猫品种感兴趣，这情有可原。想想"松鼠小猫"，它也叫扭曲猫。这些猫生来前肢骨骼就极小，甚至没有前肢骨骼。这些猫由于这种畸形，大部分时间都只能像松鼠一样用后肢直挺挺地坐着。它们经常像袋鼠一样跳来跳去，因为没法用四肢行走。小猫没法在它们的母亲腹部踩奶喝到奶，成年猫在埋屎和其他正常活动方面也困难重重。

扭曲猫时不时地就会通过随机突变而出现。许多猫在小时候就死了，或被安乐死。在某些情况下，心地善良的人会收养这些猫，并给它们尽可能好的生活。当然，是在给它们绝育之后。

20 世纪 90 年代末，得克萨斯州的一些人有意繁育这些动物，因为他们认为扭曲猫很可爱，想获得更多这样的猫，此时全世界都出离愤怒了。怎么会有人如此无情，故意生出不幸一生带有这种畸形的猫呢？幸运的是，创造扭曲猫品种的计划被放弃了。

但扭曲猫和苏格兰折耳猫有什么不一样吗？

1961 年，有人在苏格兰的一处农场发现了一只耳朵耷拉在前额的母猫。苏西随后生了一窝小猫，起初看起来很正常，但几周后，有两只小猫的耳朵也向前耷拉下来了。这种耳朵耷拉下来的猫外表可爱，看起来很像猫头鹰，苏格兰折耳猫由此诞生。随后的繁育证实，这种性状来自一种显性突变，该突变对软骨和骨骼的发育造成了有害的影响，因此，软骨的硬度不足以让耳朵竖起来。

如果这种突变的唯一影响是导致折耳，那没有人会在意。这些猫很可爱，而且相当温柔。但事实上，这种突变会影响全身的软骨和骨骼。带有这种等位基因的纯合子的猫会受到严重的影响，它们脚趾畸形，脚掌很小，尾巴由于骨融合而变粗且变得不灵活，并且患有严重的进行性关节炎。尽管许多健康问题不会发生在杂合子身上，但证据表明，所有猫都患有关节炎，有些猫比其他猫更严重。

繁育者将杂合子与非折耳猫交配，产生的后代一半是折耳杂合子，另一半是没有这种等位基因的立耳猫。虽然这种方法可以防止繁育出注定要过悲惨生活的纯合子后代，但事实是，许多杂合子也会出现症状，有些情况则严重影响它们的生活质量。因此，主流的欧洲爱猫机构并未将苏格兰折耳猫视为一个得到认可的品种。此外，在欧洲的一些地区，繁育这些猫是违法的。

曼岛猫也存在类似的情况。曼岛猫起源于两个多世纪前的英国曼岛，它们要么没有尾巴，要么尾巴比较短（曼岛猫按照尾巴长度分类，从没有尾巴的无尾猫，到小尾和残尾猫，再到尾巴相对比较长的长尾猫）。不幸的是，导致这种尾巴缩短的显性基因也会带来严重的畸形，比如脊髓不完全形成、脊柱融合和结肠问题。这些折磨太残忍了，许多人因此认为，如果曼岛猫这个品种不存在，而有人试图现在从一个新出现的突变中创造这个品种，大众都会愤怒，爱猫机构也不会承认它。

苏格兰折耳猫和曼岛猫的典型特征同时也是带来严重的健康问题的原因。波斯猫的情况则有所不同，它们已经存在了一个多世纪，而且在大部分时间里也都没有不健康的体格。波斯猫并不是一直没有鼻子。过去，它们长着挺翘而小巧的鼻子，没有任何特别的健康问题。但从那时起，繁育者就开始努力消除它们的鼻子，今天的扁脸波斯猫饱受严重问题的困扰。

面部和颅骨的重构带来了牙齿、呼吸和呼吸器官方面的各种问题，并阻碍了泪管正常行使功能。德国和瑞士的研究人员用MRI（磁共振成像）和CAT（计算机轴向断层）扫描检查了92只波斯猫的头骨，确定了"在现代扁脸的类型中，鼻子的不断缩小与……出现严重的颅骨和脑部异常有关"。事实上，波斯猫被普遍认为智力低下，经常有人观察到它们撞上什么东西，从窗台上掉下来。研究人员认为，波斯猫的头骨形状所要求的脑部重组，正是它们智力低下的原因。科学家在论文中总结道："繁育者和爱猫者必须面对这样一个事实，那就是，他们想要的……这些猫的性状，在人身上会被认为是严重的发育异常。"

英国的研究也提供了支持性的证据。在一项对英国接受过兽医照护的近30万只猫的研究中，相比于其他品种，3 000只波斯猫患上一些疾病的概率要高得多。很多这些健康问题似乎都和它们的颅骨形状有关：颅骨形状和眼睛问题之间的联系非常明确，而波斯猫的下颌形状的改变和由此导致的牙齿问题，可能是皮肤和被毛疾病的原因，因为这些猫没法有效地梳理它们标志性的长毛（不过，波斯猫的平均寿命与其他宠物猫没什么差异，无论是纯种猫还是其他猫）。

基于这些原因，一些欧洲兽医认为，应该把德国的动物福利法解释为，禁止繁育鼻尖高度超过下眼睑的猫。更普遍来说，世界各地的兽医、动物福利倡导者和科学家都呼吁，对现代波斯猫的繁育实践进行改革和监管。

在所有这些情况下，繁育者都声称，通过只繁育健康的个体，他们可以选择他们喜欢的积极性状，比如折耳、扁脸和无尾，同时排除不受欢迎的性状，因此不会危害猫的健康。但由于他们喜欢的性状和他们想要消除的性状密切相关，是同样的基因的产物，因此是否可以将它们分离开来的确存疑。例如，并不存在专门针对耳朵软骨的基因，这种基因会影响各处的软骨。因此，繁育出折耳却软骨健全的猫很可能是做不到的。

　　另一方面，并不是每一种不寻常的性状都会造成严重的问题。无毛猫就是例子。有些人建议禁止繁育它们，因为它们在外面会冷。事实上，如果斯芬克斯猫在冬天常被养在明尼苏达州的户外，这可能是个问题，但大费周章地买这样一只猫的人似乎很少做出这么蠢的行为。其他品种的极端性状似乎也有问题，想想曼基康猫的小短腿，或者暹罗猫又长又窄的脸，但还缺乏健康问题的证据。

　　关于纯种猫还有另一个伦理问题。在收容所和寄养中心已经有这么多猫的情况下，繁育更多猫在道德上站得住脚吗？每个人都应该收养被救助的猫，而不是去买波斯猫和暹罗猫！我妹妹所有的猫都是从收容所领养的，她尤其倾向于收养黑猫，因为它们不太容易被收养。其他无数人也是一样的做法。[1]

　　的确，很多猫正等待着找到它们永远的家（但谢天谢地，由于动物权益倡导者的努力工作，其数量没有以前那么多了）。但另一方面，有些人也有充分的理由想养一只纯种猫。特别是，有些人喜欢和行为方式特殊的猫一起生活。正如我们在第12章讨论的，一些品种具有特定的行为倾向。

　　几年前，我们决定给我父亲买只猫。对于一位85岁的老人而言，找到一只深情、友好，也没那么吵闹的优秀伙伴很重要。梅丽莎研究了一下，列出了一份简短的品种清单，这些品种以这些性状而闻名。幸运的是，我们很快得知，欧洲缅甸猫救助网络有一只欧洲缅甸猫需

---

[1]　当然，很多养纯种猫的人也会收养收容所里的猫。而爱猫机构也会慷慨地向猫救助机构捐款。

要一个新家。不久，阿顿（Aten）①就和我父母生活在一起了。

阿顿正是我们想要的猫。它从到来的那一刻起就非常有爱，很快赢得了全家人的心（包括我那非常多疑的母亲，多年来因为之前没有受到"猫德教育"的猫抓家具，她已经变得铁石心肠了）。事实上，正是由于领养阿顿的经历，梅丽莎和我在一年后领养到了纳尔逊。

其他人对自己喜欢的猫的类型都有不一样的标准。对于那些想要一只温顺的猫，也就是一只安静，没那么活跃也不太说话，绝对不会抓家具，而是一只趴在膝盖上的全方位的好猫的人来说，波斯猫往往是他们的选择。它们禅师一般的安静解释了这个品种对许多人的吸引力。近年来，布偶猫受欢迎的程度已经超过了波斯猫，布偶猫也具有同样的品质，却没有波斯猫扁平的鼻梁和随之而来的健康问题。

另一方面，有些人想要一只活跃的猫，一只充满活力，总是想玩的猫。对他们而言，阿比西尼亚猫或者孟加拉猫可能是最优选择。如果出于某种原因，你真的想要一只话痨猫，毫无疑问，暹罗猫（或者相关的品种）将是你的首选。

当然，收容所和其他收养场所的猫也具有所有这些品质。但品种猫的重点是，它们的特征通常是一致的。养一只孟加拉猫或者波斯猫，你就能很好地了解它会是什么样子的（自然也有例外）。非纯种的猫则难以预测（当然，在收养之前，你对这只猫的了解越多，就越清楚你会得到什么）。你在随机繁育的猫当中可能也很难找到像一些纯种猫那般个性极致的猫。很少有猫能像波斯猫那般平和，或者像暹罗猫一样聒噪，又或者像孟加拉猫一般活跃。

---

① 以埃及太阳神命名。没错，我爸爸喜欢给猫取不寻常的名字。

　　尽管存在这些理由，一些人还是强烈反对购买纯种猫，因为所有猫都需要家。这种观点是关于人们应该如何进行慈善和利他行为的更广泛讨论的一部分。这个争论我们不打算在这里解决。这也是有关消费、资源和道德决策的更大的讨论的一部分。

　　但是，在创造更"方便"家庭生活的宠物的问题上，有一种颇具争议的做法应该没什么好争论的：去爪和类似的手术就是一种残害，在道德上站不住脚。"去爪"这个词听起来像是从脚趾上去除爪子的简单过程，也许并不比剪脚趾甲更复杂。但它实际上糟糕得多：去爪需要切除和爪相连的脚趾骨。想象一下拿着园艺剪刀，把你每根手指上的最后一截骨头都截掉，这就是去爪。这个过程会产生持久的疼痛，并带来各种各样的身体和行为问题。与其让你的猫朋友受苦，不如采取负责任的人道做法，那就是买一根猫抓柱，并且训练你的猫！

15

猫的遗传

哈瓦那棕猫的外观很特别。明亮的绿眼睛和它们鲜艳的红褐色被毛形成了鲜明的对比，所有这些都长在它们纤细如豹的身体上。但真正会引起你注意的是它们的大鼻子，经常被形容成玉米芯或者灯泡底部。哈瓦那棕猫的脸因此看上去被分成了两部分，像一个长长的管状口鼻粘在一颗典型的楔形脑袋上。没有其他猫长着这副面孔。

哈瓦那棕猫

哈瓦那棕猫可以追溯到20世纪50年代初，当时几个英国人决定通过混合暹罗猫和黑猫来创造一个棕猫品种，可能还引入了一些俄罗斯蓝猫血统。结果便是一个美丽的猫品种，它的颜色比缅甸猫的深褐色更暖调、更鲜艳。至于它们的标志性鼻子是如何形成的，似乎没人知道，这是湮灭在时间的迷雾中的繁育怪事。

哈瓦那棕猫从来都没有火到大受欢迎的地步。至 20 世纪 90 年代，全世界只有 12 位注册繁育者。近交已经成了问题，通过选择来改进品种也不可能了，因为想要找到没有密切亲缘关系的猫来交配都已经很困难了，更不用说根据理想的性状来选择交配对象了。这个品种未来的遗传健康似乎大有问题。这个品种的领导者意识到，他们需要请教猫科动物遗传学家。他们找到了当时在美国国家癌症研究所工作的研究员莱斯利·莱昂斯（Leslie Lyons）。

就职业而言，猫遗传学家是一个相当难以理解的选择。怎么会有人一辈子都在研究猫的 DNA？

根据一种听起来很疯狂的理论，也就是名字决定论，人们会被符合自己名字的职业所吸引。比如许多牙医（dentist）都叫丹尼斯（Dennis）。同样地，名叫布彻（Butcher）①的人更可能成为肉贩，而不是从事其他职业，而那些名叫迈纳（Miner）、贝克（Baker）、巴伯（Barber）和法默（Farmer）②的人也更有可能进入相应的行业。

因此，问问莱昂斯③是不是注定要从事猫科动物有关的职业似乎很合理。她承认自己一直喜欢猫，但她说，她的职业道路更像出自偶然，而不是名字注定的。她最初对去医学院或者兽医学院很有兴趣，在大学里又迷上了遗传学。她回忆说，看杰瑞·刘易斯（Jerry Lewis）的马拉松式的电视节目时，她想"攻克肌肉萎缩症"。她进入研究生院是想获得人类遗传学的博士学位，研究导致几种人类疾病（包括一种

---

① 意为"屠夫"。——译者注
② 分别意为"矿工"、"面点师"、"理发师"和"农民"。——译者注
③ Lyons 和 lions（狮子）同音。——译者注

结肠癌）的基因。

随着研究生学习的时间越来越长，她遇到了研究动物遗传学的研究人员，发现这个课题很有趣，这个领域的研究人员却很少。如果美国联邦调查局（FBI）反应更迅速一点儿，当莱昂斯申请他们新的动物法医遗传学职位（隶属于犯罪现场调查动物实验室）时，他们应该雇用她才对，但犯罪学的损失却成了猫科动物研究的收获。

莱昂斯最终加入了斯蒂芬·奥布莱恩的实验室，几年后卡洛斯·德里斯科尔就是在这个实验室开始了他的研究生涯。奥布莱恩的团队研究许多物种，可莱昂斯不知道她要研究什么。不过当她来到实验室时，奥布莱恩给了她答案，那就是猫，这项任务让她走上了成为世界猫科动物遗传学权威的路。

最早一个项目涉及亚洲豹猫。当时，研究人员以为病毒可能在癌症中起到了重要作用。而亚洲豹猫对猫白血病病毒免疫。他们希望通过了解这种免疫力，可以学到一些适用于人类癌症的知识（这就是奥布莱恩在国家癌症研究所的实验室开始研究猫的原因）。

这家实验室正与华盛顿特区的美国国家动物园合作，试图让豹猫和家猫交配，繁育带有两个物种基因的研究对象。一天，她浏览《爱猫》杂志（为了了解有关猫科动物的最新信息）封底的广告时发现，有人正在出售亚洲豹猫和家猫杂交的杂种。她灵光一现：如果在其他地方已经有杂种了，为什么还要自己大费周章去培育呢？她和繁育者聊了聊，结果繁育者非常乐意让她从他们的猫身上获取基因样本。

生物医学研究并没有治愈癌症——我们现在知道，病毒只会导致很少几种类型的癌症。但实验室对杂种猫的遗传研究带来了现代猫科动物遗传学的曙光，它提供了猫科动物基因组的第一张"图谱"，还揭示出猫和人类基因组的组织方式其实非常相似。

除了这个项目的科学成果之外，莱昂斯建立起的人脉也让她进入了爱猫圈。就在几年后，当哈瓦那棕猫的繁育者开始担心遗传问题时，他们自然地向她寻求帮助。

通过分析繁育者提供的基因样本，她得以证明，哈瓦那棕猫的基因变异比典型的随机繁育的猫种群要少得多。这明显有可能带来一些近交问题，比如幼崽体形小、免疫系统缺陷，或者遗传疾病高发。莱昂斯建议哈瓦那棕猫的繁育者将它们和其他品种的猫杂交，引入现在急需的遗传变异。她的建议被采纳了，哈瓦那棕猫仍然长着独特的鼻子，它们现在比以往任何时候都更受欢迎了（尽管这是个相当低的标准）。

然而，给繁育猫的人提供建议并不是莱昂斯工作中最重要的事。相反，她越来越专注于寻找导致猫科动物疾病的基因。

过去，我们了解遗传控制一种性状（无论是解剖上的、行为上的还是其他方面的）的方法，都是通过繁育个体，并观察它们的后代。毛发卷曲的卷毛猫就是个绝佳案例。

1950 年，一只不寻常的猫在英国康沃尔郡出生。它叫卡利邦克，带有许多非同寻常的性状，优美的身体上长着细长的腿，还有一根纤细的尾巴和一颗窄长的脑袋。但真正引人注目的是它的毛发，它的毛发就像用加热卷发棒烫出的那种卷发，这在 20 世纪 20 年代相当时髦。卡利邦克开创了一个新品种，它是柯尼斯卷毛猫的奠基成员。

柯尼斯卷毛猫英文名中的Rex[①]这个词可能暗示了它们的外表具有

---

① 柯尼斯卷毛猫英文名为"Cornish Rex"，其中"Rex"也有"君主、国王"的意思。——译者注

某些帝王元素，也许是今天柯尼斯卷毛猫与众不同的鹰钩鼻。事实上，这个名字与皇家没有任何关系，只是因为这些猫的皮毛与阿斯特克斯雷克斯（astrex rex）兔的皮毛很像。我们不知道这些兔子是如何得名的，无论如何，卷毛猫借用了这个绰号，自此之后就被这么叫了。

卡利邦克和它母亲交配后[①]，生出了卷毛和直毛的小猫，但是当它和其他猫交配后，后代却没有卷毛。更多交配证实，卷毛猫的毛发性状一定是隐性的，需要两个卷毛等位基因的拷贝才能产生卷毛的猫。卡利邦克直毛的母亲一定是个杂合子，是卷毛性状的携带者。

10 年后，附近的德文郡出生了一只长着类似卷毛的猫。柯里也被认为是一只卷毛猫，并且被认为和卡利邦克及其家族具有相同的卷毛等位基因。

因为卷毛是一种隐性性状，进行交配的两只卷毛猫一定会生出卷毛的后代，因为小猫会从母亲那里得到一个卷毛等位基因，从父亲那里得到另一个。

出乎所有人意料的是，当柯里和一些卡利邦克的卷毛后代交配时，情况却并非如此。恰恰相反，所有后代，要知道是所有后代，都长着一身正常的直毛。想象一下繁育者得有多错愕！起初，这看起来像是偶然，但当同样的结果不断出现时，含义不言自明，那就是，来自康沃尔郡和德文郡的卷毛猫的卷毛，是带来类似效果的不同基因的产物。这两种猫杂交的后代最终都是杂合子，因此长着直毛（卷毛是两个基因都为卷毛才会表现出的隐性性状）。因此，柯尼斯卷毛猫和德文卷毛

---

① 恶心！但也有可能因为卡利邦克的母亲同样带有卷毛的等位基因，才有了这种恋母情结的安排（还记得前面说过，对于隐性性状而言，双亲必须同时拥有这种等位基因，后代才能表现出这种性状）。

猫被认为是不同的品种。

另一个卷毛品种德国卷毛猫则出现了相反的情况。卷毛的毛发性状同样是隐性的。但在这种情况下，当柯尼斯卷毛猫和德国卷毛猫杂交时，它们所有的后代都有卷毛。这两个品种在其他特征上有所差异，却具有同一个卷毛等位基因。

多年来，这种血统分析很像格雷戈尔·孟德尔著名的豌豆实验，它是研究性状遗传基础的标准方法。近年来，基因组科学革命让遗传学家得以走得更远。遗传学家现在可以解码相关基因的DNA构成了，而不仅仅是调查两个品种是否带有相同的等位基因。

理论上来讲，发现导致曼基康猫长着短腿的基因差异应该不难。只要测序曼基康猫和一些正常腿的猫的基因组，在猫的基因数据库中找出哪个基因影响着猫的腿长，然后比较曼基康猫的基因组和正常猫的基因组中的DNA碱基序列，就可以了。

问题是，当我们说某种生物的基因组已被测序时，我们的意思是，我们已经确定了所有DNA碱基的排列，比如猫的20多亿碱基。因此，我们有了一长串A、C、T和G（分别代表四种DNA碱基，也就是腺嘌呤、胞嘧啶、胸腺嘧啶和鸟嘌呤）的字母表。看着这串字母，我们通常可以确定一个基因在哪里终止，下一个基因又从哪里开始。但是，即使我们可以找到基因在基因组中的位置，我们也不知道大多数基因是做什么的，因为基因组并没有附带着一份索引。因此，如果我们要寻找产生某种特定性状的基因，我们通常不知道能在基因组的什么地方找到它们。

尽管如此，遗传学家都很聪明。虽然难度堪比大海捞针，但他们已经开发出了一些方法来识别影响某种特定性状的基因。举个例子，想要找到导致曼基康猫短腿的基因，你需要做的就是对一群曼基康猫以及一群更大、更多样化的其他类型的猫进行 DNA 测序。接着比较所有猫的 DNA，扫描整个基因组来搜索一个基因，这个基因在所有曼基康猫中的 DNA 都一样，但和其他所有猫的都不一样。细节要比这复杂得多（举个例子，曼基康猫和其他所有猫或许在几个基因上都不一样，所以找出哪个基因导致短腿可能很难），但本质上来说，这就是你寻找导致个体间差异的基因的方法。

在莱昂斯的"老巢"（她的实验室叫这个名字）[①]，他们就是这么做的，并找到了导致曼基康猫变矮的基因。他们还找到了卷毛基因，证实了柯尼斯卷毛猫和德国卷毛猫共享同一个等位基因，而这与让德文卷毛猫的毛发卷曲的基因并不一样。令人惊讶的是，他们还发现，另一种叫作塞尔凯克卷毛猫的猫卷毛的基因和德文卷毛猫的是同一个，但它们的等位基因却不一样。如果繁育者曾将这两个品种杂交，他们可以自己发现这一点，但塞尔凯克卷毛猫是个罕见的品种，显然没有人这样试过。

莱昂斯和其他研究人员也采用了同样的方法，识别猫疾病背后的基因（毕竟，疾病只是猫或者其他任何生物的另一种"性状"）。早期一项主要成功与多囊肾病（PKD）有关，这是一种既折磨猫也折磨人的病。PKD 会在肾脏和其他部位形成囊肿，造成肾肿大，最终导致肾衰竭。来到加利福尼亚大学戴维斯分校后不久，莱昂斯就开始关注PKD，因为它在波斯猫中极度普遍。当时，38% 的波斯猫都患有这种

---

① 实验室最初在加利福尼亚大学戴维斯分校。当实验室搬到密苏里大学时，一些人提议，鉴于密苏里大学那种带着条纹的吉祥物，实验室应该改名"虎穴"。不用说，这个建议没有被采纳。

疾病，也就是每 8 只猫中就有 3 只患病。鉴于波斯猫是当时最受欢迎的猫品种，这让 PKD 成了最突出的猫遗传疾病。

用和之前说到的寻找短腿基因的一样的方法，莱昂斯扫描了患有和没有 PKD 的波斯猫的基因组。有一个叫作 *PKD1* 的基因与这种疾病异常相关：研究中的 48 只患病猫都是杂合子，具有这个基因的某个等位基因，而 33 只没有这种病的猫全都不携带这种等位基因。没有猫是这种病的等位基因的纯合子，这说明纯合子在胚胎时就死了。[①]

一旦确定了基因，莱昂斯的实验室就为携带这种等位基因的猫开发了一种诊断性检测。这种检测的重要性怎么强调都不为过。一方面，可以通过给猫做检测来确定它们有没有可能患上这种病，从而可以采取预防措施，比如特殊的饮食，或者更频繁的体检。更重要的是，繁育者可以在发病前就确定他们的猫有没有这种等位基因，如果有，那就可以不再让这些猫繁育。由于现在有了这些广泛的筛查措施，这种疾病在波斯猫身上的流行率已经骤降到不足 10% 了。基因检测胜了一局！

现在，莱昂斯和其他很多研究人员已经确定了导致近百种猫疾病的基因。另外，他们还发现了 44 种等位基因，这些等位基因是长毛和脚上"戴着白手套"等理想特征的原因。这是一个活跃的研究领域，而且新发现涌现的速度正不断加快。

对人来说，这是个性化医疗的时代，人们的基因构成为他们受到的医疗服务提供了参考。同样，对猫而言，猫性化的兽医护理时代也正在来临——现在，你可以对你的猫进行一系列遗传疾病检测。花 600 美元，就可以测序你的猫的完整基因组，而且价格还在稳步降低。有

---

① 这种情况出现在很多遗传疾病上，有时也会发生在杂合子无害的等位基因上，比如导致曼基康猫四肢短小的等位基因。

了基因组，加上我们对许多疾病和症状的遗传基础的认识水平稳步提高，很快就可以采用一种P4法的猫医疗，也就是预测性、个性化、预防性和参与式①的医疗。莱昂斯的"99生命猫基因组测序计划"在发展这些医疗能力方面起到了重要作用，它通过对300多只猫的基因组进行测序，确定了猫之间7 000多万个不同的遗传差异。②

这些研究也有望造福人类的健康。猫和人的基因组惊人地相似，我们不仅共享着许多基因，而且在很多情况下，同一个基因在这两个物种中都会引起类似的疾病。比如，人类*PKD*基因的类似突变导致的疾病，和猫的PKD极为相似。

猫和人两个物种都可以从这种相似性中获益。一方面，我们可以通过经常参考人类的类似基因，来预测什么基因可能导致猫身上的病。事实上，这种交叉比较已经帮助确定了几个猫科动物的致病基因。另一方面，信息是双向流动的。针对猫PKD的新饮食疗法，如今也在人身上进行探索。莱昂斯的研究团队认为，他们发现的导致曼基康猫短腿的基因可能也是导致人类出现类似情况的原因。莱昂斯强烈主张对猫进行更多的遗传学研究，来帮助解决其他关于人类的遗传学之谜，这并不意外。

---

① 即predictive，personalized，preventive，participatory，简称P4。——译者注

② 你可以通过对自家猫的基因组进行付费测序来支持这个项目！"99生命"项目大约20%的资金是由付费为猫进行基因测序的人提供的。一些繁育者试图找到对猫的品种很重要的基因（例如，目前短尾的汉兰达猫的繁育者正在寻找影响尾巴长度的基因）。但也有一些人是利他主义者，他们很高兴能把米洛的基因组囊括在内，因为"99生命"计划的数据库中猫基因组越多，科学家就越有能力找出猫科疾病背后的基因。

　　莱昂斯在研究疾病和性状的遗传基础的同时，对猫品种的遗传学同样产生了兴趣。她需要品种内遗传变异性的数据，因此成了猫展上的常客，她在猫轮流上场的间隙，从许多参赛者那里获得口腔拭子样本。她被越来越多人认为是一位可信赖的猫遗传学家，能让世界各地的繁育者给她送样品。

　　莱昂斯还决定扩大她对随机繁育的猫的群体的采样。因此，在从繁育猫的人那里收集数据的同时，她也累积了大量来自世界各地的流浪猫和宠物猫的DNA样本。

　　这些样本中有很多来自同事和朋友，但有些是她亲自收集的。《国家地理》杂志在埃及拍摄了她的团队在开罗的市集和古庙的工作。在旅游景区抓猫其实不是难事，猫等着团队成员径直走过去，抓住它们，然后用高科技棉签快速擦过它们脸颊内侧。事实上，有些猫太放松了，她甚至不需要把它们抱起来，她要做的就是把小棉签插进无拘无束的猫的嘴里，然后转一转（想想新冠病毒核酸检测的采样是怎么做的）。

　　但在其他地方，更警惕的猫就没这么合作了。莱昂斯接受了挑战，设计了一种非接触策略来获得DNA样本，而不需要碰这些猫——只要在棉签末端穿上一点儿肉就行了。当猫嘴里含住肉的时候，棉签上就留下了含有DNA的唾液样本，算是肉的交换。

　　其他一些收集方法同样具有异域风情。当她和表亲在地中海游轮上时，一天晚上她在晚餐时多点了一盘三文鱼，然后第二天在突尼斯的一个市场上用它吸引到了流浪猫。在曼谷，她教会了一位摩的司机收集样本，而这位司机把准备启程回家的她送到机场时，还给了她35份样本。

　　莱昂斯的研究表明，哈瓦那棕猫并不是唯一一个遗传变异水平低的品种，伯曼猫、缅甸猫和肯尼亚森林猫都面临类似的处境，而新加坡猫的遗传缺陷更甚。对于大多数这些品种来说，对它们有限的变异性的解释不言自明，是因为这些品种都源于少数奠基个体，而随后也并没有通过异交得到扩充。

在人类和其他许多物种中，都有许许多多有害的遗传病变，但这些病变的等位基因在种群中通常并不是很常见。然而，由于很多猫的品种始于一只或者几只奠基个体，无论这些特定的个体携带着什么有害等位基因，这些有害等位基因最终都有可能在这个品种中高频出现（这是第 11 章中讨论的奠基者事件的一个例子）。当奠基动物包括父母或者兄弟姊妹时，这种可能性又会被放大，因为近亲可能带有一样的有害等位基因。

事实上，正如所料，纯种的猫、狗和其他物种，往往比非纯种的种群带有更多遗传疾病。繁育者努力从他们的种群中消除这些等位基因，尽量不繁育那些表现出有害病变的动物，并让他们的动物和其他品种或者随机繁育的个体进行交配，将新的遗传变异引入种群。现在有了能识别这些等位基因的携带者的基因检测，许多遗传病正变得越来越少见，就像我们之前说的 PKD 一样。

莱昂斯的研究表明，世界各地的随机繁育种群的遗传变异都比大多数品种猫多得多。只有少数品种达到了差不多的多样性，比如西伯利亚猫、挪威森林猫、日本短尾猫和斯芬克斯猫，这可能是因为用于建立这些品种的猫的数量很多或者更具遗传异质性。

莱昂斯的大规模地理样本也让她得以检验第 8 章中讨论到的有关猫的历史的主流观点。如果按照标准说法，家猫出现在埃及和土耳其附近，并从那里一路向北抵达欧洲，向东穿过亚洲，并向南进入非洲，那么种群的遗传相似性应该能反映这段历史。

但当然，常识可能是错的。事实上，莱昂斯私心希望她能发现第二个驯化区，也许在中国或者巴基斯坦的印度河流域，在人类历史上，这两个地方很早就出现了农业，或许这也为猫科动物的驯化创造了条件。

然而，即使传统说法的历史是对的，它也未必能反映在猫的遗传学中。首先，猫的地理扩张仅仅发生在过去 3 000 年左右的时间里，在进化史上只是一眨眼的时间。也许这个时间并不足以让不同地区的猫进化出遗传差异。如果没有这样的差异，那么全世界的猫可能在遗传上就没有区别。

还有一个问题。我们都知道，猫会到处跑。即使世界各地的猫真的进化出了遗传差异，那么近代猫被来回运输，也可能又把这些差异抹匀了。比如，想想开罗的猫就知道了。如果今天的猫群仅仅反映了一个地区的历史，那么开罗所有的猫看上去都应该和那些画在古墓墙壁上的猫没什么两样。但事实是，开罗的猫的颜色和花纹和其他地方的猫一样，有玳瑁猫、鱼骨纹虎斑猫、橘猫，也有黑猫、燕尾服猫和白猫，还有灰猫和三花猫。法老的猫的后代是怎么变得如此多种多样的？

有可能是在过去几千年里，开罗的猫身上出现了这些不同颜色和花纹的突变。但更有可能的是，这些等位基因出现在别的地方，而带有这些等位基因的猫被带到了开罗。许多地方的猫群都有一样的外表，这一事实说明，人类对猫的运输，用专业术语来说就是"基因流"，可能起到了同质化区域基因库的作用，让种群间的遗传差异最小化。

因此，一种合理的假设是，猫的种群之间几乎没有遗传差异。我确实有必要立马就修正一下这种想法，因为我们的确知道一些差异的存在，特别是东亚种群的独特性，比如暹罗猫和缅甸猫的身形和颜色，还有大量尾巴残缺的猫，以及很少出现宽纹猫，这些都表明，这片地区和世界其他地区的猫在历史上的交流可能很有限。欧洲猫粗壮的体格也可能表明它们和其他地方的猫的基因交换有限，又或者，这可能仅仅表明自然选择已经强大到盖过了持续基因流的同质化效应。

为了检验这些想法，莱昂斯（和一长串的合作者，包括卡洛斯·德里斯科尔）研究了近2 000只流浪猫的DNA。正如假设的那样，他们发现全世界的猫种群在遗传上基本相同。这并不是说猫没有遗传变异。恰恰相反，一只猫和另一只猫在遗传上有很大不同。但几乎没有变异与地理有关。大多变异都发生在种群内，而不是在种群之间。

但种群之间的确存在少量变异，它们存在一种连贯的模式。如果你把猫种群之间的遗传差异想象成一张二维图，位于正中间的是埃及、塞浦路斯、约旦和其他地中海国家的猫。一边是欧洲的猫（包括美洲和澳大利亚的猫，它们都来自欧洲）。另一边则是东亚和南亚的猫，它们与中间的重叠更少。非洲和西亚的猫位于第三个方向，它们更靠近亚洲的猫，而非欧洲的猫。

换句话说，种群之间的微小的遗传差异描绘出了猫的迁移历史，它们分散迁移到了欧洲、亚洲和非洲，其中东亚的猫尤其与众不同。支持这种情景的证据来自数据的另一个方面：两个种群在地理上的距离越远，它们在遗传上的差异就越大。这种按距离划分隔离程度的模式与猫来回移动的同质化效应是一致的：两个地方离得越远，它们的猫及其基因的交流就越少。①

最后，有一些例外情况反倒支持了上述结论：在突尼斯、肯尼亚、南非、巴基斯坦和斯里兰卡这几个地方，猫的基因与欧洲猫具有惊人

———————————

① 人类遗传变异的地理分布模式和猫非常相似！

的亲缘关系，而这些地方恰恰是英国人带来过深刻的殖民影响的地方。也许就像英国人把其他东西强加给当地人一样，他们也把他们的猫强加给了当地人。

随便指向世界地图上的一处，你指到的一个地方很可能就有一个以当地地名命名的猫品种。大约三分之二的猫品种的名字中带着地理标签。太无聊了！我更喜欢"科拉特猫"或者"米努特猫"这样的名字，而不是"美国硬毛猫"。但事实证明，繁育猫的人比我想的要聪明得多，因为很多品种的名字并没有看起来那么有意义。

举个例子，我天真地以为索马里猫来自索马里。错！索马里猫是一种漂亮的长毛版本的阿比西尼亚猫。阿比西尼亚如今叫埃塞俄比亚，它南与索马里接壤，所以那些有创意的猫爱好者选择了边上的国家作为他们新开发的品种的名字，这种地理上的接近暗示着两种猫看上去很相似。爪哇猫和巴厘猫同样如此，它们是长毛版本的暹罗猫。

哈瓦那棕猫和古巴毫无关系（尽管有些人声称，这个名字源于它们的颜色像古巴雪茄）。喜马拉雅猫是一种带有暹罗重点色的波斯猫。我猜这个品种之所以有这样的名字，是因为喜马拉雅山脉在地理上位于泰国和伊朗（也就是暹罗和波斯）的中间位置，但我想多了。事实上，这个名字来自一种类似的重点色兔子品种。至于这些兔子是如何得名的，就没人清楚了。

最后，孟买猫并非来自印度。有位女士让一只黑色美国短毛猫和一只缅甸猫杂交，她认为，由此产生的黑猫让她想起了传说中印度的黑豹，故此得名。

除了这些名不副实的例子之外，莱昂斯来自约 1 000 只纯种猫的数据还揭示了其他一些遗传学信息和传说起源的地理位置不匹配的情况。最令人震惊的是位于世界上最受欢迎的品种之列的波斯猫，传说它们来自波斯寒冷的山区。但遗传学告诉我们情况截然不同。莱昂斯的研究表明，波斯猫及其相关品种在遗传上与来自欧洲（或者其前殖民地）的随机繁育的猫和品种猫最相似，并没有显示出与亚洲西南部的猫存在密切关系。

这种差异很容易解释。来自波斯的长毛猫可能是由意大利探险家彼得罗·德拉瓦莱（Pietro Della Valle）于 17 世纪早期引入的，它们现身西欧时就大受欢迎，被称为"法国猫"①。与这一地区特有的家猫杂交让今天的波斯猫有了这种短身形，和起源于亚洲西南部的其他猫（比如土耳其梵猫和土耳其安哥拉猫）更苗条的体形截然不同。事实上，这种杂交太广泛了，融入的欧洲基因已经覆盖了波斯祖先的遗传标记。

阿比西尼亚猫也是如此。阿比西尼亚猫真的是在阿比西尼亚服役的英国士兵带回家的猫的后代吗？如果是的话，这些猫是真的来自阿比西尼亚，还是英国士兵首先从印度驻军把它们运到那里的？这是一个说法，但我们永远不会知道真实情况如何了。在这个品种的发展过程中，与英国猫的大规模杂交让它们有了明显的欧洲的遗传特征，也抹去了它们殖民历史的任何痕迹。

撇开这些和其他一些例子不谈，大多数品种名称的地理位置都是准确的。暹罗猫、缅甸猫、东奇尼猫和东方猫的确聚在一起，组成了猫家族树的亚洲分支，它们在遗传上和东亚随机繁育的猫很像。同样，据说来自西欧的品种，比如俄罗斯蓝猫、曼岛猫、英国短毛猫、苏格

---

① 因为在 19 世纪，许多这类猫从法国被进口到了英国。

兰折耳猫、挪威森林猫和沙特尔猫，与欧洲随机繁育的猫在遗传上互相很接近。而土耳其安哥拉猫、土耳其梵猫和埃及猫也和土耳其、塞浦路斯及其附近地区的猫很相似。

5 年前，我在准备给大一新生上的课时，在一位共同朋友的介绍下第一次认识了莱斯利·莱昂斯。出于对遗传学的慷慨，她表示，如果我能让学生用棉签在他们猫的脸颊内侧取样，把棉签寄给她，她就会在自己的实验室里分析这些样本。免费！这是一个我无法拒绝的提议。

所以我们开始了。我从父亲家的欧洲缅甸猫阿顿身上得到了样本，也从我的一位埃及学家同事的缅因猫处取得了样本。这位同事带领全班同学进行了一次以猫为主题的哈佛闪米特博物馆之旅。这两份拭子被送到了莱昂斯的实验室。

几周后，莱昂斯送来了结果。阿顿名副其实，它携带有一个只在缅甸猫身上有的等位基因。埃及学家的缅因猫也是如此。还有一个惊喜：一位学生的猫"软糖豆"也携带一个缅因猫特有的等位基因。虽然看一眼豆豆就知道它不是百分之百的缅因猫，但它显然有一位祖先是那个品种的成员。

莱昂斯还对各种遗传病进行了检测，结果几乎全是好消息。唯一美中不足的是，另一位学生的猫"泡泡"携带着一个与老年失明有关的等位基因。这是隐性性状，检测还无法确定泡泡是纯合子还是杂合子。希望是后者。

课堂练习甚至还带来了一项长期的积极结果。当软糖豆被带去年度体检时，兽医说它超重了，并让它的主人给它减肥。"但等等，"他们回答道（我"脑补"了这样的对话），"软糖豆有一部分是缅因猫，那可是最重的猫品种，所以它的体重完全正常，不要担心。"兽医答应了，豆豆的饮食保持不变。①

通过"23与我"（23andMe）、"祖先DNA"（AncestryDNA）等基因检测公司，用在人身上的基因检测已经广为人知。这些检测对人和对猫差不多是一样的，也就是提供一份唾液样本，然后找出你是否携带特定遗传特征和疾病的等位基因。此外，这些公司还提供了你的祖先来自世界不同地区的比例分析。23andMe的网站给了一个例子，某人的祖先被确定为37%的英国人、25%的东欧人、22%的西北欧人、12%的法国–德国人，还有少数比例来自其他地区。

之所以能推断祖先来源，是因为我们人像猫一样，在基因变异上带有地理特征。通过将一个人的DNA与来自不同地区的大量样本进行比较，再做若干统计分析就能推算出一个人的祖先来自每个地区的比例。

近年来，几家公司以及加利福尼亚大学戴维斯分校兽医学院也为猫开发了类似的业务。在说到这些服务时，我需要说明一件事，它们完全基于莱昂斯和其他猫遗传学家的研究。换句话说，他们正利用这些研究人员的发现，也就是识别导致特定性状或者疾病的基因，建立地理差异的模式，并将这些结果商业化。莱昂斯讽刺地指出，这些公司在为回馈它们业务所基于的研究而支持其进一步研究时，慷慨程度可谓千差万别。

就像23andMe一样，这些实验室检测了大量基因（比几年前莱昂斯在我学生的猫身上进行的检测组合要多得多），我们现在已经知道这些基因会影响猫的各种性状和疾病。由此提供的信息显然对了解猫是

① 这不是要淡化肥胖问题，肥胖是宠物猫的一个大问题。但缅因猫比一般的猫大得多，所以对大多数猫而言令人担忧的体重，对缅因猫来说是正常的。

否患有，或者有没有可能患上遗传疾病相当有用。此外，繁育者可以用这些信息决定繁育哪些猫，避免繁育可能传递不良性状的猫。这些检测对于选择具有理想性状的猫同样很有用，可以淘汰掉那些没有携带相关基因从而无法传递有益的等位基因的猫。

此外，基因检测还能提供猫的血统的概念，就像人一样。加利福尼亚大学戴维斯分校兽医学院实验室使用莱昂斯设计的一项检测，来确定一只猫来自世界上 8 个地区中的哪一个，并展现出猫的基因组来自每个地区的比例（大多数美国猫主要来自西欧）。

还有几家公司更进一步，提供了不同品种对猫基因构成的贡献的分析。在这方面，他们对标了犬基因检测公司提供的信息。例如，一家犬检测公司在其网站上报告，佩珀是 52% 的拉布拉多犬和 48% 的贵宾犬。这种差不多对半分的结果表明，佩珀的父母很可能一个是拉布拉多犬，一个是贵宾犬。相比之下，罗克西的基因组成中，每种的占比在 11% 到 14% 之间，也就是说，8 个品种各占约八分之一，这说明它的曾祖父母有哈士奇、柴犬、松狮犬、腊肠犬和其他 4 个品种的成员。

继犬类之后，一家猫基因检测公司的网站上也登载了一个案例，其中一只猫的血统被解析成了分别来自俄罗斯蓝猫、布偶猫、美国短毛猫、西伯利亚猫、暹罗猫、伯曼猫、波斯猫和其他猫的不同程度的遗传贡献。另一家公司展示了一份样本结果，表明"我们在维奥莱特的 DNA 中检测到了 5 个品种"，分别是美国家猫（也就是随机繁育的猫）、挪威森林猫、曼基康猫、拉波猫和暹罗猫。

这些猫的品种分析从根本上来说就有误导性。许多犬种已经存在了几个世纪，有些可能时间更久，足以发展出特定品种的遗传标记。此外，如今美国绝大多数（也许有 95%）的宠物狗都是纯种狗的杂交品种的后代，杂交要么发生在近期，要么是没那么遥远的过去。因此，一条狗携带某个品种特有的等位基因，就意味着它有一只该品种的祖先。

相反，除了少数猫品种外，猫的所有品种都是最近才出现的。虽然有几个品种携带特定的等位基因，比如可以识别缅甸猫和缅因猫的等位基因，但大多数品种并没有。更重要的是，现在绝大多数猫都不是一个品种的成员，过去的大多数猫也不是。因此，如今生活的大多数猫的血统中不包括纯种的祖先。大多数猫不像狗那样是某些品种的混合。

那么，这些公司是如何算出它们的估计结果的？对此的解释是，不仅全球猫的遗传变异存在地理特征，品种的起源同样存在。比如英国短毛猫是一个欧洲的品种。如果报告说你的猫大部分遗传贡献来自英国短毛猫，这意味着你的猫携带着在欧洲的猫（包括英国短毛猫）身上发现的等位基因。你的蓬蓬和英国短毛猫来自同一个祖先，但这并不意味着你的蓬蓬的祖先是英国短毛猫。换言之，不要太相信这些公司关于你的猫的品种血统的说法。

进化生态学研究的是进化变化如何随着时间的推移让物种适应周围的世界。它需要结合对过去进化的研究，以及对生物如何在现今环境中生活的调查。

我们现在已经对家猫的进化有了坚实的了解，包括它们从哪里来，它们是如何变化的，它们在遗传、解剖和行为上的多样性。现在是时候想想它们如何在现代世界中生活了。

16

小猫咪，小猫咪，
你去哪儿了？

你有没有想过，你的猫在外面的时候会干什么？[①]尚利格林的人们这样想过。这座风景如画的小村庄位于伦敦西南35英里处的萨里山杰出自然风景区[②]，也是阿尔弗雷德·希区柯克、理查德·布兰森以及埃里克·克莱普顿的祖父母[③]等名人的家。

还有猫，很多很多猫。因此，当BBC（英国广播公司）召集一个猫科学家的全明星团队来研究猫"一旦钻出猫洞"会干什么的时候，他们选了尚利格林作为拍摄地。

《猫的秘密生活》[④]是一则长达一周的高科技调查故事。他们一周7天、每天24小时地监控了50只猫，追踪它们的行踪，以猫的视角观察尚利格林的生活。目标是什么？就是想了解猫的行为，还有这么多

---

① 当然，假设你的猫会外出，这在美国越来越不常见了，但在其他地方更为常见。

② 是的，这在英国是一个真正的自然风光景观的称号。

③ 也许是克莱普顿本人。互联网在这一点上信息混乱。

④ 想找这部纪录片的人请注意，《猫的秘密生活》这个标题被不同的图书、视频、文章和其他媒体用了无数次。

猫是如何在这么小的地方共同生活的。

这部纪录片展示了一个大多数科学家梦寐以求的项目。一个卧底监视团队开着一辆平平无奇的白色长厢式货车，上面装满了监视器和各种各样的电子设备。全城到处装上了摄像头。城镇中心被征用了，叫作"猫猫总部"，成了一个网络指挥部，那里的电脑显示器上闪烁着最新信息，技术人员喋喋不休，工作人员走来走去。如果真正的野外研究能像BBC为他们的节目设计的为期一周的项目这般魅力四射又令人兴奋就好了。

这部纪录片还邀请了三位世界顶尖的猫学专家。猫行为专家约翰·布拉德肖（John Bradshaw）和萨拉·埃利斯（Sarah Ellis）会定期进行小型讲座，解释最新的视频中的内容。在一个长镜头中，伦敦皇家兽医学院的艾伦·威尔逊（Alan Wilson）解释了让整个项目成为可能的技术魔法。

但故事的核心是村民和他们的猫伙伴。影片开始时，大约100位当地人涌进社区大厅，听取整个计划：研究人员希望在50只猫的项圈上装上GPS（全球定位系统）装置，追踪它们在整个村里的活动，为期一周。对于一部分受重点关注的猫，也就是那些被认为表现出最有趣的活动模式的猫，研究人员还会在它们的项圈上增加一个微型间谍摄像头，以便在它们漫步时以一种以猫为中心的视角来观察它们的活动。

目标的50只猫（或者至少是它们的主人）很快就加入了项目。分发项圈后，人们回家了，然后，正如旁白员操着他的英国口音所说，"技术就位，现在全看猫的了"。

在一个下雨的开场后，有趣的事情开始了。天气放晴，猫纷纷出门了。它们穿过院子，跳上并翻越围栏，沿着车道走过，从花园中穿行。GPS 装置记录下了精确到英寸的信息，表明猫都去了哪里。24 小时后，结果已经相当吸引人了。在总部的大屏幕上，每只猫的路径都以不同颜色显示。大多数猫，比如布鲁特斯、莫利、金杰和赫米都没有离家太远。但一只住在村子边上的前农场猫苏提更具冒险精神，它的旅程长达两英里。

猫相机拍下的视频也同样有趣。猫无论白天黑夜都在"巡逻"，闯入别人的领地，互相嘶嘶叫，它们盯着狐狸过马路，自信地穿过另一栋房子的猫洞，享用邻居碗里的东西。

这是一场大戏，大受欢迎。这部纪录片在 2013 年夏天首次播出时，在英国就有 500 万人观看，是网络科学节目通常收视人数的三倍。事实上，它成功到 BBC 在第二年制作了一个三集的续篇《猫咪观察》。

《猫的秘密生活》的成功不仅凸显了公众相当渴望看到有关猫的信息，还说明了我们对世界上最受欢迎的宠物的博物学知识的匮乏。在拍摄这档节目时，关于宠物猫去哪里，以及它们外出时做什么的科学数据少之又少。这种情况即将改变。

＊　　＊　　＊

我们对宠物猫的户外活动知之甚少的原因很简单：猫的行踪之隐秘声名远扬。你要是尝试在户外跟着一只猫，可能不会比我更成功。你会得到一种"你在干什么？"的回头一瞥，接着很快就会迎来更长时间的怒目而视。如果你仍然坚持跟踪，这只"小狮子"很快就会提醒你谁才是老大，并跑到最近的茂密灌木丛中——那里一有机会就长满了荆棘——然后，它就从你的视线中消失了。有关猫的奥秘仍未被解开。

生物学家研究难以追踪的物种时有种技巧，和间谍追踪猎物的伎俩差不多：在它们身上放台追踪器，通常是一台发射器，从动物脖子上的项圈发射无线电信号。你可能看过大象或者狮子戴着这种项圈的自然纪录片。有些动物太小了，或者没有脖子（比如蛇），在这种情况下，发射器会被安在动物身体的其他部位，或者通过手术植入动物体内。

20世纪中叶，无线电追踪技术的出现彻底改变了我们对动物行踪的理解，这种方法已被用于各种大小、生活方式各异的动物，从昆虫到蝙蝠再到鲸无一不包。但这种方法存在一个很大的缺点，那就是数据收集费时费力。研究人员必须走到野外，离动物足够近，才能探测到并定位到信号。要离多近取决于发射器的大小，而发射器的大小又取决于动物的体形，体形越大的动物可以携带的设备就更大。相反，追踪小型动物的优势在于，它们往往不会像大型动物那样移动得那么远（除了那些会飞的），因此，研究人员可以从动物最后被发现的地方开始步行寻找。另一方面，对于更灵活的物种来说，在搜索无线电信号时，就需要动用汽车甚至飞机，以覆盖足够大的范围。

美国纽约州奥尔巴尼的一项调查就是这种研究的例子。科学家在夏天监测了一片小型自然保护区附近的郊区社区的11只家猫。保护区附近的8户家庭自愿加入了这项研究。他们的猫被戴上项圈，项圈上有重两盎司①的无线电发射器，还有6英寸长的天线用于广播信号。

此时，GPS装置还未出现，追踪并非易事。为了找到这些猫，团队会开车到社区，下车，戴上耳机，打开无线电接收器。每只猫的发射器会产生不同频率的信号。研究人员将接收器调到各个频段，倾听

---

① 1盎司≈28克。——编者注

项圈发出的提示蜂鸣声。通过向各个方向旋转天线，蜂鸣声也时大时小。然后，他们朝着蜂鸣声最大的方向走去或者开车过去，直到噪声震耳欲聋（至少在没有音量旋钮的情况下是这样的）。这时，猫就在他们面前了。当你一开始就离猫很近时，这种方法格外有效。

如果猫不在附近，就必须确定蜂鸣声最响的方向，然后在地图上从研究者所站的位置沿着声音的方向画下一条线。接下来，研究人员再移动到远处的另一个地方，重复这个过程，画出另一条线。两条线相交的地方就是猫的位置（假设研究人员从第一点移到第二点时猫没动，否则问题就会变得更复杂，特别是如果猫移动了很远的距离的话）。①

研究人员惊讶于猫是那么地缺乏冒险精神。它们大多数都没有走远。通常情况下，它们在夏天漫步时的范围约为 1.5 英亩（略大于一个足球场），它们离开自家院子也就参观三户邻居房子，而且几乎不会进入森林保护区。

追踪是一个耗时的过程，通常每只猫每天只能被记录下一个定位点，猫在这一天剩余时间里的所作所为都被忽略了。此外，大多数猫会在室内待很久，这就解释了为什么大多数猫只有大约 15 个户外定位（除了研究中最年轻的猫奥赖恩，它被定位在户外 56 次！）。

令人欣喜的是，技术进步已经极大地改变了追踪动物的方法。无线电发射器已经被从卫星接收位置信息的 GPS 装置取代。你从自己的导航设备（无论是汽车上的还是手机里的）中也能看到，这些系统几乎即时更新，提供了稳定的位置数据流。这些设备可以每秒记录一个

---

① 这个过程被称为三角测量，因为这三个点（两个观测点和猫的位置）是一个三角形的三个角。

数据点，而不是每天记录一个定位点！①

也许是因为有了更多数据点，也许因为是村庄更田园派的环境，无论如何，BBC节目揭示的是，尚利格林的猫过着各种各样的快活日子。当然，也有一些像奥尔巴尼十一世那样待在家里。比如，罗西是一只浅褐色的英国短毛猫，它会在户外待很长时间，但主要是在自家后院里，它的旅行范围不足半英亩。另一只"宅猫"可可也没去过多少地方，几乎不会去离家几栋房子远的地方。

另一个极端是，节目中旅行最远的猫是苏提。它是只黑猫，长着楚楚动人的黄眼睛，住在一栋紧挨着乡村的房子里，这为它提供了四处游荡的广阔空间。在拍摄的一周里，苏提的活动范围超过了7英亩。

这种巡行行为的差异甚至延伸到了同一个家庭的猫身上。在研究中唯一一处养着6只猫的住所中，有5只——达菲、黛西、南瓜、拉尔夫和可可——几乎没离开过家，而一只名叫帕奇的黑色异国短毛猫②却四处游荡，活动范围大约是其他猫的5倍。

另一方面，有些猫的短途旅行非常相似。比如，住在街对面的两幢房子里的两只猫几乎覆盖了相同的区域，它们都在同一块3英亩大的区域中闲庭信步。虽然这是一片共用的领域，但GPS数据的时间戳揭示了另一层惊喜，那就是，这两只猫几乎完全没有和对方相遇，因为它们在一天中的不同时间活动。

就在《猫的秘密生活》中的科学家于2013年开发出非常复杂的GPS时，更便宜、更简单的版本也已经开始商业化。从那时起，人们就开始购买这些产品，戴在猫的项圈上，监控他们宠物的活动。

---

① 大多数动物追踪GPS装置记录数据的频率要低一些，以免电池电量快速耗尽。

② 异国短毛猫是一个品种，是短毛版的波斯猫。

如今，市场上充斥着这类追踪猫的产品。在我为写作这本书而调研时，权威网站"今日宠物生活"发表了一篇题为《2019 年 25 款最佳 GPS 猫追踪器和项圈》的文章。对于那些更有品位或者预算更低的人来说，"街头猫"网站挑出了"2019 年 9 款最佳猫追踪器"。尽管有各式各样的追踪器，或许正是因为有各式各样的追踪器，两家网站在哪一款猫追踪器脱颖而出的问题上意见几乎完全不一样。我别无选择，只能自己去寻找答案。

＊　　＊　　＊

温斯顿是一只高大的猫，它有 17 磅重，大部分都是肌肉。另外，它是白色的，带有大块的黑灰色斑块。从远处看，你可能会误以为它是一只迷你版荷斯坦奶牛。它像一块巨型棉花糖一样泛着光，当它出现在我们后院的任何地方时，你都很难看不到它。但大多数时候，它一旦出了院子，就无处可寻。它在哪里，在干什么呢？

温斯顿不太喜欢把分离安全项圈套在脖子上，但一旦卡扣扣上了，即使上面挂着小型 GPS 发射器，它似乎也不介意。它走到附近荒地中，同时 GPS 装置和我的手机相连，每 10 秒更新一次它的位置，并记录下它去过的地方。

当我想要写东西时，我是一个无可救药的"拖延症患者"，因此我会时不时停下打字，拿起手机，打开追踪应用程序看看温斯顿的行踪。盯着小屏幕，看到卫星地图上的蓝色猫脸标记表明它在后院，也许正在左手边的绣球花旁，这总是让人格外激动。我抬起头来，扭头看向窗外，恰好此时，它就在那里，我的微型奶牛小猫，正在花园里走来走去。

挂着一台小猫相机的温斯顿

其他一些时候，猫脸标记会表明它已经离开了我们的院子，在附近的其他地方徘徊。偶尔，由于好奇心的驱使，或者对现代技术的不信任，我决定走到它应该在的地方来验证这台装置的准确性。果然，它每次都在那里，躺在灌木丛下或者在院子里闲逛，有时看到我则显然没那么高兴。

除了确定温斯顿的当前位置之外，这个应用程序还显示了它的活动轨迹。"历史"页上也有一条线叠加在卫星地图上，追溯着它一天中的行程。

我不知道温斯顿走了这么大范围！温斯顿大部分时间都在我们家后院巡逻，像国王巡视自己的领地一样——似乎房产边界不仅适用于人，也适用于猫。但每天有一次或几次，它都会冒险超出我们的管辖范围。它会越过栅栏，穿过那个脾气暴躁的老头的后院，走过浅浅的小溪，进入我们后面安静的住宅区，然后再回到另一个脾气暴躁的老头的侧院。它穿过住宅区里的道路并没有让我觉得不安（特别是对于一只非常显眼的白猫来说），但是有一天它的足迹穿过了我们房子另一边更繁忙的道路，这让我非常紧张。

典型的一天是，温斯顿在大约 4 英亩的范围内闲逛，拜访 4 到 5 户我们的邻居。当然，它不是每天都走同样的路线。总体来说，它的"家域"（这是个动物学术语，指的是动物在一段时间内访问的区域）可能有 8 英亩，包括离我们家最近的十几栋房子。

虽然我认为我的猫在各方面都很特别，但温斯顿的巡游完全是宠物猫的典型行为。它到处走动，偶尔会遇到其他猫和其他动物，捕猎，也会打个小盹儿。我看了《猫的秘密生活》后对此略知一二，但现在我更加了解为什么这很有趣，为什么这对我们理解家猫的生物学很重要，这多亏了北卡罗来纳州罗利市的一个了不起的全民科学项目。

罗兰·凯斯（Roland Kays）是北卡罗来纳自然科学博物馆的生物多样性研究实验室的负责人。他是密歇根人，是食肉哺乳动物领域的专家，在领域内做出了开创性的研究，了解了郊狼的分布，以及察沃食人狮和蜜熊（浣熊的一种长尾热带近亲）的社会行为。他还以创造性地使用新技术而闻名，例如将微型无线电发射器放在热带树木的类似橡子的种子里来追踪它们的命运（大型啮齿动物会将它们埋起来，以便之后饱餐，但随后又会不停回来，把它们挖出来，转移到新地方），或者使用配有热像仪的无人机在夜间定位吼猴，这些动物在温度更低的雨林树冠树叶的映衬下，在红外光谱中发着光。

凯斯是最早一批对家猫进行无线电追踪的人。他是我已经介绍过的奥尔巴尼项目的负责人，利用了一个学生在臭鼬项目中留下的无线电项圈。在这项研究之后，他继续进行了食人狮、郊狼和其他研究。2011 年，他来到罗利领导了生物多样性实验室，当时并没有任何进一步研究猫科动物的计划。但在他的猫无线电追踪研究的十年后，他发现了廉价的猫GPS商业装置的存在。

但廉价终究不是免费，而且凯斯已经承担了一大堆行政、教学和研究责任，哪里来的钱和时间来运作这个项目？接着他灵光一现，那就让人们追踪他们自己的猫，也就是全民科学，并让附近的北卡罗来纳州立大学的本科生来运作这个项目！

凯斯很快就发现，不乏想获得野生动物研究经验的明星学生，即使（或者说特别是）这种野生动物不是别的，正是家猫。于是，"猫追踪者"（这个项目的名字）启动了。目标很简单，就是找出宠物猫在户外走得有多远。

了解一种动物的运动模式，也就是它去了哪里、它的活动范围有多大，对于理解它与环境的相互作用至关重要。例如，猫是高超的捕食者，人们对它们对环境的影响非常关注。因此，一只猫是待在自家后院，还是在附近的自然保护区里游荡，这一点非常重要。此外，猫走得越远，就越有可能遇到麻烦，比如过马路、遇到恶狗（或更糟的郊狼），或者以其他方式危及自身安全。当然，还有就是单纯的好奇。我猜，即使不是所有，大部分猫主人都像我一样，想知道他们的同伴外出时去了哪里。这个问题也有进化的含义：家猫和野生猫在闲逛时有什么不同，家猫和它们的野生动物近亲相比又如何？

实行这个项目的方法很简单，就是广泛宣传，等待养户外猫的人报名参加。参与者主要都在北卡罗来纳的罗利–达勒姆地区和纽约长岛，他们会得到一个布背带，让他们的猫穿上。这种背带很简单，在脖子上有个项圈，另有一个圈套在猫的身体中间，还有一块布在猫的背上，把两个圈连接起来。这块连接布上附有GPS装置，装置的尺寸只有一小块糖那么大，被裹在一个柔软的塑料袋里。

戴着猫追踪器的猫

我曾给我的猫穿过类似的背带，它们一开始烦躁了几分钟，但后来就完全忽略了其存在，继续做着自己的事。在北卡罗来纳团队的研究中，只有一小部分的猫无法忍受穿上背带。

猫在一周里背着它们的迷你背包，GPS装置记录下了它们的行踪。初步数据显示，5天的数据足以很好地估计出某只猫游荡的区域。追踪器数量有限（它们并没有那么廉价！），所以在一周后，人们感谢猫所做的"工作"，摘掉它们身上的背带，把GPS装置送回实验室，让研究人员下载数据。接着，追踪器会被送到一只新的猫身上，再执行一周任务。

就像我对温斯顿和尚利格林团队对村里的猫所做的那样，研究人员可以看到每只猫在一周里的行程。他们在卫星地图图像上绘出位置和路径，就能计算出猫的家域，并了解它们去过的地方，比如去了多少人的院子，穿过了多少条路，进了多少片森林，以及其他相关的细节。

当然偶尔会出现电脑故障，但更难识别的是那些显示了一些非正常情况的正确数据点。例如，有一只猫突然以每小时35英里的速度移

动了很远的距离，比家猫的游荡远得多、快得多。团队给猫主人打了
个简短的电话，发现这只猫戴着GPS装置去了一趟宠物医院。主人本
想向研究人员报告这次外出，却忘记了。

　　还有一次，定位点显示一只猫过了一条河，几个小时后又过了河
回来。向主人核实后发现数据是正确的。这只缅因猫在隆冬时节走过
了结冰的河（这只猫很喜欢游泳，所以谁知道如果它在夏天被追踪会
发现什么？也许研究人员会发现，GPS装置并不防水）。

　　还有一只猫，多次回家时都带着一身烟味。这只猫的女主人怀疑
猫"出轨"了，而追踪器证明她是对的——这只猫"脚踏两只船"，还
在另一家吃食。这种不忠行为很常见。面对追踪数据时，一些房主也
承认自己喂养着邻居的猫。

　　追踪器还揭开了猫一次失踪几天的谜团。有一只猫不巧在被追踪
的时候消失了一次。它的主人现在知道了，每当它失踪时，就开车到
附近的一个商业园区去接它。在另一个案例中，一位猫主人拼命在整
个街区寻找他失踪的猫，结果发现这只猫一直都在他家里。

　　访问"猫追踪者"网站可以看到一些项目中最受欢迎的猫的漫游
模式。例如，名叫凯特尼斯·伊夫狄恩[1]的猫是一只蓝眼睛、长毛的漂
亮小家伙，带有暹罗猫的重点色。这只一岁多的小猫住在达勒姆一条
双车道公路旁的房子里。它的大部分活动都围绕着它家和后面的一小
块林地。然而，凯特尼斯确实多次造访房子两边的公寓楼，并三次穿
过马路，有一次走了150多码[2]来到一片工业停车场。它的活动范围总

---

[1]　凯特尼斯·伊夫狄恩（Katniss Everdeen）是《饥饿游戏》的女主角。这只猫的
　　名字把Katniss改成了Catniss（cat意为猫）。——译者注

[2]　1码≈0.91米。——译者注

共约 4 英亩。

利特是一只 8 岁的橘色虎斑公猫，它住在离凯特尼斯不到一英里远的另一条双车道公路边，位于一片树木茂盛的社区。它的活动范围也是以家为中心，但它出门闲逛的时间更长，最远的一次到了隔着许多条街的林地里，距离超过三分之一英里。它闲逛覆盖的总面积比凯特尼斯的大得多，有约 13 英亩。

另一个极端是，小影是一只可爱的棕猫，长着楚楚动人的黄眼睛，住在康涅狄格州的格林威治。它的地图上留下的大量踪迹表明，它是一只相当活跃的三岁小猫，但它并没有走得很远。它的大部分行程都是去两边的房子附近，偶尔也会到附近另一栋房子那里短途旅行，最远的一次移动还不到一个足球场的跨度，总体来说，它的家域不足一英里。

在凯斯启动猫追踪项目后不久，澳大利亚、新西兰和英国的团队也加入了，让猫追踪者成了一项真正的全球性工作。在这 4 个国家中，900 多只猫参与了这项研究。

研究人员在研究过程中对这些猫的漫游距离之间的差距进行了预测。乡村的猫可能比城市的猫逛得更远。在有大型捕食者，特别是郊狼的地方，猫可能更不愿意远离家的安全区。公家猫可能比母猫走得更远，这跟其他很多哺乳动物物种的情况一致。还有许多假设有待检验。

数据传递的主要信息很明确。正如凯斯 15 年前在奥尔巴尼发现的，绝大多数猫并没有走很远。平均每只猫仅仅跨越了 13 英亩，排除三只活动范围特别大的猫之后，这个数字就降到了 9 英亩。

但让我们来说说这三只例外。活动得最远、范围最广的猫是佩妮，它是一只来自新西兰惠灵顿郊区的已经绝育的一岁小猫，大部分时间都在外面。佩妮住在一栋背靠着未开发的丘陵地区的房子里，它在那里四处漫游，覆盖了超过 2 000 英亩的范围，也就是 3 平方英里，这几乎是研究中活动范围排名第二的猫的 4 倍。

第二是马克斯，它是一只来自英格兰西南部的 5 岁绝育公猫，活动范围有 550 英亩，几乎整整一平方英里。马克斯的游荡方式与研究中其他的猫都不一样，它沿着一条公路走了一英里多，从圣纽林东走到了特雷维森，接着返回，这件事在追踪它的 6 天里发生了两次。如果要我猜，我觉得可能是马克斯曾经住在一个村子里，然后它和它的人类伙伴搬到了另一个村子。猫会想要找到回到之前住的地方的路，这是出了名的[①]（但据我所知，并没有人报道一只猫在新家和旧家之间来回穿梭）。马克斯的旅程仍然是个谜。

来自新西兰南岛北端的布鲁·纳尔逊（Blue Nelson，不要和我的棕色的纳尔逊搞混了！）是三只例外中的最后一只。布鲁·纳尔逊在晚上不被允许外出，但它在白天弥补了夜间的不自由，它在居住的农场周围的大片田地中大范围地游荡，面积几乎和马克斯的一样大。

尽管有这三只流浪者，但大多数猫的冒险精神少得多，超过一半的猫的活动范围不足 2.5 英亩，而 93% 的猫的家域不到 25 英亩。

由于无线电追踪研究，我们知道了野生猫的活动范围相比之下大得多。伊利诺伊州农田里的野生猫平均活动范围达到了 400 英亩，加拉帕戈斯群岛的野生猫是 1 200 英亩，而澳大利亚内陆的野生猫的游荡范围则高达 5 000 英亩（8 平方英里！）。小型野生猫科物种同样具有

①　网上有很多关于猫找到前主人的故事。宠物网站提供了一些建议，教你如何防止猫在你搬家时这么做。特别是，在搬到新居后，第一次让猫出来之前，先让它们在家里待很久。我不知道任何关于这个话题的科学研究。

广阔的活动范围。欧洲野猫的家域通常有 2 500 英亩或者更大。其他小型猫科动物，比如虎猫和乔氏猫，也有类似的广阔范围。

为什么宠物猫的活动范围这么小？答案显而易见，因为它们在家里吃饱了，没有必要跑到很远的地方去找下一顿饭。另外，大多数家猫都被绝育了，所以它们没有寻找配偶的冲动。无论宠物猫从户外得到了什么心理上的益处，它们通常都满足于在比寻找食物或者性所需的更小的范围中游荡。但野生猫和其他猫科物种之间的比较表明，家猫并没有进化得比它们的野生兄弟的活动范围更小，如果情况需要，它们同样可以广泛活动。

猫追踪者团队预料会发现猫行为的地理差异。例如在美国，郊狼的广泛存在可能会抑制猫的游荡。另外，不同国家的主人给他们的猫喂食的量可能也有差别。各种文化差异（景观布局、汽车速度和狗的存在）都可能产生影响。

出乎意料的是，各国之间的差异并不大。美国、新西兰和英国的猫的家域都差不多大，几乎是澳大利亚的猫的家域的两倍。还不清楚为什么澳大利亚猫的活动范围更小，但无论如何，整个研究主要的发现是，各地的宠物猫通常都不会走很远的路。或者用凯斯更直截了当的总结来说，"宠物猫普遍很懒"。当然，研究包括的 4 个国家在许多方面都很像。下一步显然是研究这些发现能否扩展到拉丁美洲、亚洲或者非洲。

他们还发现了国家之间的一个明显区别。在澳大利亚，大多数猫在夜间比白天走的范围更大，而在新西兰，一些猫在夜里游荡得更远，但也有同样数量的猫在白天游荡得更远（其余两个国家没有报告白天与夜间游荡的数据）。这种差异的原因也不清楚。

　　一则有趣的附带说明是，在这两个国家，很多主人说他们只允许猫在白天外出，但追踪器发现，这些猫中有不少（占新西兰样本的20%和澳大利亚样本的39%）的确会在晚上出门，大范围地旅行。表面上看，很难理解一只不被允许外出的猫如何走出家门，但其中一位澳大利亚的猫主人说："我知道我们的猫很狡猾，如果它想在晚上出去，它会想办法的！"这也并没有真正解释清楚问题。

　　低估猫科动物的狡猾没有好处。我父亲的猫阿顿学会了跳起来，拉下前门上的杠杆把手溜出去。"世界上最聪明的猫。"我父亲这样说。但阿顿还没有聪明到在回来的时候也把门关上，很快，半夜前门敞开的谜团就解开了。

　　最有可能的是，这些猫主人并不是真的想阻止猫在晚上出门，他们只是没有观察到猫出门了。正如尚利格林的一位居民对这个项目中一个类似的意外发现所解释的那样，"我们上床睡觉时，它在我们的床上睡着了，当我们早上6点起床时，它还在我们的床上睡觉，但一夜之间它跑了几英里远！我以为我已经很了解我的猫在干什么，但我现在才真正了解了我的猫"。不过，这也提出了一个问题：猫是有意要在主人不知不觉时溜出去吗？这显然是一个值得进一步研究的课题！

　　其他发现证实了研究人员的许多初步预测。公猫比母猫的活动覆盖范围更大，少数未被绝育的猫比绝育的猫游荡范围更大。而乡村的猫也比城里的猫游荡范围更大。另一方面，尽管许多品种的猫都很不爱动，但纯种猫和非纯种猫在漫游范围上并没有什么差异。

　　到目前为止，我重点讨论的都是猫的游荡面积的大小，当然，在这个卫星地图和地理信息系统的时代，位置数据提供的信息远不止位置坐标。例如，担心你家普里西拉会不会有被撞到的危险？

也许你应该担心，因为在被追踪的几天里，每只猫平均会穿过马路4次半。①

另一个重要的问题涉及猫使用的栖息地类型。在凯斯的奥尔巴尼研究中，猫的活动范围主要限制在后院和其他人类改造过的地方。其他地方也是这样吗？在大多数情况下是的。在这4个国家中，四分之三的猫几乎都是在这种"被干扰"的环境中度日。但少数猫和这一趋势相反。有十分之一的猫花了大部分时间待在自然栖息地，比如森林和湿地中。

猫追踪者项目，还有规模和时间框架各异的类似研究，在阐明我们的猫的户外活动方面取得了很大进展。这些发现对猫的安全和环境影响具有重要意义，我们很快就会说到。

然而，尽管这些追踪猫的研究相当精彩，但它们并没有直接揭示出也许是最引人入胜的问题的答案，那就是，当我们的猫在户外巡行时，它们在干什么？

---

① 网上都说，根据美国国家交通安全委员会的研究，美国每年有540万只猫被车撞到，其中97%的猫死亡。但我找了很久，都没有找到这样一项研究存在的证据。我问了一些发布这则信息的人，他们也无法提供文件证明。

更可靠的数据来自英国的一项研究，它对猫主人进行了定期调查，监测他们猫的生活情况。在1 200多只被允许外出的小猫中，4%的猫在12个月内被车撞了，其中大部分猫在事故中死亡。4%看起来并不多，但一只猫在其预期寿命中，被撞的概率相当高（尽管更年长的猫可能更聪明，也更不喜欢冒险，因此可能被撞得更少）。顺便说一句，美国被允许外出的宠物猫数量的4%远远少于540万只。美国的宠物猫数量大约在5 000万到1亿之间，其中只有30%的猫会外出。这个数字的4%大约是每年100万只在马路上被杀死的猫，不过还是太多了。

17

灯光，小猫相机，
开始无所事事！

在猫四处游荡时，观察它们相当困难。但还有一种方法可以弄清楚它们在干什么，这也是一种让我们从猫的角度看世界的方法。正如技术的进步让猫的定位信息变得更容易获得、更详细，远程摄像的进步也让我们能从猫自己的角度来了解它们外出时的情况。[①]

有一位雄心勃勃的研究生相当关心流浪猫的福祉，这一切都始于她与佐治亚大学（UGA）一位当过兽医的教授，以及美国国家地理学会的技术专家的合作。凯丽·安妮·劳埃德（Kerrie Anne Loyd）在坦桑尼亚领导了几个交换学期的项目后，想在博士期间研究大型非洲肉食动物。但她在走上这条道路之前，先对亚特兰大她所住的街区里游荡的猫着了迷。它们并不健康，并且正在杀害大量鸟类和其他野生动物。最后一根稻草是，有一天她坐在前廊上，一只邻居家的猫从劳埃德的房子里走出来，嘴里还叼着她的宠物玄凤鹦鹉！

———————————

① 记住，猫和人的视力不太一样。猫在黑暗中的视力比我们好得多，但这是以白天视力不佳为代价的。此外，它们眼睛的聚焦能力不如我们，但它们相当擅长追踪移动的物体。还有，猫是红绿色盲。

劳埃德放弃了她的非洲计划，联系了UGA野生动物流行病学教授索尼娅·埃尔南德斯（Sonia Hernandez）。埃尔南德斯在获得博士学位之前曾是一位执业兽医，她也很关心流浪猫，包括它们的福祉以及它们对野生动物的影响。劳埃德来得正巧，因为埃尔南德斯已经与国家地理学会取得了联系，讨论开发一种猫可以穿戴的小型相机，来记录它们的去处和所作所为。就这样，小猫相机的科学诞生了。

这个项目面临两项障碍，其一是寻找愿意让他们的猫成为项目"小白猫"的人，其二是弄清楚如何制造一个猫携带的相机。前者被证明很容易，主人们很乐意参与，因为他们也想知道贾斯珀在外面冒险时都干了什么。[①]

国家地理学会于1989年启动了动物相机（Crittercam™）项目，开发可以附着或者穿戴在动物身上的相机，从动物的角度揭示它们的日常活动。这种相机是为了研究那些生活在偏远地区，或者过于危险而无法近距离观察的隐秘物种的。

起初，这些相机又大又笨重，差不多有一台放在管状保护壳里的手持摄像机那么大，因此只有用在足够大的动物身上，动物才能承受住设备的重量（动物学研究的经验法则是，设备只在重量不超过动物总重量的3%~5%时才能放在动物身上，或者最好更少一点儿）。吸在鲸背上、夹在鲨鳍上，或者绑在帝企鹅的背上的动物相机，提供了动物生活的前所未有的视角，用动物相机创造者格雷格·马歇尔（Greg Marshall）的话说，它向我们展示了"你都不知道你不知道的事"。

---

① 不过，不是所有的人都对他们了解到的东西感到满意。一位女士在得知她的猫抓住并弄死了一只鸟时非常震惊，她几乎要退出项目。不过，劳埃德说服了她不退出，而是买了一个"猫围兜"，让猫更难抓到鸟。

凯勒·阿伯内西（Kyler Abernathy）是一位早期的动物相机爱好者。他是一位研究夏威夷僧海豹生物学的硕士生，国家地理团队在海豹身上部署相机时他就在现场。起初，他对动物相机的使用持怀疑态度，因为这似乎更像个噱头，而不是一种有用的科学工具，而且他担心海豹会被相机打扰，表现得不自然。

然后他看到了第一段录像，这改变了他的世界。"它颠覆了我脑海中关于它们如何在海洋中生活的一切。我脑海里所有的想象都是错的。我意识到，天哪，我提的问题都是错的。我想的事情也是错的。这让我对这个系统有了新的认识。"[1]1998年，当他获得硕士学位时，他找到了一份关于动物相机研发的工作，并且再也没有离开。

动物相机的潜力太大了，以至于阿伯内西现在领导的国家地理探索技术实验室总会被许多来自研究人员的求助淹没，数量远超过了他们可以接受的范围。因此，他们必须挑选要参与哪些项目。做出这个决定可能很难。团队要权衡不同物种在科学上和保护上的重要性，以及可行性和成本。有些项目需要的新工程太多了。偶尔，他们选择一个物种的理由是，其自然历史带来了一项令人兴奋的新挑战。

埃尔南德斯赶得最巧。在那之前，技术还不到位，无法为家猫制造足够小的相机，但到了2010年，情况变了。国家地理学会同意接受挑战，开发一种高科技的小猫相机，小到适合一只猫，并且带有红外灯用于夜间拍摄。

这项工作的成果是一个3英寸长、2英寸高、1英寸深的盒子，重约3盎司（相当于一只10磅重的猫体重的2%）。锂离子电池可以支持

---

[1]　具体来讲，他以为海豹是在附近的浅水珊瑚礁中游动、捕食鱼类，但相机显示，恰恰相反，海豹会游过珊瑚礁，潜入大海深处寻找猎物。

相机录制 10 到 12 个小时，视频都被存在一张微型储存卡上，就和傻瓜相机用的储存卡一样。

这种介绍并没有完全体现出设计过程中的意外发现。除了尺寸、电子、光学等技术要素外，实验室还必须设计出一个坚固耐用、不受环境影响的容器，但又要便于打开以更换电池和视频储存卡。坦白说，实验室的工程师被难住了，他们从来没有在这么小的尺寸上处理过这些问题。

阿伯内西的老板的妻子听说了这个问题，她在CVS（西维斯健康公司的连锁药店）购物时偶然发现了一个完美的容器，那是一个旅行用的卫生棉条盒。两块长方形的塑料，其中一块紧紧卡到另一块上，变成了一个可随身携带的盒子，大小正好合适，而且重量轻，易于开关。阿伯内西有点儿不自在地反复光临当地的药店，买下了它们全部的库存。柜台后面的工作人员都很专业，从来没说过一句话。

相机和电池被完美地装了进去，研究人员为镜头和光源开了孔后，小猫相机就可以用了。阿伯内西和团队知道，尽管他们尽了最大努力，但容器还没有被完全密封。这对大多数物种来说行不通，因为相机必须被设计成能够应对所有环境。

但猫可不属于大多数穿戴动物相机的小动物。大雨倾盆时，任何有意识的猫都会待在室内。对于没有躲雨意识的猫，阿伯内西的团队要求其主人在天气预报报告要下雨时，就不要给它们戴上相机。

当然，还是有一些问题存在。有几只猫喜欢在小溪里玩耍。还有一只猫在喝水时有一个习惯，它喜欢在离得远的边缘喝水盆里的水，把头和脖子伸长越过整个盘子，在这个过程中，小猫相机就被泡了水。

戴着国家地理小猫相机的猫

还有几台相机因为停止工作被重新送回了实验室，结果发现里面全是猫砂。但总的来说，相机很好地完成了工作。

猫平均每次要戴上相机 5 个小时。55 只猫参加了这项研究，每只都戴了 7~10 次。计算一下，研究人员会得到每只猫平均近 40 个小时的视频，总时长超过 2 000 小时。

这听起来好像有很多录像要看，但工作量其实没有那么大，因为相机被设计成了在不活动的时段就停止录制，而猫这种动物大约有三分之二的时间都在休息或者睡觉。刨去猫在室内戴着摄像机的时间，劳埃德可以快进跳过，也就只有约 500 小时的视频录像要看了。这已经好多了，但仍然相当于疯狂观看《权力的游戏》全部 8 季（73集）……看 7 遍。或者看 5 遍 201 集的《办公室》。你懂的。

UGA 小猫相机项目已经发布了一套精彩的视频，总共 17 段，可以让人亲身体验回看这些录像的感觉。你要做的第一件事是确定自己的方向。相机在猫的项圈上，挂在猫的脖子下面。相机随着猫走动会上下晃动，对容易晕车的人来说，这种视角有点儿让人想吐。一个圆形的物体不时地闯入画面顶部，让人搞不懂它究竟是什么，直到两侧的胡须出现，你才会明白那是猫的下巴。

　　UGA网站突出了小猫相机的魔力。3分52秒的迷你传奇故事《把花栗鼠带回家》开篇是一个混乱的拍摄草坪的镜头，随着猫的快速行走，草坪就像一片翻滚的海洋一样上下起伏。屏幕上方摇摇晃晃的是两条后腿，还有腿和尾巴，然后是一颗脑袋，确认了它是啮齿动物。画面在这只花栗鼠的下方，那里是腿、尾巴、肚子和头。你可以脑补出猫正叼着这只啮齿动物的颈部或者背。贝利①正穿过一片草坪，但走到一条停着几辆车的车道上时，它突然撒腿就跑，周围的风景和花栗鼠猛地来回摇摆，沉重的脚步声听起来就像一匹奔腾的骏马（至少我觉得是那种声音，但可能是相机摩擦项圈的声音？）。当贝利到达复式住宅时，它开始喵喵叫，它上到了主楼层，似乎正绕着房子寻找进屋的方法。最后，它来到一扇玻璃门前，叫得相当哀怨。有屋里的人走了过来，然后又转身离开了（勉强可以听到主人的声音，大概是"我可不会让你和那只花栗鼠一起进来！"）。突然，这只长着条纹的鼠的脑袋开始动了——它还活着！——环顾四周，然后直视着镜头。主人又来到了门前。刹那之间，那只花栗鼠就没了踪影。我无数次回放那一瞬间，想确认到底发生了什么。我很确定要么是猫把它扔了，要么是它挣脱了。无论如何，它不见了，但贝利似乎并不在意，它向前看向主人的小腿，期待门打开。画面渐渐变黑。

　　其他猫视角的视频还有观看一群散养在后院的走地鸡；跳到栅栏顶上，然后再跳到另一边的后院去查看一番；还有遇到另一只友好的猫；躲在汽车下面对一只狗大声低吼；以及在一栋大黄房子满地松果

---

① UGA网站其实没有提供这些猫的名字，所以我们就用宠物保险公司的调查中佐治亚最流行的猫名吧。

的前院中溜达了两分半钟。

　　我最喜欢的一个片段说明了想要弄清楚发生了什么事有多难。这段 55 秒的短片名叫《击退负鼠》，我觉得这并不准确。影片一开始，视角正抬头看着一只天井周围栏杆上的负鼠。黑漆漆的背景告诉我们这是晚上，负鼠亮晶晶的眼睛反射着小猫相机发出的红外光也表明了这一点。负鼠开始用它的左后腿抓它身体的侧面，然后在栏杆平整的顶上向前走了几步。它停下了脚步，用右后腿好好地挠了一下下巴。接着，它继续沿着栏杆顶部走。视角显示这只负鼠一定在猫的正上方，而猫正直视着它，当这只小家伙从猫的头顶经过时，猫的脑袋也跟着它从左到右转。在这里，在一扇明亮的窗户前，栏杆沿着房子一侧向下的楼梯向右转了个弯。当负鼠恰好走到这个转弯时，它因为窗户里的亮光而"隐身"了。猫顺着负鼠的轨迹继续向右扭头，但负鼠已经不在栏杆顶上，也不在视野里了。突然间，负鼠就直勾勾地出现在了猫的面前——并不清楚它怎么到那里的。猫动了起来，随之响起了窸窸窣窣的声音，但并没有明显的嘶嘶声或者低吼。屏幕变白了，这说明负鼠在猫的正前方，它靠得太近以至于相机无法对焦，画面中充斥着相机发出又被反射的光。接下来，我们又看到了负鼠，然后是更多过曝的白色，接着负鼠从栏杆的板条之间爬了回来，下楼梯钻进了黑暗之中。

　　这是场真正的战斗吗？我不觉得。如果是场战斗，绝对应该有一些嘶嘶声或者低吼从其中一位可能的战斗者那里传出来，但我们什么都没有听到。我认为猫只是跟丢了负鼠，而负鼠又突然出现在两英尺左右的地方，它可能之前也没看到猫。双方都吓了一跳，最后负鼠走开了。世界和平。①

UGA 的视频精彩绝伦，提供了他们研究的猫生活的精彩片段。但这些都是这个项目精选出来的亮点，它们加起来也只有半小时。我猜，这些视频中一定充满了许多沉闷无聊的东西，猫一会儿转头，然后又转头，或者它们走来走去，无所事事。劳埃德看了 500 个小时的大部分听起来很乏味的内容，但她却很乐观，她说没那么糟，这就是研究生为获得博士学位做的事情。

为了亲自弄清楚视频的内容，我自己也买了个小猫相机，尝试了一下偷窥猫猫。在看了温斯顿和简在我们家后院和附近街区的一些视频后，我对劳埃德产生了更多敬意。简单来说，看这些视频实在无聊，且令人沮丧。

首先就是无聊。令人惊讶的是，猫很多时候就是坐在那里，似乎什么都没做。就像国家地理小猫相机一样，商用相机应该在无事发生时关上。有时它们确实也会关上。但事实证明，一分钱一分货。当你只花了一百块时，你买到的东西就不会像国家地理的一万块的版本那般可靠。② 所以当相机没能终止录像的时候，有很多视频都是一成不变

---

① 我在这里得打开天窗说亮话，我是负鼠爱好者俱乐部的持证成员，我觉得这种北美唯一的有袋动物（有袋动物是指像澳大利亚的袋鼠和考拉那样用育儿袋养育幼崽的哺乳动物）相当迷人，但它们却被人说得一无是处。当然，对于不了解情况的人来说，这些小家伙可能看起来像长得太大的老鼠，它们 50 颗可怕的牙齿（是北美所有哺乳动物中最多的！）相当吓人，但实际上，它们只是无害的杂食动物，通过吃腐肉和吃害虫为我们提供服务。此外，在如今有关野生动物消失的坏消息中，负鼠是一个伟大的成功故事，它是少数在人类环境中蓬勃发展的物种之一。因此，下一次，当一只负鼠在你的后院蹒跚而过，或者在你面前过马路时，请给这个小家伙行个礼，然后让它自己待着就行。

② 只是估计，因为国家地理用的相机并不对外出售。

的相同场景。另外，猫会花大量时间四处张望，脑袋转来转去，也许是在对我们闻不到的气味、听不见的声音做出反应。即使在运动传感器正常工作时，这种活动也足以让视频一直录下去。

仅仅看几段这样的视频就已经让人脑子不转了。盯着灌木丛、树、车道和丛林健身房简直"催人老"，我只能想象那 500 小时的猫科动物狂欢节有多千篇一律。但劳埃德说得没错，这就是科学。有个常见的夸张漫画场景是，一位穿着白大褂的科学家在一块满是方程式的黑板前大喊："我发现了！我想通了！"但现实中，大多科学研究其实都是艰苦的工作，有大量重复性的单调工作要做：一次又一次地混合化学物质，观察会发生什么；测量成千上万株植物，看看化学物质如何影响它们的生长；看着小鼠在轮子上跑几个小时，检验有关不同饮食或者日光照射量的影响的猜想。被检验的想法很有意思，但实际的数据收集却没那么有趣。即使是长时间观察大象也会让人烦！

现在说说让我格外沮丧的事情。温斯顿或者简每走一步，相机就会上下晃动一次。这比国家地理的小猫相机要明显得多。也许是因为商用型号更轻（重 0.3 盎司，前者则是 3.0 盎司），或者是它们的制造工艺不尽如人意。[1]但无论出于什么原因，只要猫在移动，画面就会迅速晃动，让人很难分辨猫究竟在哪儿，更不用说它们在做什么了。而这还只是在猫走的时候。当它们跑起来时（比如温斯顿穿过我们房子后方的小路时——好孩子，温斯顿！），画面完全是一片模糊。有些时候，我可以通过前因后果弄清故事。简走到了栅栏前，出现了一段无法解释的光影蒙太奇，接着它从高处俯瞰邻居的院子。它显然已经跳

---

[1]　我非常失望，我买的第一台设备在适度使用几个月后就"罢工"了。我又买了一台，同样的事情再次发生。我在网上看了评论，这似乎是个常见的问题。

到了围栏的顶上。但在其他情况下，我完全不知道刚刚发生了什么。

当然，情况也不总是这样的。温斯顿吐出毛球时是我的小型研究中最令人激动的时刻，我可以通过向前的来回晃动、过于熟悉的反胃声，还有最后一次反胃后从相机视野中飞向地面的物体了解到发生了什么。可怜的宝贝（但至少这一次它没有吐在漂亮的地毯上！）。

相比于猫，我观察过的蜥蜴要多得多，无论是活的，还是录像中的（毕竟这是我的日常工作）。看蜥蜴反而更单调，因为蜥蜴一生中大部分时间的确都无所事事。不过，那些为数不多的蜥蜴兴奋时刻足以弥补这种枯燥无味，比如一只蜥蜴冲下树去抓一只路过的蟑螂，或是雄蜥蜴进行一场领地之争，又或者一些完全出乎意料的事情，例如一只蜥蜴正在吃一颗红莓。

而猫的自拍视频同样如此。除了毛球之外的亮点还有：

- 简走的距离比我以为的长得多，最后走到了一辆红色手推车旁，我尝试在几户邻居的院子里追寻它的脚步，花了很长时间才找到这辆车（因为我想在窥视别人家的侧院和后院时不引起别人注意，所以很困难）。
- 温斯顿进了我们家，在纳尔逊跑过来的时候对它发出了嘶嘶声。
- 温斯顿多次来到玻璃推门前面，我从我舒适的椅子上站起来放它进来（从温斯顿的视角看我自己有一种灵魂出窍的感觉），然后——逗你玩儿！——它又骗了我，转身回到了花园里，录像里几乎和现实生活中一样恼人。

　　没有简追兔子的动作镜头，也没有温斯顿和浣熊的对峙，但话说回来，我总共只看了大约 10 个小时。

　　但作为业余爱好者来说，这个时间已经够多了。让我们说回真正的猫研究者的身上。劳埃德发现了什么？就像温斯顿和简一样，佐治亚州阿森斯的家猫大部分时间都在外面无所事事。劳埃德说："它们很多都懒洋洋地坐在门廊上，等着主人回家。"总而言之，这些猫大约有四分之三的户外时间是坐着不动的，要么睡觉，要么在休息，要么就在梳毛。

　　尽管如此，这些当地的猫在外出时，还是在各种捣乱。比如，一只猫穿过一条宽阔的街道，来到一条路边的雨水沟，躲进了狭窄的缝里。然后，这只猫毫不犹豫地跳了几英尺，来到一片砖砌空间的底部，穿过瓦楞铁的涵洞，走了大约 50 英尺，直到下水道变窄并向右拐了个弯。这时，那只猫停了下来，回头看了看，又看了看洞口，也许在想，"嗯，也许这不是一个好主意"。接着，它调头原路返回，跳回入口那里，又回到了街上。

　　这似乎格外危险，比如，如果猫在下面时恰好暴风雨降临了呢？但这只是劳埃德观察到的诸多危险行径中的一段。总之，她记录下了 11 只猫进入雨水沟（共计 19 次事件）、11 只猫钻进房屋下的设备层（想象一下那里可能躲着什么？）、10 只猫上树或者爬上屋顶，还有 14 只猫吃了或者喝了天知道是什么（在一个案例中，我们确实知道是什么：有人在树桩上放了一堆"切克西"混合麦片，可能是给松鼠吃的，但被"跳跳虎"狼吞虎咽地吞下了肚）。14 只猫总共和不是自己家的猫有过 28 次接触，其中大多数很友好，但也有两次以嘶嘶声和低吼告终，虽然没有身体接触。猫爬进了汽车发动机和负鼠事件也榜上有名。

但和横穿马路相比，这些行为的危险性都相形见绌，众所周知，横穿马路是最有可能导致户外猫（尤其是年轻的猫）死亡的原因之一。研究中有一半的猫在研究期间横穿了 5 条以上马路，还有一只猫横穿马路 24 次（要知道，每只猫仅仅戴了大约一个星期的相机）。这一发现与猫追踪者的研究数据高度吻合。

总体来说，在一周的观察中，几乎所有猫都至少进行了一项危险行为，平均每只猫参与了 6 项。劳埃德在这项研究的论文中开诚布公地总结道："大多数发现自己的猫在车祸中受伤或者死亡的主人，之后都会把猫关在家里。但那些因为不明原因失踪的猫的主人，更有可能认为他们的猫'收养'了另一户人家，而想不到他们的猫受了伤，再也找不到了。"换句话说，猫会做蠢事，坏事也会发生。把你的猫关在屋里，这是为了它们好！

视频还逮住了其中 4 只猫对主人不忠，在另一户人家里消磨时间。"他们给它开了门，它就走了进去，在房子里闲逛。"这只条纹虎斑猫的主人震惊地说。劳埃德观察到，这些"脚踏两只船"的猫"得到了拥抱和食物"。更奇怪的是，在一个案例中，相机记录了屋主人给邻居的猫拿着电话，好像电话是打给猫的一样。

尚利格林和北卡罗来纳的跟踪研究同样发现了这种猫的"出轨"，我毫不惊讶，因为几年前，我发现了自家的温斯顿的闲逛方式。梅丽莎过去每周都会办一次聚会，邻居都来做瑜伽。有时候邻居还会带来我们不认识的朋友。有天早晨，大家做瑜伽时，温斯顿就在房间里蹚来蹚去，不时停下来被摸摸或者蹭蹭鼻子。

让梅丽莎吃惊的是，一个不相熟的新来的人喊道："温斯顿，你在这里做什么？"梅丽莎回答："温斯顿在这儿住。你怎么认识它？"我们的这位新相识原来就住附近，在我们后院旁的小溪的另一侧。而且，我们发现，温斯顿是常客，从他们家的猫洞钻进去，吃他们猫的东西，躺在那里享受孩子们的关注。当他们自家的一只猫去世时，温斯顿显然给了他们极大的安慰。为了确认温斯顿是不是流浪猫，他们还把它带去了兽医那里，兽医找到了它肩膀附近植入的身份芯片，告诉了他们温斯顿的名字，但显然没有说它的地址。我们现在和邻居很熟了，他们会定期报告温斯顿的来访情况。

劳埃德研究中最重要的发现和研究对象的捕食行为有关。所有人都知道户外猫会捕食鸟类、啮齿动物和其他小动物。但它们捕食的成功率如何，对猎物种群又有什么影响？驯化有没有影响它们的捕食能力？

你可能会认为，解决这些问题的方法是观察猫，直接观察它们出门捕猎的情况。但我们已经说过，这很难做到。事实上，在劳埃德的研究之前，只有一个更早的项目直接记录下了宠物猫捕获的东西，那就是凯斯的奥尔巴尼研究。除了追踪猫，凯斯和团队还在猫被定位后用望远镜定期观察它们，记录了近 200 个小时的观察结果。

科学家一般并不是直接观察，而是通过记录它们带回家的东西来估计家猫捕猎的成功程度，这通常要请求它们的主人来统计。这种方法存在一个明显的问题：如果猫杀死猎物以后当场就吃掉了呢？劳埃德的小猫相机有得天独厚的优势，可以获知这种情况发生的频率。

这些视频提供了关于大量捕猎能力的证据，比如有一只猫扑向一只豹纹蛙，另一只猫在玩弄一只奄奄一息的蜥蜴[1]，还有猫在猛击一只

---

① 告诉一下喜欢爬虫学的读者，是一只石龙子。

鸟[1]，或是牢牢盯住一个喂鸟器。总体来说，劳埃德的24只研究对象总共追踪了69次猎物，略多于一半的情况下捕猎成功了。[2]有时很难辨别猎物是什么，但在大多数情况下，被叼在猫嘴里的猎物恰好就在镜头前，认起来很容易。16只成功捕猎的猫平均每周捕杀2.5只猎物。[3]比恩是这一纪录的保持者，抓到了两只青蛙、两只啮齿动物和一条蜥蜴。

劳埃德的研究带来了两个巨大的惊喜。首先，大多数猎物都没被带回家。多达49%的猎物被杀死并留在了野外，还有28%被当场吃进腹中。不到四分之一的猎物被带回家吃掉，或者作为礼物送给主人。这一发现意义深远，因为之前的研究人员以计算猫带回来的尸体数量来估计猫杀死的猎物数量，大大低估了家猫的影响。10年前，凯斯在奥尔巴尼得出了非常相似的结论，他发现，被带回家的礼物占所有被杀死的猎物的三分之一。

第二个惊喜是猫抓的是什么类型的动物。大多数公众的注意力都集中在被家猫杀死的鸟类上。但是，最常见的猎物是爬行动物，我很遗憾地说尤其是我心爱的安乐蜥属蜥蜴，具体来说是美丽的卡罗来纳绿安乐蜥。啮齿动物（确切地说是花栗鼠和田鼠）排第二。然而，长

---

① 是一只东菲比霸鹟。

② 相比之下，在凯斯的研究中，每4次狩猎中只有一次成功，而且在其中一半的情况下，被捕获的啮齿动物后来都逃跑了！这种不同可能是猎物的可捕获性差异造成的，例如，在纽约北部很少有爬行动物可供捕猎。

③ 但这只是指16只成功的猫。如果计算研究中所有50只猫的平均值，这个数字将略低于每只猫每周杀死一只，这甚至都可能是对阿森斯猫的普遍高估，因为自愿让猫参与研究的主人，更有可能是让猫经常在户外活动的人，而那些养着"懒猫"的主人则可能认为他们的猫不适合被研究。

着羽毛的猎物并没有被忽略。相反，有 10 只猫在喂食器或者鸟的水盆那里观察鸟类，5 只鸟被抓住杀死。

小猫相机，加上猫的不良行径，成了媒体的焦点：劳埃德的研究在印刷品、广播和网上被广泛报道。

鉴于所有围绕这些"猫片"的宣传，我本以为会有大量研究人员追随劳埃德的脚步。出乎意料的是，事实并非如此。据我所知，只有另外三组研究团队让宠物猫成了自传体视频的摄影师。

我不知道为什么没有更多的科学家启动让宠物猫戴上相机的项目，但一位研究人员说，她没有这么做是因为隐私问题。换句话说，研究者担心猫会无意中拍下人们在做什么，或者有人会担心这种可能性，并威胁采取法律行动。

事实上，正是出于这个原因，劳埃德和国家地理学会的团队要求猫主人签署一份声明，证明他们知道他们的猫会在家里四处游荡拍摄视频（所以洗完澡后得小心）。阿伯内西说，他们观看视频时，如果发现任何会令人不快的地方，就会立即删除，但这个终极选项从来没有必要，因为猫的视频都是PG（需在家长指导下观看）级的。

尽管范围有限，最近的三项研究（两项在新西兰，一项在南非）都表明，世界各地宠物猫的行为基本差不多。猫大多时候不怎么活动，大约 10% 的时间四处走动，差不多同样多的时间在梳毛。在这三项研究中，几乎所有猫都会捕猎，成功率不到一半。猎物主要是蜥蜴、昆虫和其他令人毛骨悚然的爬行动物，但大多猎物都没有被带回家。猫似乎很喜欢冒险的行为，比如横穿马路、钻到车下、爬上屋顶，进入雨水沟和房子的设备层，遇到什么就大吃大喝一顿。和其他猫相遇的事情时有发生，有时会打架。猫偶尔也会进入别人家。

一段来自开普敦的研究在网上最受欢迎的亮点蒙太奇证明了这些观点，它展示了猫跳到屋顶上追松鼠、冲着其他猫低吼、旁观闹腾的狗、观察站在它们面前还有躲在角落里的小男孩、死死盯着鸟、用爪按住蜥蜴、嘴里叼着活的壁虎和啮齿动物。不过，最精彩的一幕是看到一只非洲冕豪猪①从容地穿过画面，消失在人们的视线之外，而这只猫明智地选择了没有去追赶这只满身是刺的啮齿动物。

通过追踪和小猫相机的研究，家猫外出时的行为已经不再是一个谜。不过，我们还有很多不知道的地方，需要进行更多研究。例如，几乎所有追踪研究都在经济富裕的西方国家进行。在热带地区，或者在中国和泰国，猫的行为会不一样吗？它们所在的家庭环境，比如是贫是富，是城市还是乡村，或者养不养狗，对它们去哪里、干什么又有什么影响？

一个特定的问题涉及猫之间的差异。我总结了一般猫会干什么，但并不是所有猫都是一般猫。有些猫的活动范围比大多数猫要广得多；有些是超级捕食者；有些猫主要捕食鸟类，有些则偏爱花栗鼠；有些是好斗的战士，有些则充满爱。要如何解释这种差异呢？我们现在还不知道。不过，好消息是已经有了技术，只等下一代有抱负的年轻科学家走出去收集数据了。

说到行为的变异，存在一种明显的原因让有些猫的行为不同于其他猫。有些猫并没有生活在关心它们每一个奇思妙想的人家里。

---

① 体形是美洲豪猪的好几倍，刺长达一英尺半。

18

无主猫的秘密生活

全世界有数千万甚至上亿只猫完全生活在户外。①虽然有些猫靠人类喂养，甚至得到了一些猫专科医生的照顾，但其他一些猫完全自食其力，回到了驯化前的生活方式。

　　这种原始的生活方式可能和家中宠物截然不同。我们已经看到，野生猫的家域更大，有时甚至大得惊人。可能正因如此，野生猫也更活跃。根据它们项圈上的运动传感器，它们比那些在家生活的亲戚跑动、捕猎和玩耍的时间更多，睡眠则更少。

　　野生猫高水平的活动和运动不足为奇，毕竟它们没有一碗食物摆在舒适的厨房里等着它们去吃。但位置追踪和运动传感器数据描绘的画面相当不完整，与这些猫一生中所做的事情相比只是九牛一毛。不幸的是，观察野生猫的行为甚至比观察宠物猫还要难。想象一下，跟着一只害羞又神秘的彻头彻尾的野生猫是什么感觉。这正是国家地理

---

① 对全球猫的数量并没有很准确的估计，但最准的猜测是约 6 亿只。其中有多少是无主的户外猫，我们不得而知。在美国，可能有 6 000 万~9 000 万只宠物猫和 3 000 万只无主猫。

学会发明生物相机的原因，为了窥探这些难以观察的物种的生活。

在这些动物身上使用生物相机有个大问题，想想我和温斯顿的项目就知道了。每天当我想拍些镜头的时候，我都会哄温斯顿过来，给它点儿好吃的，或者摸摸它的下巴，然后以迅雷不及掩耳之势把挂着相机的项圈戴在它脖子上，再行云流水般地把卡扣扣上。（好吧，这是我构想的最理想的情况。更常见的情况是，我用胳膊肘把它按在地上，笨手笨脚地搞定卡扣。）然后，当温斯顿几个小时后回家了，我就把项圈取下来，通常是在它大口"干饭"的时候，接着取下相机，连到电脑上，看看当天的视频。

对付野生猫可不容易。首先，你得把相机给猫戴上。光靠喜跃牌松脆猫零食可不够，你还得用两条胳膊肘压住它们。但这只是战斗的一半，想得到录像，你还得找回相机。[1]

国家地理为第二部分设计了变通方案。一些项圈配备了自动释放机制，它们会在预先安排的时间脱离。最近，他们开发了一种相机，可以将直播视频发回给研究人员。但这两种选项都增加了项圈的重量和成本，只能在更大的动物身上以及研究预算更高的情况下使用。

没了这些选择，只有一个办法了，那就是重新抓住猫，亲手取下项圈和相机。如果你觉得抓住一只野生猫很难，那想象一下，你还得第二次找到再抓住它！

休·麦格雷戈（Hugh McGregor）是个解决问题的高手，他是那种总能找到方法来达到想要的结果的人。这位土生土长的塔斯马尼亚人

---

[1]　相比之下，有了追踪发射器，你即使再也找不到设备了，也不会丢失数据，因为它已经被广播并接收了。发射器也比小猫相机便宜，因此，如果设备从未被找回，对你的研究基金的财务打击也更小。

不想让警惕的猫科动物妨碍他解决澳大利亚紧迫的动物保护问题。

他的研究的背景情况是，澳大利亚北部的小型哺乳动物越来越少了。猫是主要的嫌疑对象，但这还不是板上钉钉的事儿，因为猫在澳大利亚已经存在了两个世纪，而小型哺乳动物数量下降只是最近几十年才发生的。[①]一种假设认为，猫科动物泛滥的问题最近越发严重，因为火灾频发，更密集的放牧也正清除着开放地区的植被，减少了猎物物种躲避捕食者的藏身之地。麦格雷戈的目标是找出野生猫科动物是不是比其他猫科动物更多使用某些栖息地，还有它们的捕猎能力会不会受到植被覆盖的影响。

第一个问题是怎么抓猫。麦格雷戈需要一种能屡次奏效的方法。利用陷阱也许能把相机挂到猫身上，但正如人们所说，"一朝被蛇咬，十年怕井绳"。还得用其他方法才能重新抓住这只猫并取回相机。

除了陷阱，麦格雷戈确实想到了一个不同的方法，就是使用嗅探犬。萨利是一只漂亮的棕白相间的史宾格犬，长着毛茸茸的赤褐色耳朵，还有布兰格，一只胸肌厚实的黑褐色卡他豪拉豹犬，据说这个犬种是在路易斯安那培育来追踪野猪的。[②]

这两只小狗在 8 周龄时被收养，慢慢地被训练来追踪野生猫的气

---

① 猫最早在 18 世纪末被引入了澳大利亚。在一个世纪里，它们就遍布了整个大陆，现在生活在所有类型的栖息地中，从沙漠到雨林到温带山顶无一不包。澳大利亚 200 万只野生猫已经成了动物保护领域主要的问题之一，因为它们捕食当地的鸟类、哺乳动物和爬行动物，而这些猎物在进化过程中并没有遇到过如此惊人的捕食者。

② 用狗来帮助捕捉猫科动物并不是什么新鲜事，比如，科学家几十年来一直用狗追踪树上的美洲狮。但我不知道它们之前被用来研究野生家猫过。麦格雷戈表示这是一家优秀的保护组织——澳大利亚野生动物保护协会提出的想法。

味。训练人员本着正向激励的原则，首先用猫皮和猫粪[1]教它们识别野生猫的气味。然后，训练人员在田野里拖拽猫皮，并用奖励来鼓励狗追踪这些痕迹，随着时间的推移，这些痕迹会越来越长、越来越复杂。最后，训练人员在小道的尽头放一只关在笼子里的猫，教会狗将气味与活的动物联系起来。到此时，这些狗9个月大，它们已经为工作做好了准备。

麦格雷戈找猫的办法是晚上开着一辆皮卡车四处巡视，几个人站在车后面打着高功率的手电筒扫视周围。猫和许多夜行动物一样，眼睛能反射光线，产生一种黄绿色的发光效果。[2]因此，找到夜行动物的一种有效方法就是在自己的头附近戴一个强光手电筒，这样反射的光线就会反弹到你的眼睛里。

我自己这么做过很多次，比如在湖边或者河边搜寻鳄鱼，在非洲游猎时找狮子和豹，还有在中美洲的雨林中寻找树上的绵毛负鼠和蜜熊。突然之间，你会看到两个发光的圆圈，有时是红的，有时是绿的，也有时是银色的。通常情况下，你看不清其他东西，因为距离太远，又太黑了，只能看到两个光点。它是什么？

一段时间后，你就会了解到物种之间的差异。颜色和大小对区分物种往往很有帮助。举个例子，森林里常常有一些银色的反光，单单

---

[1]　对于不熟悉"粪"这个词的人来说，这里可以换成"大便"、"屎"或者更文雅的"排泄物"。

[2]　许多动物（虽然不包括人）在眼睛后面的视网膜后方都有一个反射层，叫作反光膜（tapetum lucidum，拉丁语"发光层"的意思）。光从这层膜反射回来，向前穿过视网膜细胞，让它们再次被照亮。这种双重发光是猫拥有如此出色的夜视能力的原因之一，据说猫的夜视能力是人的3到8倍。（另一个原因是猫的眼睛拥有比人类更多的视杆细胞，也就是能在弱光环境下工作的感光细胞。）

是尺寸就能告诉你，它们是蜘蛛。水滴可能极具欺骗性，但你很快就会知道，如果你只看到了一个反射的圆，那它可能只是水而已。至少在非洲，块状的而非圆的水平反射，通常来自羚羊这样的植食动物。

不过，许多生物的眼耀都很类似，绿色圆形的格外常见，所以有时你不得不靠近，以看清动物本身。我常常带着双筒望远镜，那种大望远镜在弱光环境中效果非常好。把望远镜举到眼前的同时，用大手电筒瞄准发光的球体难上加难，这就是为什么我经常在前额上戴上一盏大功率的灯。由于夜间骑山地车的狂潮①，现在有了许多不同型号的头灯。但这种方法也有其缺点，特别是飞蛾会不断在你眼睛周围飞来飞去，飞进你的鼻子和嘴里。

但飞蛾可能不是个问题，因为戴头灯的研究人员是在以每小时15英里的速度在一辆皮卡上飞驰，扫视四周寻找两个又大又亮的黄绿色的灯。误报时有发生。澳洲野犬（澳大利亚的野狗）的眼睛和猫的非常像，但澳洲野犬更高大，会从灯光下走开，但猫通常只是坐着，盯着你看。

另一个导致误认的原因更出乎意料。几乎所有的鸟类都是昼行的，但欧夜鹰是个特立独行的家伙。夜间飞行需要一双大眼睛，对于这样一种小动物而言，这双大眼睛产生的反射光大得不成比例，而且这种鸡那么大的棕色飞禽很喜欢待在路中间，它的眼耀在很远的地方就能被迎面而来的汽车看到。不过，它的光芒并不像猫那么明亮，只有在漫长的夜晚行将结束时，精疲力竭的探路者才会被骗。

一旦一组眼睛被确定是猫科动物，研究人员就会向司机喊话，皮卡就会刺耳地刹车停下，狗就出来了。萨利和布兰格会被戴上口套避

---

① 我用这个词是经过深思熟虑的，因为很少有爱好比在黑暗中沿着崎岖的小路飞驰更为疯狂了。

免伤害猫，它们开始四处嗅探，直到嗅到气味。接着，好戏开始了！狗会突然跑出去，有时速度相当快，驯犬师则拼命地跟上它们。

萨利是两只里面更热心的那只，有时有点儿过于热心了。"萨利充满了干劲和热情，但它在抓猫方面并不是最聪明的，有很多情况下，猫都能骗过它。"麦格雷戈说，"就是那种经典的卡通形象，狗追着猫，猫原地停住，狗就直接跳过了猫继续跑。"

相比之下，布兰格就没那么热情高涨，但也更精明一些。它们两只组成了一个优秀的团队，直到研究结束时，它们在开放的栖息地从来没有错过一只猫。即使在更困难、更崎岖的地形中，成功率也超过了50%。一次追踪的时间从30秒到60分钟不等，具体取决于猫有多大的领先优势，以及它在躲进洞里、爬上树或者被狗逼到角落之前要跑多远。此时，萨利和布兰格的工作已经完成了，剩下的就是由麦格雷戈来逮住这只猫。

说起来容易，做起来难。很多时候，当猫在地上或者爬上一棵小树时，可以用网把它罩住，然后放进一个帆布袋里。有时甚至可以拉着猫的后腿把它从洞里拽出来。令人惊讶的是，尽管麦格雷戈在职业生涯中对付过300多只猫，但他只被严重咬伤过一次。"我认识的研究鹦鹉的朋友要惨得多。相比之下，猫简直是手到擒来。"他谦虚地说，但那些给猫洗过澡的人一定明白麦格雷戈得多娴熟。

但还有一些时候，猫上树爬得太高，研究人员就没法跟在它屁股后面了。在这种情况下，麦格雷戈会用镇静剂飞镖射中猫的大腿上部，然后他和其他研究人员就在树下等着，几个人共同抻着一条床单，就像消防员一样。最终，昏昏沉沉的猫会从树上掉下来，在床单上"软着陆"。他们没漏掉任何一只猫。

这是个讨论科学研究中关于动物福祉的考量的好机会。这些步骤听上去都挺受罪的。被吱哇乱叫的猎狗追赶肯定很痛苦，更别说被镇静剂飞镖射中了。

事实上，几乎所有那些不仅限于从很远的地方观察动物的行为研究，都有可能以某种方式打扰到研究对象。即使是戴上小猫相机，一开始也会让猫不舒服。[①]麦格雷戈的相机重达猫体重的 3%。这就好比在你脖子上挂上一副很大的望远镜走一整天。[②]猫可不愿意这么做！

半个多世纪以来，关于动物权利与科学研究的话题一直争论不休。两个极端是，一方认为任何对动物造成最轻微困扰的研究都不应该被允许，而另一方则认为为了追求知识，进行任何研究都是正当的。持前一种观点的人相对比较少，希望持后一种观点的人更少，但折中观点是什么？知识和动物福祉是两种没有可比性的东西，我们怎样才能想出一道公式，把获得的知识和造成的不适联系在一起？

有关这个问题，人们已经写了好几本书了。其中涉及许多议题，我在这里不再赘述。例如，动物与人类的关系密切程度重要吗？它们

---

① 出乎意料的是，几乎没有研究调查猫对戴上发射器和相机的反应。一项研究发现，无线电发射器项圈的重量会影响宠物猫闲逛的距离，项圈越轻，猫离家越远。但这种影响比较轻微，当猫戴着重量为其体重 1% 的电子设备时，它们平均离家 137 英尺，而同一只猫戴着重量是前者 3 倍的电子设备时，仅仅走了 119 英尺。另一项研究发现，一些戴着商用追踪器（与我戴在温斯顿身上的是不同型号）的猫，比不戴追踪器的对照组猫更容易用腿挠自己，或者摇晃脑袋和身体（这项研究得出的结论是，开发这些追踪器的公司应该更多关注设备的"可穿戴性"，考虑猫的舒适度，而不是付费客户的审美）。结合这些发现，以及对猫的正常行为（捕猎、打斗和四处游荡）的观察，我得出结论，戴上追踪器或者相机确实会影响猫，只不过影响没那么大。

② 当然，人和猫的脖子构造不同，所以感觉可能也不一样。

能感觉到多少疼痛（就我们所知的程度而言）？体格大小、可爱程度和魅力又会产生何种影响？很多人关心对猫和马的研究，但并不关心对小鼠和蛇的研究，更不在意对蟑螂的研究。这在伦理上合理吗？

我的观点是，人类历史一直是一场有关我们自身和周遭世界的发现之旅。知识本身就是有价值的，它对建设一个更好的世界也很有用。

但我们决不能忘记，动物是活生生的、会呼吸的生命。它们有一定程度的自我意识，而且大多数都能感觉到疼痛。我认为，在追求知识的过程中，强加一些微小程度的不适是可以接受的。给一只猫戴上项圈，让它暂时有点儿痒，这似乎并没有那么苛刻。

但造成更大程度的不适，甚至包括疼痛和死亡的可能性，就需要在获取知识这方面找到更多正当理由了。此外，如果研究是合理的，也必须采取一切合理的步骤来寻找替代方案，或者把不适和痛苦的程度降到最低。所有这些问题都必须由审查委员会审核，才能批准大学、政府机构、动物园和类似机构的所有动物研究。当然，这些问题仁者见仁，不同人对平衡点在哪里会有不一样的看法。有些人觉得让一只猫戴上烦人的项圈，只是为了了解它的去向，这无法接受。最好的方法是在每项工作的背景下进行权衡——研究能获得什么，而研究对象又要付出什么代价？

说到麦格雷戈的研究，我们不仅对猫的私生活感到好奇，还需要这些信息来帮助了解猫对环境的影响，如果是有害的，就得想出解决方案。因为用陷阱抓猫很困难，尤其是在它们被诱捕过一次之后，没有可行的替代方法能抓住这些警惕的野生猫科动物。此外，麦格雷戈的团队非常努力地确保猫的安全，并尽量降低它们的不适。没有一只猫受到比飞镖射中的瘀伤更严重的伤害了。对我来说，获得的知识值得在一些猫身上留下一点儿疤痕和轻微的伤害。但也不是所有人都同意这一点。

现在让我们说回布兰格和萨利吧。

猫一旦被抓住，很快就会被戴上小猫相机的项圈。这些并不是国家地理的动物相机，因为这个项目在劳埃德发表她的研究之前就开始了。多年来，麦格雷戈一直在和工程师还有其他人沟通，想找人为他制作一种可以为他工作的小猫相机，但都没有如愿以偿。因此，他决定自己动手。

他的初次尝试很简单，就是一台挂在猫项圈上的 GoPro 运动相机，只能录两个小时的视频[1]，而且只能在白天拍摄。结果呢？"我得到的录像令人难以置信！猫在捕猎蜥蜴和鹌，在岩石上跳来跳去。我甚至能在视频里看到它在哪里拉屎了，然后去那里收集样本。"

麦格雷戈被迷住了。随后的 6 次尝试都完全失败了，其中包括在两只猫睡觉时拍下了两个小时的录像；还有一次相机出了故障；有一只猫在太暗的环境中活动，什么都看不出来；还有一次也是相机故障；以及还有一次又是猫在打瞌睡。

麦格雷戈没有放弃。他学会了改装相机，让它们更坚固，还增加了夜间拍摄的功能，并添加了一个运动传感器，这样它们就不会在猫不活动的时候拍下视频。尽管如此，每三次安装中也只有一次能得到可用的视频。

但这是多好的视频啊！一只猫妈妈在和它的小猫摔跤！还有一只猫爬上了山看日出！

---

[1] GoPro 相机的高分辨率很适合录制精彩的视频（比国家地理的小猫相机的质量高得多），但代价是电池消耗得也更快。

　　麦格雷戈已经在 32 只猫身上安装了GPS装置来追踪它们的活动。GPS装置传回的数据让麦格雷戈得以调查猫有没有优先使用开阔区域。它们的确是这么做的，它们明显很喜欢栖息在草更矮或者最近发生过大火的地方，大概是因为猎物在这些地方几乎毫无藏身之处。

　　收集科学数据，并发现结果正如你预测的那样，这一定令人相当满意。但真正令人兴奋的是你了解到了一些不知道的东西，如果你之前从来没有考虑过这种可能性，那就更好了。这就是麦格雷戈开始检查GPS定位数据时发生的事情。

　　根据定义，家域是动物在其正常活动过程中使用的区域。麦格雷戈研究的猫一般都是典型的四处游荡的猫，它们像其他野生猫一样占据了大片区域，公猫平均可达 2 000 英亩，母猫是其一半。但有 7 只猫做了一件在家猫中前所未见的事。突然有一天，它们离开了，飞速地直线移动，离开了它们的家域，向另一片地区移动了远至 19 英里（每只猫在不同时间、不同区域做出了这样的事）。而到了那里之后，它们中的大多数就在一片有限的区域里徘徊，就像一个家之外的家域，平均 15 天后才回到它们真正的家。

　　为什么一只猫会离开它熟悉的地方径直跑去一片或许从未去过的遥远之地（其中一个案例的路线太直了，以至于麦格雷戈起初以为GPS装置发生了故障）？答案很简单：这些猫去的是近期发生过严重火灾的地区。大多数火灾发生在猫去之前的两个月内，最迅速的反应是在火灾发生后的 5 天，而且大火发生的时间越近，猫在回家前停留的时间就越长。

　　详细的检验表明，这种行为是猛烈火灾（定义为所有树木都被烧焦，地表覆盖物无一完好的火灾）所特有的。麦格雷戈仔细研究数据后发现，在距离家域 8 英里的范围内发生猛烈火灾之后，几乎所有的猫都去了现场。相比之下，家域位于轻度火灾8英里范围之内的22只猫，没有一只前去调查。

这些惊人的旅程引发了两个问题。首先，为什么这些猫会奔赴那些远离它们平常栖息地的地方？答案是那里捕食机会多。在发生过大火的地区，大部分植被都化为灰烬，想象一下那平坦、发黑的地貌，到处是一堆堆灰烬，还有烧焦的树枝。对于当地的小鼠和其他在大火中幸存下来的小动物而言（许多动物都相当善于寻找避难所，甚至能在大火中幸存下来），没剩多少地方可以藏身了。对猫来说，这就是一家零食店，糖果就散落在空旷的外面，唾手可得。

当然，检验这种假说很难。麦格雷戈甚至是在这些旅行发生后才知道的，所以不可能直接观察猫在这里捕猎的情况。但麦格雷戈和他同事的另一项研究提供了支持证据。研究人员在一片区域点了火，并让第二片区域保持完整作为对照，监测啮齿动物的生存状况。焚烧本身没有影响死亡率，但随后，由于捕食，焚烧区啮齿动物的死亡率要高得多。

第二个问题更难回答。猫径直冲向被烧毁的地区，有时是在火灾发生的几个月后。它们是如何得知在这么远的地方发生了猛烈的火灾，又是如何在火灾发生后这么久找到去那里的方法的？麦格雷戈列出了各种可能性，比如猫看到了火焰的红光或者地平线上冒起的烟，或者它们闻到了烟或灰的味道，又或者它们观察到了其他动物向火灾区域移动（猛禽的这种行为是出了名的，它们会去那里捕捉逃难的猎物）。

所有这些假设都有可能，但也都有问题。如果猫看到了火灾或者观察到了其他物种的去向，那它们就必须在几天或者几个月里记住这个位置。或者，如果不靠记忆，这些猫得在火焰熄灭后很久还能闻到火的味道。但是，几个月之后的气味还强到足以让猫追踪到火源吗？它们真的能分辨出猛烈火灾残留的气味和更温和的火灾的气味之间的区别吗？

我们不知道，但麦格雷戈追踪到了一只猫走到山顶，在那里待了几个小时，然后径直走到了约 5 英里开外的火灾现场。它能看到火灾在树木上留下的痕迹吗？还是在根据气味定向？谁知道呢？麦格雷戈认为，这种调查行为可能是关键，他指出，视频显示猫花了"大量时间来寻找并观察地平线，这有点儿像《狮子王》中的某些场景"。

麦格雷戈的小猫相机研究补充了他从 GPS 装置中了解到的情况。在 3 年时间里，13 只戴着相机的猫（有时不止戴了一次）总共进行了23 次拍摄，带来了 89 个小时的可用视频。这些猫有 47% 的时间在活动，与伊利诺伊州农田里的野生猫非常像，而这比伊利诺伊州或者佐治亚州的宠物猫要多得多。

考虑到相对有限的拍摄时间，也就是每次拍摄平均不到 4 个小时，你可能会怀疑没有任何捕食行为被记录下来，特别是因为这些视频都是在猫经历了被猎犬追赶、抓住和被研究人员"摆弄"一番的创伤之后不久录下的。

你们这些没信心的人啊！在 23 次拍摄中，有 21 次里包含捕猎活动，总共 101 段，其中 32 段成功了。最受欢迎的目标是蛙，占到了所有猎物的近一半，其次是 6 只啮齿动物、3 只蜥蜴、两条蛇、两只鹌、一窝鸟蛋和一只蝗虫。

实际上，"受欢迎"可能不是描述蛙的最最准确的词，因为其中一半并没有被吃掉。许多澳大利亚的蛙类会产生有毒的皮肤分泌物，作为一种防御机制，所以猫可能后悔选择了这个猎物。事实上，在其中一段视频中，我们能看到一只猫抓住了一只蛙，然后把它丢掉了，还做出了猫和孩子们在尝到不好吃的东西并想要让舌头不再有这种感觉时做出的那种夸张的嘴部动作。

这项研究的主要关注点是猫的捕猎成功率。GPS追踪数据已经表明，这些猫更喜欢开阔区域。是因为那里的捕猎成果更好吗？答案明确无误：没错！猫在开阔栖息地攻击猎物的成功率（70%），比在茂密的草丛或者复杂的岩石堆中的成功率（17%）高了3倍。

一些视频展现了其中的差别。在一段视频中，一只猫在一片开阔区域走着。一只粗尾鼠突然从左边一闪而过。一通模糊的动作，我看不清发生了什么，也许是猫用爪子按住了这只鼠（就像劳埃德的视频一样，我发现很多动作都让人晕头转向，很难解读，因为视角会混乱地倾斜和晃动）。不管怎么说，这只鼠立刻就进了猫的嘴里。

与这次成功形成对比的是另一次，一只猫在茂密的草丛中移动的情景。突然，一个黑影——回放了4次之后，我认为它一定是一只鸟——从草丛中窜了出来。猫的脑袋转动，眼睁睁看着它飞走了。在其他几段视频中，猫显然正窥视着茂密的植被。那里一定有什么东西，猫将脑袋挤进这边的草丛，然后又挤进那边的草丛，但我们从来没看到猎物，而猫也饿着肚子悻悻走了。

但也不是所有的潜在猎物都能藏身于茂密的植被中，有些动物实在是太大了。一段视频显示，一只猫抓住了一条大蛇——这条蛇太大了，无法藏身于杂乱的草叶中——并把它从草丛中拉了出来。接下来是个巨大的惊喜：这可不是普通的蛇，这是一条西部拟眼镜蛇，是澳大利亚众多剧毒蛇中的一种，对人和猫都是致命的威胁！没关系。这只猫很快就杀死了它，然后花了10分钟把它的头咬下来，再把剩余的部分吃掉了。

但事实证明，这并不是标准的处理蛇的程序。另一段视频显示，一只猫抓到了一条毒性小得多的珊瑚蛇后，没有进行特殊处理，也没有斩首。相反，这条蛇被猫直接扔进了嘴里，尾巴在消失在猫的嗓子眼时还在晃动着。从两个数据点得出重要结论终归很危险，但看上去，无论是通过进化还是学习，家猫已经通过某种方式获得了区分危险和非危险猎物，并做出相应反应的能力。这对于一个在澳大利亚只存在了几个世纪的物种来说已经很不错了！

总体来说，澳大利亚内陆的猫在 89 个小时里捕获了 32 只猎物，平均每小时 0.36 只，或者每天 8.6 只。不得不承认，它们的猎物很小，但这仍然很多了！别忘了，相比之下，捕食类似体形的动物的阿森斯猫，每周仅仅捕获 2.5 只猎物。这可是 25 倍的差距！ [1]

当然，解释显而易见，和宠物猫的家域更小、更不活跃的原因是一样的，都是因为宠物猫在猫窝旁有一盘猫粮等着它们去吃。除了偶尔尝尝开胃菜，它们实在没有必要费心劳神。

但也许是猫洞的问题，而不是充足的猫粮的问题。也许野生猫捕猎更多，不是因为它们饿了，而是因为这是户外猫的生活方式，只要把猫放出去，也许它的本能就会发挥作用，无论肚子有多饱，它都会开始捕猎。

理论上区分这些可能性应该不难，只要让猫一直待在户外，但把它们喂饱。事实上，这个实验正在世界各地进行着，就在有人照料无主的户外猫的地方。

如果这些户外群居猫是因为天性而捕猎，那么群居猫的行为应该像澳大利亚内陆的猫一样。但如果捕食行为是饥饿驱动的，它们的捕

---

[1]　这还没有算上大多数根本不会捕猎的佐治亚的猫。如果我们把罗伊德研究中那 55 只猫都囊括进来，每只猫每周捕获的猎物还不到一只，不到澳大利亚内陆的猫总数的 2%。

食行为就应该更像那些吃得饱的宠物猫。

没有什么地方比佐治亚的杰基尔岛更适合深入研究群居猫了。杰基尔岛曾经是一些世界上最富有的人的天下，如今是个州立公园，也是大量夏季游客的家园，这里有丰富的野生动物……还有9个猫群。还有谁比索尼娅·埃尔南德斯和她的小猫相机团队更适合研究这些猫的行为呢？

当地一位房东组织了一个诱捕—绝育—放归（TNR）项目，他对大量的流浪猫深感不安，用他的话说，其中包括一些"我们遇到过的最凶狠、最不健康的猫"。经过对病猫的消除或治疗，以及把一些猫送去领养，对另外一些猫进行绝育并把它们送回捕捉点，野猫的数量大幅减少了。设立喂养站是为了保持猫的健康，我猜也是为了尽量减少它们对本地野生动物的影响（但猫群管理者把猫在"控制……蛇的过度繁殖"中的作用作为把它们留在这里的理由）。

埃尔南德斯知道生活在喂养站附近的杰基尔岛猫群，认为它们将是下一轮猫类视频研究的合适对象。她向杰基尔岛管理局提出的研究请求很快得到了批准。曾在埃尔南德斯所在的系完成毕业研究的动物保护主任，也想更进一步了解这些猫。

埃尔南德斯称，小猫相机2.0的目标是要比较TNR群体和宠物猫在行为和环境影响方面有什么差异。第二个新的目标是看看这些猫在一个以丰富的野生动物而闻名的小岛上完全户外生活时，如何与当地动物群在行为上进行互动。

在后勤方面，和群居猫打交道比和野生猫打交道更容易。不需要用嗅探犬来追踪这些猫，因为它们每天早上投放食物的时候都会准时出现在喂养站。但这些猫大多是在野外长大的，你不可能直接走上去给它们戴上项圈。它们已经习惯了两位猫群管理者，但其他人的出现还是会让它们匆忙跑掉。出于这个原因，最初的计划是由猫群管理者给猫戴上相机项圈。但出于各种原因，这个方案不可行。于是，埃尔南德斯聘请了亚历山德拉·牛顿·麦克尼尔（Alexandra Newton McNeal）来管理这个项目，她刚刚从佐治亚大学毕业，拥有野生动物生物学和渔业科学的双学士学位。

可想而知，猫并不想和麦克尼尔有任何瓜葛。6个月来，她每天陪着管理员巡视，让猫习惯她的存在。最后，她终于能直接走上前去，把猫粮洒在地上的时候给它们友好地挠挠背。

部署相机的时机到了。她以迅雷不及掩耳之势，一只手抓住猫的后颈，另一只手迅速将一个可伸缩的项圈套在猫头上，在猫意识到发生了什么之前，小猫相机已经就位了，而麦克尼尔也从来没有被咬过。[①]有的猫会跑开几十分钟，然后再回来吃东西。有的则毫不畏惧，立即接着大吃大喝。

对于那些比较抗拒麦克尼尔的计谋的猫，她还有最后一招，也是大多猫主人都熟悉的一招：拿出湿粮来！就像我认识的每一只猫一样，杰基尔岛的流浪猫很快也学会了对一种特殊的金属声响做出反应。"它们听到罐头打开的声音，就会从林子里冲出来。"麦克尼尔回忆道。只有最警惕的猫才抵制得住珍致[②]的诱惑。

在部署相机24小时之后取回相机，可能更有挑战性。麦克尼尔说，

---

① 直到今天，国家地理学会的阿伯内西仍然对麦克尼尔的敏捷深感惊奇。当他被问到杰基尔岛项目时，麦克尼尔的技术是他提到的第一件事。麦克尼尔已经做好了最坏的打算，并开发了一套保护性的装备，包括特殊的手套和一个用牛奶罐制成的盾牌，但事实证明这些都没必要。在项目结束时，她更担心的是虱子和恙螨，而不是猫的伤害。

② Fancy Feast，一个常见的猫罐头品牌。——译者注

有时候，猫会记得"嘿，昨天这位女士抓住了我，给我装了一个相机。我可不想靠近她"。但最终它们都会允许她悄悄靠近，取下相机。

但有时，一只猫在第二天回到喂养站时相机已经不见了。和宠物主人一样，所有猫研究人员用的都是分离式项圈。如果猫被什么东西卡住了，与其冒险伤害到猫，不如让项圈掉下来。正因如此，相机配备了无线电发射器。通常情况下，如果猫出现时没戴项圈，麦克尼尔就会竖起天线，使用传统的无线电追踪技术，就能顺利找到相机。

但在一个案例中，重新定位摄像机变得有点儿棘手。这只猫在更靠郊区的一家喂养站进食，在一片居民区附近。麦克尼尔"带着一个巨大的天线"走过社区，觉得有些难为情，特别是当她走到一户人家时，"哔哔哔"的声音疯狂响起。起初，她以为猫一定是在前院丢了项圈，但信号直接把她引向了那栋房子。她敲了敲门，没人在家。

怎么办呢？信号似乎是从屋里发出的。但当她站在前门，一边思考要怎么做，一边无所事事地摇晃天线时，她注意到信号似乎在右边稍微响亮了一些（其实本来就已经够响亮了），就在车库的方向。在车库前面有一个垃圾桶——也许今天是收垃圾的日子。

翻垃圾桶并不是她研究的一部分。但好奇心或者说决心占了上风。她掀开盖子准备翻箱倒柜。没必要了，它就在那里，就在最上面，完好无损的相机和许多被剪断的项圈碎片。

"伙计，你可以直接打（印在相机上的）电话，我就会来取走它。"她想。但她没有深究下去。一些当地人对这个项目并没有那么热衷，他们担心科学家是想要最终除掉所有猫。或者，尽管这只猫经常在喂养站吃东西，也没有任何有主人的迹象，但它实际上是一只宠物。无所谓了。任务完成，相机找到了。

尽管损失了一些项圈，这个项目依然大获成功。29 只猫平均每只戴了 22 小时的相机，获得了将近 700 小时的录像。观看视频的工作落在了麦克尼尔身上，但就像之前的劳埃德一样，她很积极："有时花几百个小时看猫梳毛会让你疯掉。但捕食事件，或者一些精彩的互动，让这一切都值了。"

就像小猫相机团队第一项研究中阿森斯的宠物猫一样，这些群居猫也很懒散，只花了 10% 的时间到处走动、捕猎和进食。家域没有被明确计算，但猫很少换喂养站，这说明它们的家域很小，就像那些宠物猫一样。有种假说认为，被喂养的猫即使完全生活在户外，也会像室内户外交替的宠物一样懒散，这种观点赢一分。

因此，发现这些猫比阿森斯的猫更喜欢捕猎，绝对令人惊讶。请记住，在小猫相机 1.0 项目中，只有不到一半的猫表现出了捕猎行为，而在杰基尔岛，捕猎者的比例几乎是两倍。

它们不仅会捕猎，而且还很成功：岛上的猫平均每天捕杀超过 6 只猎物，接近澳大利亚内陆的猫的捕猎能力了。但和其他研究不同的是，它们的猎物中有近一半是无脊椎动物，主要是蟋蟀、蚱蜢和蝉，但也有甲虫、飞蛾、蜻蜓和蜘蛛。相比之下，阿森斯的猎物中只有 21% 是无脊椎动物，在澳大利亚内陆地区则只有 3%。在杰基尔岛被捕获的脊椎动物中，蛙和蜥蜴占了绝大多数，但也有各种小型哺乳动物，包括一只松鼠、一只兔子和一只蝙蝠。[①]那关于群居猫可以控制蛇类数量的说

---

① 没错，一只蝙蝠。一只猫是如何抓住一只蝙蝠的呢？不幸的是，我们不知道，因为视频开始时，拍打着翅膀的蝙蝠已经在猫的下巴上了。由于相机没有记录猫不活动时的情况，麦克尼尔推测，蝙蝠飞到了或者掉在了休息的猫面前。顺便说一句，当我问到麦克尼尔最难忘的视频时，她首先想到的就是这件事。这项观察并没有它看起来的那么惊人，在全世界很多地方，猫都是蝙蝠的常规捕食者。

法对不对呢？尽管两只猫花了三个小时跟踪并骚扰一条三英尺长的蛇[1]，但没有猫抓到一条。最后一点值得注意的是，群居猫对所有类型的猎物的捕获率都超过了50%，除了一类——12只鸟中只有两只被成功盯住了。

超高的捕杀数量似乎支持了这样的观点，那就是，即使猫被喂饱了，它们也在捕猎，这就是猫会做的事儿。支持这种假设的证据是，在一个全天都提供食物的喂养站（就在猫群管理者的家里），4只猫中有3只都在捕猎。

尽管埃尔南德斯和她的合作者在他们的论文中倾向于这种解释，但我并没有那么肯定。阿森斯的宠物猫只吃了它们捕获的猎物的四分之一。如果杰基尔岛的猫捕猎只是为了尽情享受，我们可能会预期有类似的放弃率，但事实上，超过80%的猎物被吃掉了。我的结论也是埃尔南德斯的论文中提到的一种可能性：这些猫在喂养站没有得到足够的食物，用野味作为猫粮的补充。

无论杰基尔岛的猫是不是因为饥饿而捕猎，它们对环境的影响都比澳大利亚内陆的猫要小。不仅杰基尔岛的猫的平均猎物数量只有澳大利亚内陆地区的四分之三，而且猎物的平均体形也小得多，这多亏了那些爬虫。换句话说，相比于杰基尔岛有得吃的猫，澳大利亚内陆地区那些没人喂的野生猫会抓住并吃掉更多、更大的猎物，从而对当地的生态系统造成更大的影响。

杰基尔岛是个可爱的地方，看起来就像海岸上一个受欢迎的州立公园里的场景，有海滩、森林、高尔夫球场和两侧树木林立的街道，也有大片自然区域可供徒步和观鸟。想象一下，在这样的地方放上成

---

[1] 可能是一条黑游蛇。

堆的猫粮，你认为猫会是唯一出现的食客吗？当然不会。当麦克尼尔早上出现时，多达十几只的浣熊通常也在大多数喂养站翘首以待了。在几个地点，她一离开，黑美洲鹫就会出现。负鼠偶尔也来。[①]在一些地方，猫群管理者留下了更多食物，以满足所有来访者的需要。

我见过温斯顿和简在自家后院与浣熊和负鼠互动。偶尔猫会发出一些嘶嘶声，也会摆出姿态。一天晚上，只有 10 磅重的利奥向滑动纱门另一边的一只大得多的浣熊冲了过去，把这只"蒙面大盗"从门廊上赶走了。不过，在大多数情况下，它们只是互不理睬，就像黑夜中擦肩而过的陌生人一样。

杰基尔岛的情况同样如此。研究共记录下了猫和其他物种之间 142 次非捕食性的互动。它们在大多数情况下都和平共处，有时在距离一两英尺的位置一起进食。

但和浣熊的几次互动就没那么愉快了，出现了嘶嘶声和击打的情况。虽然没有发现更严重的情况，但野生动物疾病的专家埃尔南德斯指出，这种密切互动的频率增加了疾病从野生动物传给猫的可能，然后疾病也可能再从猫传染给照顾猫的人。此外，疾病的传播也可以反向进行，从猫到野生动物。

喂养站的群居猫和浣熊

---

①　我很惊讶没有发现更多物种。灰狐和犰狳在哪儿？对猫而言幸运的是，杰基尔岛没有郊狼。不太幸运的是，在研究开始之前，百年一遇的短尾猫出现了。

　　技术的进步将继续引领我们研究自由游荡的猫科动物的方式。更好的相机和追踪器不断被开发出来，还有可以记录下猫移动得有多快、转弯有多急的各种传感器，以及我们还没设想出的全新工具。由为尚利格林项目开发设备的艾伦·威尔逊领导的一组研究人员已经开发出了GPS项圈，能精确追踪猎豹在追逐猎物时的速度、加速度和转弯角度。想想智能手环和苹果手表能为我们做什么，然后把它们缩小到小猫版本。我们不仅很快就能准确了解猫在户外都在干什么，还有一些公司甚至在探索猫的可穿戴设备对猫的健康的潜在好处。

　　还有很多东西需要了解，但猫追踪器和小猫相机已经清楚地表明，没有千篇一律的家猫。生活在不同环境中的猫以截然不同的方式和世界互动。即使是生活在类似环境中的家猫，它们的户外活动也会出现明显差异，这可能是它们在成长过程中的特殊经历，以及它们在遗传上的差异造成的。

　　在自然中长大的猫远离人类，似乎在许多方面与它们的祖先非常相似，比如家域的大小。我说"似乎"，是因为我们实际上对北非野猫和相关物种了解得并不多。希望新的技术也能应用在这些物种身上，这样我们就能更清楚地了解它们的生活方式，以及野生家猫在多大程度上恢复了它们祖先的生活方式。

19

好好看管，
还是把你的赛车
锁车库里？

外出的宠物猫会引起问题，惹上麻烦，无论是抓鸟、逮花栗鼠，还是遇见大狗、凶狠的猫科动物和飞驰的汽车。在很多地方，郊狼甚至美洲狮都是一种真正的威胁。还有一些无形的风险，比如染上病，像是猫白血病、猫免疫缺陷病毒或者巴尔通体病，或者感染讨厌的寄生虫（户外猫感染寄生虫的可能性是室内猫的 3 倍）。

一项常被引用的统计数字是，室内猫的平均寿命是 17 年，而大部分时间都在户外的猫只能活 2~5 年。不幸的是，尽管进行了大量调查，我还是没能找到这种说法的依据，而且这种差异在我看来太极端了。不过，如果室内猫的平均寿命没有比户外猫长，我还是会惊讶的。

这个问题有一种简单的解决办法，那就是不要让你的猫去外面。许多自然保护组织都有鼓励这么做的计划。波特兰的"猫咪安全在家"计划提倡搭建户外猫笼，这种封闭的户外空间可以让你的猫感受到户外活动的乐趣，却没有任何风险。美国鸟类保护协会有"让猫留在室内"的倡议，自然加拿大的版本叫"让猫安全在家，拯救鸟类生命"。世界各地都有类似的项目。

　　而且这么呼吁的不仅是自然保护组织。美国人道协会强烈主张把猫关在室内，善待动物组织和其他很多动物福利团体同样如此。

　　这些努力似乎正在发挥作用。在过去 20 年间，室内养猫的比例稳步上升，如今美国每三只宠物猫中就有超过两只是养在室内的。但这种观点并不普遍。在英国，80%的宠物猫可以出门，在新西兰，多达92%的猫在后院、田野和森林中冒险。英国人和新西兰人不关心他们的猫吗？

　　他们当然和美国人一样爱他们的猫，但他们更关心猫的心理健康，而不是生理上的健康。"理想情况下，所有猫都应被允许到户外去表达它们的自然习性……猫有一种天然的探索倾向，所以让它们接触外面的世界，可以给它们带来精神上的刺激，并减轻压力。"自称是"英国领先的猫福利慈善机构"的猫咪保护组织这样说道。

　　这种分歧凸显了一个我们尚未触及的猫科动物驯化的问题。考虑到家猫的驯化状况，也就是它们从祖先的根源出发进化的程度，以及它们仍然保持内在野性的程度，把它们关在室内是否不妥，甚至是有害的？英国人似乎是这样认为的。

　　但也许这种观点只是对一个更狂野、更不文明的昨日世界的浪漫怀旧。猫可能已经放弃了草原，选择了舒服又安全的沙发。即使它们仍处于进化的过渡期，这不也是任何物种驯化过程中一个标准的中转站吗？在这个阶段，我们人类控制并引导着这个过程，指望通过选择让物种朝着我们选的方向进化。

　　我在这些问题上也有亲身经验。你可能还记得，简和温斯顿的野生猫母亲在它们两周大的时候被撞死了。经过三个半月的奶瓶喂养和小猫古灵精怪的阶段，简和温斯顿来了我们家。鉴于它们之前所有的时光都在室内度过，我们觉得把它们当作室内猫来养不会有什么问题。

但结果却并非如此。尽管一直以来都是在室内被养大的，它们还是急切地想出去。它们既迅速又聪明，总能骗过我们，我们打开门时，它们会飞快地溜过去，发现有空隙时也会偷偷蹿出去。另外，它们很快就养成了一个烦人的习惯，把滑动纱门当作猫抓柱。我们心软了。

我并不以此为荣。这是一场意志力的较量，究竟是猫的意志力特别强，还是我们的意志力太弱了，就留给你去想吧。不管怎么说，它们都成了既在室内又在户外生活的猫。我们发誓下次会做得更好。

这个下次就是 9 年后纳尔逊来的时候，它 4 个月大的时候到了我们家。我们打算履行我们的承诺，把它养在室内，保护它免于疾病、狗、汽车和小偷的侵害（毕竟它是纯种的！），也放过当地的鸟和其他小动物。

我们认为这问题不大。纳尔逊出生后的头几个月是在一位繁育欧洲缅甸猫的女士家里长大的。它得到了极大的关注，有很多玩具和可供攀爬的结构，还有可以磨爪的柱子，也有其他小猫能互动。在所有这些时间里，它从来没有踏出过家门。我们没有从温斯顿和简那里吸取教训，认为纳尔逊对户外环境应该毫无兴趣，甚至可能会害怕。

我们简直大错特错。几乎从我们接到它的那天起，纳尔逊就渴望去外面。它站在玻璃推拉门旁，盯着外面看，有时会很哀怨地喵喵叫，或者抓挠玻璃。只要有任何一扇门被打开，它就会疯狂地冲向自由。最后，它学会了开推拉纱门，办法是站起来，把前爪搭在纱门上，然后把重心移到左边。纱门（锁坏了）就顺理成章地滑向左边，然后它就冲到后院里去了。我们不得不把那扇门关了几个月——也就没了凉风，直到换了锁。①

　　尽管发生了纱门的胡闹，还有其他一些智斗的事件，我们还是相当成功地阻止了纳尔逊在无人监督的情况下外出。我不得不承认，看到它目不转睛地盯着门外，显然想出去冒险的时候，我很难过。有时它会站在门边，用哀怨的哭声表达对无法去玻璃的另一边的不满。看到它这么想出去，我的心很痛。

　　因此，我们尝试让纳尔逊在监督下体验户外活动。首先，我们牵着它在后院散步。它似乎并不介意穿上背带。事实上，当我把背带拿出来的时候，纳尔逊就会跑过来，大声地呼噜着。

　　但遛猫并没有想象中的那么简单。事实上，这个过程相当无聊，至少遛纳尔逊是这样的。它大部分时间都站在原地，嗅着气味，四处张望，动起来时就直奔灌木丛，我没法跟过去，绳子也会被缠住。

　　所以我们采取了另一套备选方案。我给它戴上了一台猫追踪器，也就是用来监视温斯顿在街区闲逛的那台，再把它放进后院。我让纳尔逊自己游荡一个小时左右，但和温斯顿不同的是，我一直密切关注着它，以免它在栅栏上找到一个洞。如果它越过栅栏或者从栅栏下穿过，追踪器也能帮我很快就把它找回来，包括一次是从隔壁医生的车库里找到的。从紧邻我们家的那个刻薄家伙的后院找回纳尔逊则更麻烦一点儿。

　　纳尔逊当然喜欢户外冒险，但现在回想起来，我不确定我们是否采取了最好的方法。与其说我们满足了它的户外欲望，我担心我们恰恰激起了它的欲望。第二天，有时甚至仅仅几个小时之后，它又会回

———————————

① 它还曾成功划开了另一扇纱门的底部。我们都很好奇它是怎么跑出去的，还开玩笑地说"房子有个洞"，直到我碰巧看到它从没人发现的洞口钻了出来。

到门口，又抓又叫，似乎和以前一样急切地想出门。不过，我还是很高兴我们下定了决心，没有屈服于它对无限制的户外活动的要求。

支持者举出了猫外出的诸多好处，比如锻炼就是一个显而易见的好处，因为我们已经看到，户外猫可以走到很多地方。室内猫则没有这样的机会（尽管现在卖的那种给猫玩儿的巨型仓鼠轮，可能会为拥有它的幸运猫解决这个问题）。一些证据表明，室内猫更容易肥胖，这反过来会导致其他各种疾病，比如糖尿病、心脏病和行动问题。

外出的好处不仅是身体健康。户外猫可以做自古以来猫做的事情，包括捕猎、嗅探、检查、巡视和探索。它们可以在土里打滚，也能爬上树，再体验一下附近的狗叫声带来的肾上腺素刺激。换句话说，就是可以充分享受"猫生"。额外好处是，它们可以逃避室内的压力，比如嘈杂的噪声、烦人的"熊孩子"还有不友好的宠物伙伴。

有些人认为，被养在室内的猫会因为猫的欲望无法被满足而沮丧。据说这种心理伤害会表现为不当行为，比如咬人、抓挠家具、拒绝用猫砂盆，还会演变成神经衰弱。几乎没有支持这些观点的科学证据，因为对宠物猫的适当研究在很大程度上还没进行。当然，也有很多猫似乎很满足于只在室内待着。

然而，对其他动物的研究却清楚地揭示了生活在一个缺乏刺激的地方带来的心理伤害。任何年龄够大的人在几十年前参观过动物园的话，都会记得老虎、北极熊和类似的一些动物来回踱步，或者不停进行着重复性行为的景象。毫无疑问，把像肉食性哺乳动物这样聪明的动物关进狭小的笼子里，让它们无事可做，这对它们来说在心理上极具破坏性，而且往往对身体也有害。

正因如此，现在的动物园都强调"行为丰容"的重要性，也就是让动物有事情可做，给它们一些新的地方去探索，一些新的难题去解决，让生活充满乐趣、难以预测。所有这些都可以通过用心改造环境来实现。

同样的道理也适用于被养在室内的猫。从拥有博士学位的行为科学家到电视上的驯猫师，所有专家都同意猫需要精神刺激，比如各式各样的玩具、可以跳进去的盒子和爬得上去的高处。新奇很重要，比如玩具要重新摆放，家具要重新布置，食物要藏起来，还要有新的气味。猫喜欢捕猎，所以以一种能让它们做出捕食行为的方式和它们玩格外重要。

对于养猫人而言，这些都不是什么新鲜事儿，这些建议都是养猫自助图书的标配。①但鲜有研究人员通过研究室内宠物猫来评估丰容的效果。一个例外是田纳西州的一项研究，它表明经常和人玩耍的猫表现出的行为问题更少（尽管这项研究是基于对猫主人的调查，而不是对照实验，因此无法确定两者的因果关系，也就是说，行为问题是缺乏玩耍的结果，还是主人和有问题的猫玩得更少？）。

那么谁对谁错？是把猫关在家里的美国人，还是不把猫关在家里的英联邦国家居民？如果讨论的是猫的寿命或者它对环境的影响，那美国人绝对是正确的。而如果主要关心的是猫的心理健康，那就不清楚了。我们只是不知道，一个充满爱的家，还有许多玩具和其他刺激物，是否足以弥补不能在户外徘徊的问题。

---

① 澳大利亚的一项研究表明，那些认为自己有能力让猫在室内快乐生活的猫主人，让猫出去的可能性更低。因此，澳大利亚一项计划的主要内容就是教育人们如何改善室内猫的生活。

也要记住，不是所有猫都想出去。一位行为学专家告诉我，她认识的一半室内猫如果有机会都会跑出门外，然后就立刻转身跑回来。一个重要的考量因素是，一只猫是生下来就一直在室内度过，还是说它曾经是一只户外猫。由于显而易见的原因，以前的户外猫更有可能想出去，而终生都在室内生活的猫也许并不知道自己错过了什么。

但让我们在这里打开天窗说亮话：有时候，让不让猫外出的决定更多的是关于我们人的，而不是它们猫的。当整个世界都有可能是猫的屋外厕所时，谁还愿意清理猫砂盆呢？更不用说户外灭鼠服务了（这个世界似乎分成喜欢花栗鼠的人和讨厌它们的人）。

影响更大的动机可能是，对某些人来说，养猫的部分乐趣就在于一只野兽生活在后院的塞伦盖蒂的那般景象。正如一位科学作家所说："在户外看到一只猫，就是看到了一种生物的本性，它在草地上漫步、爬树、为自己的领地而战。捕食者，野猫，丛林之王……你可以把你的猫养在室内，给它一种舒适而安全的生活。你也可以把你的赛车停在车库里。"

有没有一种折中方案，一种让猫四处游荡但不伤害野生动物的方法？有两种想法，一是让猫更容易被潜在的猎物发现，二是降低猫捕猎的欲望。

一种由来已久的想法被记载于一个古老的传说中，有时被误认为是伊索说的，那就是"给猫戴上铃铛"，这样它每次移动，叮当作响的声音都会提醒潜在的猎物。这似乎是个好主意，对吧？只有一个问题：猫很聪明。它们学会了如何移动能让铃铛不响。

一种新花样是给猫戴上鲜艳显眼的项圈，从视觉上而不是从听觉上提醒潜在的猎物，让奥利弗难以发动突然袭击。

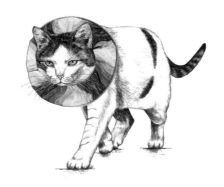

戴着彩色项圈的猫，以此警示潜在的猎物

　　一些报告表明，荷叶边的脖圈相当有效。但猫并不是很喜欢，这无疑是因为脖子上的颈饰很不舒服，但也可能是因为它们意识到了自己看起来很滑稽。

　　另一种方法是降低捕猎的冲动。也许猫捕猎只是为了精神上的挑战，那种猫与自然的对抗。如果是这样的话，也许其他类型的精神刺激就能提供足够的认知锻炼。

　　宠物商店里满是游戏和智力玩具，我买过很多。我最喜欢的一款是，纳尔逊必把塑料叶子推到一边，才能吃到放在一个小洞里的猫粮，或者要把一个圆形的塑料碗沿着凹槽推开，露出下面的食物。在另一款里，它必须用爪子推一个悬空的圆柱体，让它倒过来，食物才会掉到一片满是立起的塑料钉的板子上，让它很难用爪子够到，取出那些好吃的。这些游戏的主要目的是为了让猫不感到无聊。但作为一种额外的好处，这种脑部刺激是否足以满足猫的捕猎欲望？

　　另外，外出的冲动可能是生理上的，而不是心理上的，也许猫有跳、扑和咬的需求，要以特定的方式活动肌肉。当然，有很多设计合理的玩具都可以达到这个目的，而且它们也会得到热烈的回应。也许足够的体育锻炼可以代替捕猎。

最后，也许猫外出的驱动力来自一种完全不同的类型：也许它们出去巡逻，是因为它们的饮食中少了什么，而这些东西只有通过吃动物肉才能得到。这种想法并非没有道理。猫对饮食有非常严格的需求，因为它们的祖先几乎只吃肉。尽管动物营养学家已经制定了满足猫科动物饮食要求的标准，但并不是所有商业产品都符合这些标准。事实上，如果猫是为了获得所需的营养而捕食，那么给猫喂食精心设计的肉含量高的猫粮可能就会降低它们抓一只鸟当晚餐的欲望。

一些关心猫的主人会在这些几乎无穷无尽的选择上花大价钱。我知道，因为我就是这样的。但有什么证据表明，这些干预措施能够成功地降低猫在外面捕食的欲望呢？在大多数情况下几乎没什么证据。

一组英国科学家最近决心改变这种情况。他们进行了一项精心设计的实验来检验我刚才提到的各种想法，调查这些方法中有没有哪种能减少带回家的猎物的数量。

研究人员从 219 户家庭中招募了 355 只猫进行研究。在 7 周里，在采取干预措施之前，参与者记录下了他们的猫带回家的每一只猎物。这是和采取干预措施之后的情况进行比较的基线数据。然后，这些猫被分成了 6 组，其中 5 组被采取了不同的干预措施，第 6 组则没有任何改变。在接下来的 5 周里，主人们会再次清点猫带回家的猎物。这是为了调查干预发生后，每周的捕食率是否发生了变化。

其中一些想法确实奏效了！最有效的方法是把猫粮换成高质量的食物，这些食物都是鲜肉，不含任何谷物。吃这种食物的猫带回家的啮齿动物和鸟类的数量大大减少了。①

　　用模拟捕猎的玩具和猫玩耍，让带回家的哺乳动物（兔和小林姬鼠）数量减少了35%，但对捕食鸟类的影响微乎其微。这个结果表明，这种游戏满足了猫捕食小型哺乳动物的欲望，但没有满足它们追逐鸟类的欲望。这个解释是有道理的，因为研究用的游戏过程是在地上拖着一根羽毛，一旦猫抓住它，就换成一只假老鼠，猫可以又踢又抓又咬。也许这个过程很好地模仿了对啮齿动物，而不是鸟类的捕猎。

　　纳尔逊最喜欢的玩具是一根长杆子，杆子的末端系着一根绳子，上面挂个东西。纳尔逊和我们的其他猫会不停追逐它，经常跳起来抓住在半空中晃动的物体。我经常担心，也许我是在训练猫抓鸟，但这项研究表明，情况恰恰相反，这样的游戏可能满足了它的捕猎欲望。希望研究人员能用这类玩具继续进行一项研究，看看它们能不能减少鸟类捕猎。

　　戴着彩色项圈的猫产生了相反的结果：它们带回家的鸟少了很多，但哺乳动物的数量仅仅略有下降。这种差异不难理解。小型哺乳动物不像鸟类那样依赖视觉，特别是色彩视觉，因此它们或许不太可能注意到朝它们走来的小丑猫。

　　但并非所有干预措施都能降低猫的捕猎数量。佩戴铃铛没有任何效果，而玩智力玩具实际上让对啮齿动物的捕食率提高了27%，原因并不清楚（也许游戏让猫的心理机能活跃了起来，让它们渴求更多的精神刺激，或者有助于磨炼某些关键技能——总之我猜的可能不

---

① 更多证据表明，素食并不适合猫！另一种解释是，猫捕捉到的猎物数量一样，但采用这种饮食方式让它们把猎物吃掉或者遗弃在外面了，而非带回家。没有理由认为会出现这种情况，但研究人员承认也不能排除这种可能性。

比你准）。

总体来说，这些结果是个好消息（除了对猫铃铛制造商）。对于不愿意或者无法把猫关在室内的人来说，也有方法能减少它们对当地野生生物的伤害。

很多人都担心户外猫对环境的影响。当然，这一章的主题宠物猫只是问题的一部分，因为我们已经看到，无主猫的捕食率远远高于宠物猫。

户外猫对野生生物（也包括人类）的影响还有另一种方式，那就是，它们会传播疾病。最著名也是最大的问题是弓形虫病，这是一种由寄生虫弓形虫（*Toxoplasma gondii*）引起的疾病。这种寄生虫可以感染很多物种，但它只在一类动物身上繁殖，那便是猫科动物。感染的猫拉屎时，会将寄生虫传播到环境中。任何不幸摄入了含有这种寄生虫的食物或者水的动物，都有感染的风险。不少濒危物种的个体已经被报告因感染弓形虫死亡，这让自然保护工作者倍感担忧。人类同样处于危险之中，而且我们现在知道，这对我们的影响可能比之前意识到的还要大。家猫传播的弓形虫病给环境和人类健康带来了多大程度的问题，目前已经受到了广泛关注，但到现在为止，还没有清楚的答案。我们也不知道有主猫和无主猫在造成这个问题上谁更重要一些，当然，室内猫都在室内拉屎，所以它们不在其列。①

有关户外无主猫有没有造成问题，以及如果它们造成了问题的话，该如何处理，这些争论既复杂又充满争议，它不仅关涉生物学，还涉

---

① 人们也可以从猫身上感染各种其他病，比如猫抓病和弓蛔虫病。就在我刚写完这本书的时候，科学期刊发表了第一例新冠病毒猫传人的确诊病例。但这种传播似乎相当罕见。

及社会学、伦理学和政治。起初我以为我会在这本书中讨论这些问题，但我很快意识到，要写这个话题需要一本书，而事实上，有几位作者也已经这么做了。也许有一天我也会写这样一本书。但就这本书而言，我没法公正地讨论这个问题，即使好几章的讨论也不会让人满意。

正因如此，我在这里的评论仅限三点。首先是关于捕猎的影响：在猫科动物的捕食数量中，无主猫占了绝大部分。最好的估计是，在美国，无主猫杀死的鸟类是宠物猫的 2.5 倍，它们杀死的哺乳动物则是宠物猫的 9 倍。澳大利亚的研究揭示了类似的差距。

其次，大部分尖刻的批评都集中在如何处理无主猫的问题上。自然保护工作者和猫权倡导者都关心动物，所以你可能会以为他们能携手努力，但事实上，他们通常都站在对立面上。每个人都同意户外猫越少越好，但大家提出的解决方案却大相径庭，始终难以达成妥协。

最后，至少对宠物猫来说，有一些无可争议的选择可以帮助它们，我们在这一章里已经看到了。出于很多原因，把猫养在室内对它们和环境都更好。对于那些相信猫应该体验户外生活的人，或者那些像我一样，没有足够的意志力去应付一只难以满足的猫的人而言，仍然可以做一些事情，来尽量降低它们的影响。

北非野猫非常适合居住在稀树草原和沙漠中，但并不适合在厨房和起居室里生活。我在这本书的开头就指出，家猫只是半驯化的，和它的野猫祖先的差异并没有那么大。相比之下，大多数驯化物种的进化程度要大得多。也许我们是时候帮助猫在驯化的道路上走得更远了，利用选择的力量创造出一种适合现代生活的猫。

20

猫的未来

家猫的身上接下来会发生什么？在过去几千年里，猫的地位可谓一波三折，它们曾被当作神来崇拜，也曾被当作撒旦的伙伴而屠杀，现在则可以说是世界上最受欢迎的伴侣动物。[①]一路走来，高傲的北非野猫产生了世界上前所未有的猫科动物大杂烩。猫的世界还能变得更好吗？

我谦虚地表示，我有个好主意。

*   *   *

第一次听说萨凡纳猫时，我大吃一惊。不是因为能让家猫和薮猫杂交（尽管这已经够让人吃惊的了），而是因为人们愿意为它支付的价格。我越想越觉得这是我的机会——终于可以在动物学领域发财了。

---

① 世界上狗多还是猫多，这个问题取决于你问谁。在世界范围内的数字相当模糊，两者的数量可能都超过 5 亿。

如果人们愿意花两万块买一只带斑点的长腿猫，试想一下，他们可能会为一些真正非同寻常的东西掏多少钱！

要把其他猫科物种最惊人的特征放到家猫身上，有什么会让你大吃一惊？真的，这简直不用问。不妨看看迪士尼电影《冰川时代》和里面的猫科动物大明星吧。迭戈和它的同伴剑齿虎[1]都长着香蕉那么大的獠牙，它们的风采实至名归，从拉布雷阿到贝德罗克都赫赫有名。[2]如果能培养出一种长着剑齿的家猫，那该能赚多少钱啊！

听我说完！弯刀一样的犬牙在史前时期至少在猫和类似猫的近亲中进化出了三次，第4次则发生在南美洲一种大型类猫的有袋动物[3]身上。这种趋同进化表明，进化出剑齿（也就是又长又扁、像刀刃一样的牙齿，上面通常还带着牛排刀那样的锯齿）并不难。

我知道你正在想什么——谁会在头脑清醒的情况下花大价钱买一个嗜血杀手回家？但你搞错了。那些史前巨兽比狮子还大，但我们说的是那种喜欢趴在人腿上的猫。而且，没有人知道剑齿虎用那些獠牙做什么，一些古生物学家认为它们是食腐动物，因为这种牙的效率太低了，根本没法杀死猎物。无论如何这都是题外话。猫得有攻击性才危险，而诀窍就是创造出一种有爱心、平和、毫无攻击性的剑齿虎斑猫。

---

① "剑齿猫"更准确。正如我们在第 5 章中看到的，剑齿虎和虎的亲缘关系反倒较远。

② 当然是指弗雷德（Fred）和威尔玛·弗林斯通（Wilma Flintstone）的家乡，他们有一只宠物剑齿虎，名叫小猫（不要和他们的另一只宠物迪诺搞混了，它显然是雷龙的亲戚，这当然很荒谬，因为那时恐龙早就消失了）。

③ 袋剑虎（*Thylacosmilus atrox*）。

致命刃齿虎，剑齿虎的一种

　　那我们要怎么做呢？让我们从新派的方法开始，也就是基因工程。你可能听说过CRISPR（成簇规律间隔短回文重复序列），这种新的基因组工具让研究人员能"编辑"生物的基因，修改现有的基因版本，或者插入一个新基因。自从10年前CRISPR方法被开发出来以来，它已被不断完善并改进，许多物种中都已经有了基因编辑的个体，仅仅举一些哺乳动物的例子就有猪、狗、小鼠、牛、负鼠和猴子。

　　理论上来说，我们要做的就是用CRISPR，将负责剑齿的一个或几个基因引入家猫身上。我不会说太多细节，但这样做包括从一只母猫身上采集卵子（就像在辅助生育诊所为人类所做的那样），然后用猫的精子为卵子授精，在这个过程中的某个时候插入编辑过的基因，再把受精卵植入母猫体内。

　　当然，最大的难题是找到产生剑齿的基因。不幸的是，没有现存的剑齿虎物种可供研究。有些人认为，云豹在外貌上和剑齿虎很像。事实上，它的犬齿①虽然比其他现存猫科动物的更长，但既不扁平，

---

①　我忍不住想说，这种尖牙利齿的特征竟然是以狗而不是猫命名的，这太不公平了。

也远不及剑齿虎的那么长。研究云豹的基因可能会发现发育出更大的牙齿的基因，但并不能保证这些基因就是我们得到剑齿所需的。

但是，既然真正的剑齿虎就生活在不久以前，为什么还要用一种牙齿略长的现代猫呢？直到大约一万年前，致命刃齿虎（*Smilodon fatalis*）依然在洛杉矶的山上徘徊。如果克劳迪奥·奥托尼能从年代相近的罗马尼亚家猫骨骼中提取DNA，或许科学家也能从剑齿虎化石中提取DNA。

他们的确可以。科学家现在已经对两个剑齿虎物种的整个基因组进行了测序，一种来自智利，另一种来自育空地区。①

这是简单的部分。我在第15章中提到，基因组并没有附带一份索引来说明在哪里找到和某种特征有关的基因。有了剑齿虎的基因组以后，我们就必须弄清楚在包含20多亿碱基对的DNA中，哪个基因或哪些基因负责犬齿的伸长、扁平化以及产生锯齿形状。

对小鼠、人和其他物种的研究，已经确定了影响牙齿的大小和形状的许多方面的基因，所以在剑齿虎身上检查这些基因是个不错的开始，但要找出哪些是关键基因并非易事。研究人员可能需要根据已知的牙齿功能找出一些候选基因，然后做实验。最有可能控制剑齿的DNA关键片段是所谓的调控序列，它控制着其他基因的活性。一个特别有可能的基因是*Fgf10*，它被认为在决定牙齿的锋利度方面起着重要作用。但可能还有其他很多基因。研究人员需要将不同的基因变化逐一引入猫的胚胎，看看最终的猫长什么样（研究可能会从小鼠身上的实验开始，小鼠是这类研究的模式生物）。这很靠运气，而且这种方法

---

① 顺便说一下，将剑齿虎与现代猫的DNA进行比较，证实了从化石记录中得出的结论，那就是，猫科动物进化树的两个分支在大约2 000万年前分道扬镳。

很有可能没法识别出正确的基因。

我甚至还没说另一个关键点，那就是，剑齿虎和普通猫科动物的区别不仅在于它们标志性的"粉碎机"。为了适应硕大的牙齿和不同的咬合方式，它们的头骨、颌骨和肌肉组织都经过了其他很多方面的调整。可能有很多基因都参与塑造了剑齿虎，而所有这些基因都需要被识别出来。

遗憾的是（或者幸运的是，这取决于你的观点），基因工程不会很快就制造出剑齿虎的幼崽。

这并不是说基因工程不会在猫科动物的未来中发挥作用。对于已经确定的基因，它或许有助于带来一种改进的新型小猫。而有一个特别的机会就在眼前，那就是猫过敏。

全世界 20% 的人对猫过敏。对很多过敏的人来说，接触猫会让眼睛发痒、打喷嚏和鼻塞。但对一些人而言，反应可能更严重，往往会诱发严重的哮喘发作，需要就医。

这种过敏是由猫唾液中的一种蛋白质造成的，它被不恰当地叫作 Fel d 1。①当猫自己梳毛时，蛋白质会沾到它们的皮肤和皮毛上，干燥后以毛屑的形式剥落，加入占据我们家的尘螨的行列。

猫产生的猫过敏蛋白质的量差别很大，产生量少的猫引起的过敏反应比较弱。某些品种的猫据说是低敏的，比如西伯利亚猫和斯芬克斯猫，但支持这些说法的证据相当薄弱。可能有些个体产生的蛋白质

---

① 家猫变应原 1（*Felis domesticus* Allergen 1）的缩写。事实上，猫产生的人类变应原（过敏原）至少有 8 种，但 Fel d 1 无疑是最大的问题。

水平异常低，但每只猫都存在很大的差异，即使在这些品种内部也是如此。

为了不送走他们的猫，过敏患者得花很多钱才能减轻自己的痛苦。15 年前，一家公司利用这个机会，宣布他们已经成功繁育出一系列低过敏性的猫，并以每只数千美元的价格出售。后来，在广泛的欺诈指控和依然打喷嚏的顾客提起的如山崩般的诉讼中，这家公司因为从未披露的理由倒闭了。

最近，雀巢普瑞纳公司开发了一种猫粮，声称可以将猫产生的过敏原数量减少近五成。这种猫粮含有一种鸡蛋中的蛋白质，能与 Fel d 1 结合，防止它附着在人体内引发过敏反应的分子上。

当然，比产生少量 Fel d 1 的猫还要好的就是完全不产生 Fel d 1 的猫。而这正是基因工程发挥作用的地方。科学家要做的就是借助 CRISPR 技术，用一个不起作用的替代性等位基因，取代产生 Fel d 1 蛋白的正常版本的基因。

研究已经在顺利展开。负责制造 Fel d 1 的基因于 1991 年被发现。一家名为室内生物科技的公司的研究人员随后制造出了一个没有功能的替代性等位基因，并在实验室培养皿中成功将它编辑到了猫的肾细胞中。现在的问题是，他们能不能让这套流程在实际的猫身上发挥作用。我敢打赌，他们最终会成功的（但值得注意的是，猫目前还不在已经存在基因编辑个体的众多哺乳动物之列）。

没有过敏原的 CRISPR 猫可以通过几种方式创造。一种方法就是编辑基因，并让它可以传给后代。将编辑后的基因注入精子或者卵细胞，然后再传给下一代，就能实现。结果便是一个新的猫品种。

公司不太可能把为人类服务作为这个项目的目的，公司高层一定想用这项技术赚钱。要做到这一点，他们必须开始繁育猫。而一旦卖出了一只不含过敏原的猫，他们将如何从这只猫生下的不含过敏原的小猫身上赚钱呢？即使他们只出售绝育的猫，其他人也可以对它们的基因组进行测序，找到编辑过的基因，自己进行CRISPR。也许这家公司可以保留知识产权，并对生产的每只不含过敏原的猫收取专利使用费，就像大农业公司对转基因的种子所做的那样。这听起来会引起行政和法律上的一片混乱。

毫不奇怪的是，进行这项研究的公司正在走另一条路，他们希望开发出一种方法，将修改的基因仅仅注射进产生蛋白质的腺体中，从而消除Fel d 1的产生。因为修改基因不会出现在精子或者卵子中，它就不会遗传给下一代。这种基因疗法让公司能够向每位顾客持续销售产品——将每只猫（或者它的兽医）视作一位独立的顾客——而不用试图保留对编辑基因猫的后代的控制权。

当然，还有动物福利的问题，那就是，消除这种基因会对猫产生其他影响吗？换句话说，这种蛋白质对猫是不是有益的，消除它会不会带来健康问题？猫产生的该蛋白质的量差异这么大，说明这种蛋白质并没有那么重要。如果这种蛋白质很重要，那么高蛋白质水平的猫应该要比低蛋白质水平的猫健康得多，但没有证据表明存在这种差异。另一方面，未绝育的公猫体内的Fel d 1水平通常是最高的，所以这种蛋白质可能和公猫的繁殖有关。这种关系是什么，它对猫究竟有没有影响，仍旧有待观察。

但对过敏的抱怨已经够多了，让我们回到寻找剑齿家猫的话题上来。如果基因工程出局，那就只剩下老派的人工选择了。乍一看这似乎不可能，毕竟我们怎么能用现代猫的那套牙雕出弧形的弯刀呢？它们看起来一点儿也不像微型剑齿虎！但回想一下，波斯猫和暹罗猫的祖先看起来也一点儿不像它们现在扁平和棱角分明的样子。这就是选择的力量。

我们要做的第一件事是找到一些长牙的猫，我指的是犬齿格外长的猫。据我所知，还没有人研究过家猫牙齿长度的变异，但我也毫不避讳地承认，我对猫科牙齿正畸的文献并不了解。

我天真地以为，我们要做的是去动物收容所那样的地方，测量那里猫的牙齿。然后我们会收养那些牙齿最长的猫（假设它们还没有被绝育），再把它们带回家开始建立我们的繁育群。

我有这个想法很长时间了，但绊脚石是如何处理掉多余的猫。为了让人工选择发挥作用，我们需要繁育大量小猫。我们从这一大群中取其精华，也就是天底下最好的牙，让犬齿格外有天赋的猫繁育后代，而抛弃其他的猫，并重复一代又一代。但那些没有被选中的猫呢，它们会怎么样？我本以为它们不会有幸福的结局。

但幸运的是，我已经学到了解决这个问题的方法，这多亏了朱迪·萨格登和凯伦·索斯曼。在筛选过程的早期，我们不仅要根据它们牙齿的长度进行选择，还要看它们的性格。通过选择牙齿和友好程度都最佳的猫，最终就会产生即使剑齿不合格，也很容易被送人的小猫。

在这个过程中，我们必须注意这些猫是否健康，它们的牙齿功能是否还正常。由于剑齿虎的头骨和其他猫科动物的不同，以适应剑齿和使用剑齿所需的大块肌肉，我们可能不得不在选择过程中增加其他特征，以产生一种各部分都适配得很好的猫。毫无疑问，一定会有些意想不到的小插曲。但我猜，如果繁育者能在几十年的选择过程中培育出一种没有鼻子的猫，那么培育出一只剑齿家猫应该很有可能会成功。自然选择在哺乳动物中至少选择了 4 次剑齿，说明这不可能太难。

剑齿家猫

过去 10 年间，我一直在进化和哺乳动物学的课堂上和学生们分享这个想法。我告诉他们，这是个快速致富的方法，只要在钱财滚滚来时记得我就行。但是没人接受我的想法，所以现在我和你分享了，我亲爱的读者。祝你好运，在你得到第一只剑齿小猫咪时，请别忘了我。

就在我们等待新的"刃齿虎猫"（Smilodon®）品种发展而来的同时，人工选择无疑还会以其他方式继续下去。猫爱好者将继续杂交具有不同性状的品种，创造更奇怪的新组合（比如一只狼猫-缅因猫，有人想要吗？）。繁育者会抓住出现的任何新突变，这毫无疑问会让品种长出新的毛色，带有新的质地和花纹。为什么不像一些犬种一样，创造一只尾巴卷到头顶的猫呢（如果这种性状是无害的话）？谁知道怎样的新性状会引起爱猫人士间的新潮流呢？

令人惊讶的是，猫的一个方面却一直没有得到充分的探索，那就是发展体形范围更广的品种。看看狗吧，从 6 磅重的吉娃娃，到 250 磅重的英国獒犬，应有尽有。

坦率地说，我很惊讶没人繁育更大的猫。缅因猫比祖先野猫大得多，但远不到猫科动物的上限（东北虎重达 650 磅，一些剑齿虎的体重则接近半吨）。此外，缅因猫一直都很大。我不确定近几十年来它们有没有继续变大，变大了的话又变大了多少。近年来出现的唯一大型品种是萨凡纳猫，它的体形是祖先薮猫遗传的结果。也许繁育猫的人出乎意料地有一些常识，而没有选择大到可能带来危险的猫。

另一方面，最近出现了小体形的选择。已知最小的猫品种是娇小的新加坡猫，公猫 6 磅重，母猫只有 4 磅。网上说，"茶杯"波斯猫的体形也差不多。考虑到亚洲锈斑豹猫的体重只有新加坡猫的一半，我认为还能发展出更小的猫品种。

是时候放弃凭空猜测有人可能想开发的猫的类型了。有一个新品种的确有迫切的需要。

猫行为大师约翰·布拉德肖提出了一个解决户外宠物猫问题的办法，那就是，我们应该繁育出不想外出或者没有捕猎欲望的猫。他的观点很简单：猫的捕猎欲望各不相同，其中一些变异可能来自遗传差异。我们要做的就是有选择地繁育那些乐于待在室内的猫，或者是即使要出去，也对追踪猎物毫无兴趣的猫。结果就产生了一种对鸟类友好的猫品种。

我不知道任何有关不同品种的猫外出欲望差异的数据，但有些品种肯定比其他品种更活跃，这可能和外出倾向有关。第 12 章中提到的针对兽医的调查显示，从极度活跃的阿比西尼亚猫和孟加拉猫，到不太活动的波斯猫和布偶猫，不同品种猫的活动水平也有很大的差异。也许不是巧合，对猫在户外捕鸟的倾向也得到了同样的排名，不过令人惊讶的是，非纯种猫的排名甚至高于孟加拉猫。对 4 000 只芬兰的猫的调查得出了一致的结果。近三分之二的阿比西尼亚猫、孟加拉猫和随机繁育猫的主人完全同意他们的猫喜欢追赶小动物，而与波斯猫和布偶猫生活在一起的人中，只有不到 40% 的人同意。①

这些品种间的行为差异是在没有繁育者有意选择的情况下出现的。这些性状一定受到了为其他原因而被选择的基因所影响。我毫不怀疑，如果繁育者有意选择那些对外出或者捕猎不感兴趣的猫，他们很快就能发展出有这些特征的品种。

这将是真正 21 世纪的品种，它适应城市生活，对环境友好，既稳重又悠闲。

这是否意味着，宠物猫带来的野生生物屠杀问题将得以解决？答案是否定的，原因有二。首先，许多人还是喜欢活跃而精力充沛的猫，比如孟加拉猫和阿比西尼亚猫。我猜"外出欲望"和"捕猎倾向"是与活动水平密切相关的性状。从生物学的角度来看，这些性状可能受到了相同基因的影响。当性状具有遗传相关性时，很难只选择其中一种性状，而不影响另一种性状。因此，要繁育出一只不想外出捕猎，却像孟加拉猫那般精力旺盛的猫，是极大的挑战。但也许我错了。在芬兰的调查中，5% 的受访者表示他们的孟加拉猫不喜欢追赶小动物。

① 在回答"猫在看到窗外的鸟或者其他小动物时，会不会感到兴奋（例如，发出吱吱声或咯咯声，或者甩动尾巴）？"这个问题时，研究也报告了类似的差异。

繁育这些动物，也许可以得到一类精力充沛、活跃但不捕猎的孟加拉猫。

一个更大的问题是，大多数人并没有养纯种猫。这些人的猫是从哪里得到的？总的来说，不是来自其他家庭。在美国，绝大多数的有主猫都被绝育了。相反，大多数家里的新猫都是以前的无主野生猫或者群居猫。

让我们想想这些猫可能如何进化。想想哪些户外猫最有可能被抓住，被收养进家里，然后被绝育？就是那些更善于交际、更喜欢和人待在一起的猫。

而又是哪些猫不会被抓到，会留在户外把自己的基因传给下一代呢？正是那些"胆小鬼"，它们怕人，能够靠自己的智慧生存。这就是自然选择！而这种选择更青睐的是对人类不友好的猫。可以推测，无主猫群体会进化得更警惕、更不友好，它们自然不会进化到失去外出捕猎的倾向。

唯一一项相关研究支持了这种假设。研究人员在检查宠物母猫的后代时发现，它们与户外生活的无主公猫所生的小猫，比与未绝育的宠物公猫所生的小猫对人类更不友好（友好程度以小猫在其主人腿上坐的时间来衡量）。这一发现表明，无主公猫和宠物公猫之间存在遗传差异，无主公猫拥有的基因令它们更不友好。但这项研究仅仅基于一个非常小的猫群体样本，据我所知还没有人进行过后续研究。事实上，无主猫群体是不是正进化得更不友好，是未来研究的一项重要课题。

关于自然选择是否对无主猫的行为产生了作用，对这个问题有限的研究体现了一个更大的问题，那就是，几乎没有关于无主猫如何进化的数据，即使在澳大利亚也是如此，虽然那里已经进行了其他很多关于猫的研究。考虑到正在进行的研究和保护活动的规模，这似乎是一个错失的良机。

我们可以预测进化以两种方式发生。一种方式就是，野生猫可能正在恢复它们的祖先野猫的生活方式，逆转了驯化的影响。不难想象，这些猫和北非野猫占据了相同的生态位，基本上进化回了它们原本的状态。

另一种方式是，家猫可能正在朝着新的进化方向前进。野生猫出现在许多几乎没有或者没有大型食肉动物的地方。看看郊狼是如何利用这种情况的：它们占据了每一种可以想象的栖息地，在没有狼的情况下，它们的体形进化得更大。也许野生家猫也在做一样的事。

想想澳大利亚的猫所占据的各种各样的栖息地类型，包括炎热的红色沙漠、寒冷多雪的温带山地，还有雨林和草原。作为一位进化生物学家，我的第一个念头是，这些猫一定是在适应它们所处的不同环境。沙漠里的猫可能已经进化出了应对高温和缺水的办法，而南方的山区居民则适应了严寒和冰雪。面对不同的猎物，猫也要做出不同的适应以捕猎它们，而为了应对不同的捕食者，比如澳洲野犬、袋獾和大蜥蜴，猫也需要不同的逃脱方式。在沙滩上行走和攀上巨岩是截然不同的挑战。

对世界各地各种各样小型猫科物种的快速调查，展示了猫是如何适应不同的环境的：比如踝关节可逆的长尾虎猫，可以头朝下爬下树；脚底长毛的沙猫，能穿越沙漠；还有脚趾带蹼的渔猫，能在水边生活；等等。尽管澳大利亚的猫进化了数百年，而不是数百万年，但它们可能已经开始朝着这些方向进化了。

在很大程度上，我们还不知道进化是不是真的在发生。没有人研究过在不同的气候条件下野生猫身上是否产生了生理适应，也没有关于身体比例或者其他解剖特征的数据。生活在不同环境中以及应对不同捕食者和猎物的行为差异也没有被研究过。

但有一点可以肯定：澳大利亚或者其他地方的野生猫，并没有某些品种猫身上所见的任何极致特征。我从来没有见过一张脸像波斯猫一般扁平的野生猫的照片，也没见过长着现代暹罗猫那样修长的口鼻的野生猫。没有短腿，没有无毛，也没有卷耳。结论显而易见，如果这些品种的家猫被遗弃在外面，要么它们活不了很久，要么自然选择会在之后的几代中从种群中消除它们的极端特征。

许多澳大利亚人相信，他们的野生猫都特别大。偶尔的新闻报道也支持了这种观点，比如 1971 年悉尼的一家报纸报道了《重达 25 磅的巨型野猫在澳大利亚中部游荡》，照片和视频展示了硕大无比的猫，其中一只估计长 5 英尺！但数据并不支持这些说法，除了一项可疑的例外，其余所有科学研究都表明，澳大利亚的野生猫在体形上并不出众。

关于澳大利亚野生猫体形的争论不完全在学术上。一组科学家成功让澳大利亚禁止进口萨凡纳猫，理由是，如果这种大块头的猫在野外立足，它们可能会对一些猎物物种产生毁灭性的影响，而这些猎物的体形是典型的野生猫无法应付的。①我的观点是，如果澳大利亚存在

---

① 作者还着重研究了萨凡纳猫的攀爬和跳跃能力，以及它们的祖先薮猫的栖息地使用情况，从而论证萨凡纳猫可能在典型的澳大利亚野生猫不会出现的地方捕食一些物种。

可容纳更大的猫的生态位，那么当地的野生猫应该早已经进化得更大了。缺乏这种体形增长的证据表明，更大的体形并没有受到青睐。这种推理意味着，如果萨凡纳猫来到了澳大利亚的灌木丛，它的大体形基因将不会被选择，而会从种群中被剔除。尽管如此，澳大利亚可能的确存在大型野生猫，也有可能我对萨凡纳猫到那里之后会发生什么的判断是错的，这都意味着，我们不应该过于轻率地做判断。因此，将萨凡纳猫拒之门外也许是一种谨慎的做法。

在世界范围内，已经有很多关于又大又黑的野生猫的报告。在澳大利亚就有数百次目击，常常让广大群众猜测有黑豹逃跑了。在苏格兰，被称作凯拉斯猫的黑猫可能是家猫和苏格兰野猫的杂种，同样的解释（涉及欧洲的野猫变种）也适用于在高加索地区发现的大型黑猫。在新西兰、夏威夷和其他地方也有大型黑猫的报道。

野生猫进化的最耐人寻味的案例或许是有人在另一个地方目击了大型黑色野生猫。不过在这个案例中，这些说法已经得到了证实。

这个地方就是马达加斯加岛。几个世纪前，猫被引入那里，和世界各地的岛屿一样，它们对本土的动物产生了严重的负面影响。惊人的是，它们甚至能杀死狐猴。马达加斯加的大多数野生猫看起来像很典型的鱼骨纹虎斑猫，不过是大块头的那种。一项研究发现，野生公猫体重是 12 磅，而附近村庄里的非野生公猫只有 8 磅重。

但故事还出现了一个不寻常的转折——存在两种类型的野生猫。一种是刚刚说过的比较典型的猫，另一种则是更大的猫，长着优雅的长腿，让人想到薮猫，它们还有像沙特尔猫一样瘦窄的脸。马达加斯加东北部的人称它们"菲托阿蒂"（fitoaty，马达加斯加黑猫），这些猫不仅比鱼骨纹的猫更大（虽然没有确切的测量数据），它们还生活在不同的栖息地中，马达加斯加黑猫在深林中，而鱼骨纹虎斑猫则生活在森林边缘和村庄周围。还有一个区别，马达加斯加黑猫是纯黑的，就像其他许多居住在森林中的猫科动物一样。

马达加斯加黑猫

这些相当俊俏的猫第一次引起科学家的注意时，有人认为它们可能是一个未知的猫科物种，但DNA检测证实它们的身份就是家猫。研究人员目前正在研究这种优雅的森林猫的进化意义，以及它对本地动物群的影响。

也就是说，家猫有许多可能的未来，所有这些都可能同时发生：基因工程得到的全新品种猫更平和，也更喜欢待在室内；无主猫保持不变，甚至变得更不友好了；野生猫进化出了变成野猫的新方法。

这些各种各样的猫会不会变成不同的物种？前面说过，如果两个种群不能或者不会相互交配，并产生可育的后代，那么它们就属于不同的物种。解剖上或者生理上的差异本身还不够。[①]但我们也已经讨论过，一个基因可以影响许多不同的性状。培养一种相当平和、生活在室内的猫品种所涉及的基因变化，可能也会影响交配偏好，从而让这些猫拒绝和吵闹捣蛋的野生猫交配。或者，编辑后的基因可能会带来意想不到的后果，比如让精子或者卵子与携带未经编辑的基因的猫不相容。这些变化中当然可能有一些会导致两群猫在生殖上不相容，从而走向不同的物种。

但让我们把目光投向更长远的时间范围。最终，人类会一同行动起来，停止对环境的掠夺。除非我们完全消灭所有的生命，否则生态系统就会恢复。进化将带来新物种。全球的物种丰度也将反弹。

这种重建的生物多样性，将由那些在我们的攻击下幸存的物种的后代组成。我们希望狮子、老虎和灰熊依然存在。但毫无疑问的是，家猫一定在。家猫已经有6亿只，几乎在世界任何角落都能找到，（不再在家的）家猫将成为未来生态系统中的重要成员。

更重要的是，它们的无处不在可能让它们成为未来占领世界的新物种的祖先。就像最早抵达南美洲的猫在过去300万年间变得多样化，

---

① 狗就是一个极具启发意义的例子。尽管它们被选择繁育的历史更悠久，形状、大小和行为也千差万别，但它们似乎都非常乐意相互交配。最大和最小的品种可能会在繁育方面遇到一些麻烦，体形的差异从身体的角度上来说可能会让交配变得困难，尺寸的不匹配也可能会给孕育着过大或者过小的胚胎的雌性带来问题（这些想法已有人提出，但我没法确认有没有数据支持它们）。因此，大型和小型犬种之间可能会出现一点点繁殖差异，但即使在这种情况下，它们的基因库也不是隔绝的，因为它们都可以和中型犬种繁殖，因此经过几代，小型犬种的等位基因也可能进入大型犬种的基因库，反之亦然。因此，狗（*Canis familiaris*）依然是一个物种。

产生了豹猫、南美林猫、乔氏猫和其他 6 个物种一样，今天澳大利亚的野生猫也可能会形成澳大利亚物种的适应性辐射。海岛上的猫可能会走上自己的路，每个种群都进化成彼此不同的独特物种。

始猫是已知的第一个猫科物种，它们生活在约 3 000 万年前，后来进化成了狮子、猎豹、剑齿虎等动物。时间将证明家猫会不会产生同样丰富的进化谱系。我可不会押注反对。

我打算请纳尔逊说最后的话。这个词就是"喵——啦——呜"，它在想让我知道它非常想出去时，就会用这个词。

回想起来，今天这种情况也是可以预见的。我们的计划是偶尔让它进后院，来安抚它对户外活动的冲动，结果却适得其反，它越出去就越想出去了。

幸运的是，我已经学会了一些小技巧以将情况维持在可控范围内。首先，我给它穿上帅气的虎纹马甲。它穿上橙黑相间的外套，再加上它那身漂亮的黑色大衣，看上去相当潇洒。更重要的是，这套衣服让它变得相当显眼，也证明了它不是一只无主猫。

这是我自己想出来的。但借助我新发现的猫科学智慧，我还在它的项圈上挂了一台猫追踪器。

于是它就出去了，通常每个小时会在后门晃荡一圈，获得一番爱抚，喝口水，吃点儿东西，或者这一套全来一遍。然后它又出去了，重复一整天，有时会在外面待 6 个小时。与此同时，我坐在书桌前写这本书或者做着其他事情，每隔几分钟就看一眼我苹果手机上的追踪应用程序，看看它在哪儿。它偶尔也会离开院子，要么从某种动物（土拨鼠、浣熊，也许是一只猫）在栅栏下挖出的洞里扭动着钻出去，要么在栅栏没那么高的地方纵身一跃跳过去。

纳尔逊进行户外活动

　　我不介意它在邻居的后院或者附近的社区里闲逛，不过我确实希望它能避开有大狗的房子。它似乎在其中一户那里得到了教训：有一次它被两只英国指示犬追上了树，我不得不把它从树上救下来，这之后它就基本上远离了那户人家。不过，它仍然在另一处院子里游荡，尽管两只大拉布拉多犬偶尔被放出来时就会在院子里四处狂奔。

　　所以我大多数时候就随它去了。它不会去离家两百码开外的地方。往大多数方向走都没事，但我不喜欢的是它走到东边 50 码远的繁忙的马路上。当它朝那个方向走的时候，我会保持高度警惕，一旦它走到街上，我会连滚带爬地冲过去拦住它，把它带回家，让邻居们开怀大笑。

　　在一天之内重复几次这样的事相当烦人。我怀疑有时是它太累了，或者懒得走回家。于是，它对自己说："我就走到马路上，打一辆优步。"果然不一会儿,我把它抱了起来,送它回家了。

这种安排在新冠疫情居家办公期间还不错,但随着我回到办公室和出城旅行的日子越来越近,我开始担心了。纳尔逊现在不能出去的时候会变得非常愤怒,它会把这种愤怒发泄在其他猫身上。我们似乎把自己逼到了墙角——只有我们整天在家监督纳尔逊的短途旅行,我们的系统才能运转良好。

然后,猫科学之神对我笑了。在读有关猫对澳大利亚本土动物群影响的研究时,我了解到,澳大利亚人发明了一种完美的防猫围栏,诀窍是把围栏的底部埋在地下,让顶部向内翻,这样一来,猫既不能爬上去,也没法跳上围栏。这些围栏让科学家得以制造出巨大的封闭场地,用实验检验猫对生态系统的影响,这些场地里有些有猫,有些则没有。

如果研究人员能阻止猫逃离几平方英里的场地,我们当然也可以把纳尔逊关在我们郊区居民平均大小的后院里。搜索一下就会发现,有几家公司已经效仿澳大利亚科学家的做法,开始销售防猫隔离系统。但它们并不便宜,所以我们决定自己动手,这项工作目前正在进行中。但愿纳尔逊没办法以智取胜。

即使澳大利亚人的聪明才智在纳尔逊对广阔天空的渴望和我们对它福祉的关注之间提供了一种合理的妥协,但还存在着它对其他物种的影响的问题。我的一些自然保护工作者同事对我又一次没能养出只待在室内的猫深感震惊。事实上,似乎没有什么比跟踪鸟更让纳尔逊喜欢的事情了。它能敏锐地察觉到有鸟儿在树上,有鸟儿飞过,尤其是有鸟儿落在地上。它会隐蔽地躺在一堆玉簪花中——要没有追踪器,我压根儿都不知道它在那里——离鸽子吃上方喂鸟器撒下的种子的地方 15 英尺远。

　　但也有一则好消息：纳尔逊在很多方面都很出色，但它是个糟糕的猎手。它知道在地面上和掩体后面保持低姿势，但不明白偷偷前进的概念，不知道如何走到扑击距离。因此，它的冲刺距离总是太短了，鸟儿在它接近之前就飞走了。我相当肯定它从来没有成功抓到过任何东西。

　　你可以怪纳尔逊在幼猫时期缺乏训练，但是简和温斯顿从两周大的时候就开始被人工饲养了，却对抓兔子相当在行。因此，猫妈妈的教导显然不是发展捕猎能力的必要条件。虽然一些研究已经探讨了猫如何学习成为高效的捕食者，但还需要更多研究。

　　通过呼吁进行这类研究来结束本书，可以称得上恰当。我们对猫已经有了不少了解，但还有很多是我们不了解的，包括各种各样的课题，比如它们的脑袋里发生了什么，它们对北美野生动物种群有什么影响，以及它们到底是在哪里被驯化的，还有很多东西有待发现。想成为一位猫科学家，这正是个令人兴奋的好时候！

致
谢

　　我要向太多人致谢，他们不遗余力地让我了解和猫有关的一切的一切。感谢Kyler Abernathy，Jason Ahistus，Mike Archer，Adam Boyko，Gordon Burghardt，Cris Bird，Ben Carswell，Martina Cecchetti，Francesco Cinque，Mike Cove，Marion Crain，Mikel Delgado，Justin Dellinger，Chris Dickman，Josh Donlan，Carlos Driscoll，Lucy Drury，Martin and Amanda Engster，David Fite，Harry Greene，Sarah Hartwell，Kathi Hoos，Anthony Hutcherson，Craig James，Jukka Jernvall，Roland Kays，Allene Keating，Heidy Kikillus，Bryan Kortis，Karen Kraus，Karen Lawrence和猫科动物历史博物馆，Mike Letnic，Katie Lisnik，Leslie Lyons，Kerrie Anne Loyd，Fiona Marshall，Jenni McDonald，Alexandra Newton McNeal，Hugh McGregor，Emily McLeod，Jill Mellen，Jane Melville，Jo - Ann Miksa - Blackwell，Kim Miller，Vered Mirmovitch，Katherine Moseby，Tom Newsome，Nicholas Nicastro，Peter Osborne，Claudio Ottoni，Marissa Parrott，Troi Perkins，Nancy Peterson，Tracie Quackenbush，Andrew Rowan，John Read，Grace

Ruga，Jill Sackman，Bob Sallinger，Karen Sausman，Gary Schwartz，Grant Sizemore，Eric Stiles，Molly Stinner，Judy Sugden，Agnes Sun，Katherine Tuft，Wim Van Neer，Keoni Vaughn，Angela Weatherspoon，Linda Winters，Melissa Vetter和华盛顿大学图书馆（特别是馆际互借办公室），以及Jill Gordon和圣路易斯动物园图书馆，他们和我大量交谈，多次向我提供信息或者材料，或者以其他方式提供了令人难以置信的帮助。

　　除此之外，感谢Dani Alifano，Jane Allen，Carissa Altschul，Stefano Anile，Erika Bauer，Luisa Arnedo Beltran，Andrew Bengsen，Rhea Bennett，John Boothroyd，Pavel Borodin，Bjarne Braastad，John Bradshaw，Bonnie Breitbeil，Brittani Brown，Sarah Brown，Linda Bull，Renee Bumpus，Scott Campbell，Loretta Caravette，Laura Carpenter，Alexandra Carthey，Linda Castaneda，Hollie Colahan，Dan Dembiec，Melissa Drake，Deborah Duffy，Lee Dugatkin，Mark Eldridge，Sarah Ellis，Bobby Espinoza，Zach Farris，Jillian Fazio，Rosemary Fisher，Jess Flaherty，Kerry Fowler，Mike Gillam，Abigail Gough，Andrea Griffin，Idit Gunther，Liz Hansen - Brown，Ben Hart，Anne Helgren，Alison Hermance，Salima Ikram，Sandy Ingleby，Candilee Jackson，Pat JacobBerger，Cathy Johannas，Norman Johnson，Pam Johnson - Bennett，Holly Jones，Ken Kaemmerer，Gail Karr，Scott Kayser，Tom Keeline，Susan Keen，Michael Keiley，John Keilman，Scott Keogh，Marthe Kiley - Worthington，Gwendolyn LaPrairie，Sarah Legge，Chris Lepczyk，Carolyn Lesorogol，Dan Lieberman，Kit Lilly，Travis Longcore，Daans Loock，Shu - Jin Luo，Doug Menke，Ashleigh Lutz - Nelson，David

Macdonald，Peter Marra，Henry Martineau，Becca McCloskey，Karen McComb，Robbie McDonald，Brennen McKenzie，John Moran，Cheryl Morris，Desmond Morris，Pavitra Muralidhar，Asia Murphy，Autumn Nelson，Darren Niejalke，Kristin Nowell，Steven J. O'Brien，Ken Olsen，Helen Owens，Craig Packer，Barb Palmer，Jim Patton，Diane Paxson，Bret Payseur，David Pemberton，Ben Phillips，Melanie Piazza，Danijela Popovic，Niamh Quinn，Nathan Ranc，Susanne Renner，David Reznick，Harriet Ritvo，Deborah Roberts，David Roshier，Dion Ross，Julius Bright Ross，Manuel Ruiz - García，Craig Saffoe，Marty Sawin，Doug Schar，Martin Schmidt，Susanne Schötz，Karin Schwartz，Trisha Seifried，Lara Semple，Brad Shaffer，Lynne Sherer，John Smithson，Philip Stephens，Ann Strople，Mel Sunquist，Amy Sutherland，Lourens Swanepoel，Teresa Sweeney，Allene Tartaglia，Patti Thomas，Chris Thornton，Dennis Turner，Yolanda van Heezik，Jean - Denis Vigne，Richard Wang，Georgia Ward - Fear，Wes Warren，Jim Wedner，Lars Werdelin，Mick Westbury，Annette Wilson，Robbie Wilson，Leigh - Ann Woolley，Mindy Zeder 和 Iris Zinck 回答了我的问题或者以各种形式帮助了我。

Lucy Drury、Megan Kasten、Carolyn Losos、Elizabeth Losos 和 David Schanzer 阅读了本书倒数第二版的大部分或者全部内容，提出了大量的意见，也非常有帮助。

非常感谢我的经纪人 Max Brockman 帮助我形成了写这本书的想法，感谢我的编辑 Wendy Wolf 帮我修改了这本书，给了我很多指导，尽管我的第一反应很抗拒，但这些指导都是对的。还要感谢 Paloma

Ruiz 和 Jane Cavolina，他们指出了许多令人尴尬的语法和措辞上的错误，并提供了全面的审稿建议。还要谢谢 Lynn Buckley，Meighan Cavanaugh，Cliff Corcoran 和 Jennifer Tait。Dave Tuss 的插图完全是我想要的，我很感谢他容忍我不断变化的要求和建议。也感谢 Lynn Marsden 看管猫并拍照。

　　最后，我感谢我的父母 Joseph 和 Carolyn Losos，谢谢他们在有猫的房子里把我养大，培养了我的好奇心。在我写这本书时，我妈妈是我的头号粉丝，并在倒数第二版中给我提供了宝贵的注释。最重要的是，谢谢我的妻子 Melissa Losos，感谢她多年来忍受我对所有猫科动物的事儿的喋喋不休，感谢她的爱和支持。

作者的网站（https://www.jonathanlosos.com/books/the-cats-meow-extended-endnotes）上可以找到更多的参考文献和附加评论。除了额外提及的情况，所有网址截至 2022 年 6 月 15 日都是有效的。

01 现代猫的悖论

Differences and similarities in behavior of different species were reported in M. C. Gartner et al., "Personality Structure in the Domestic Cat (*Felis silvestris catus*), Scottish Wildcat (*Felis silvestris grampia*), Clouded Leopard (*Neofelis nebulosa*), Snow Leopard (*Panthera uncia*), and African Lion (*Panthera leo*): A Comparative Study," *Journal of Comparative Psychology* 128 (2014): 414–26. A post on *Scientific American*'s website reviewed the scientific literature and said that scavenging on humans was reported much more for dogs than for cats, https://www.nationalgeographic.com/science/article/pets-dogs-cats-eat-dead-owners-forensics-science; see also M. L. Rossi et al., "Postmortem Injuries by Indoor Pets," *American Journal of Forensic Medicine and Pathology* 15 (1994): 105–9. One of the world's leading authorities on domestication, the Smithsonian archaeologist Mindy Zeder, has written several good overviews that are excellent starting places on the topic, e.g., M. A. Zeder, "The Domestication of Animals," *Journal of Anthropological Research* 68 (2012): 161–90. Statistics on the percentage of pedigreed and neutered pets are from the Humane Society, https://www.humanesociety .org/resources/pets-numbers, accessed January 4, 2019.

02 "喵呜" 了一声

The original source is Sarah Brown's PhD dissertation, "The Social Behaviour of Neutered Domestic Cats" (University of Southampton, England, 1993). Nicholas Nicastro kindly told me the backstory of his PhD research in email correspondence in January 2021. The paper reporting the results of his study on the different types of meows is N. Nicastro and M. J. Owren, "Classification of Domestic Cat (*Felis catus*) Vocalizations by Naïve and Experienced Human Listeners," *Journal of Comparative Psychology* 117 (2003): 44–52. The follow-up study, which included people who lived with the subject cats, was reported in S. L. H. Ellis et al., "Human Classification of Context-Related Vocalizations Emitted by Familiar and Unfamiliar Domestic Cats: An Exploratory Study," *Anthrozoös* 28 (2015): 625–44. Schötz's research is nicely summarized in her 2017 book, *The Secret Language of Cats: How to Understand Your Cat for a Better, Happier Relationship* (New York: Hanover Square Press). Schötz combines chirp and chattering into one category, chirp-chatter, but it seems to me that they are distinct sound types. Cameron-Beaumont studied some very cool and little-known felines in British zoos—the Asian wildcat, Geoffroy's cat, caracal, and jungle cat—and presented data on their rates of meowing, in C. L. Cameron-Beaumont, "Visual and Tactile Communication in the Domestic Cat (*Felis silvestris catus*) and Undomesticated Small Felids" (PhD dissertation, University of Southampton, England, 1997). Renee Bumpus, who has worked with sixteen species, confirmed that meowing is common in small cats, and usually used in mother-kitten or courtship contexts (email correspondence, January 15, 2021). Want to hear a wild cat species meow? Check out this serval: https:// www.youtube.com/watch?v=LelGEAHnaGo. or this caracal: https://www .youtube.com/watch?v=mZ_CDMyz374. The zookeeper survey was published by Cameron-Beaumont et al., "Evidence Suggesting Preadaptation to

Domestication Throughout the Small Felidae," *Biological Journal of the Linnean Society* 75 (2002): 361–66. Nicastro's work on African wildcat vocalizations was published in 2004, in "Perceptual and Acoustic Evidence for Species-Level Differences in Meow Vocalizations by Domestic Cats (*Felis catus*) and African Wild Cats (*Felis silvestris lybica*)," *Journal of Comparative Psychology* 118: 287–96. A nice newspaper article about this paper, from which Nicastro's "Mee-O-O-O-O-O-W!" quote is taken, appeared in the *Cornell Chronicle*, https://news.cornell.edu/stories/2002/05/meow-isnt -language-enough-manage-humans. The study on different types of purrs was published by Karen McComb; see McComb et al., "The Cry Embedded Within the Purr," *Current Biology* 19 (2009): R507–8. McComb provided some of the details on the experimental procedures in an email on February 3, 2021. Recordings of the solicitation call can be heard at https://www.cell.com/cur rent-biology/supplemental/S0960-9822(09)01168-3supplementaryData.

03 最友好者生存

Chapter 1 of John Bradshaw's wonderful *Cat Sense: How the New Feline Science Can Make You a Better Friend to Your Pet* (New York: Basic Books, 2013) recounts reports from people who have tried to raise wildcats cats in the past. Nobel Prize–winning animal behaviorist Konrad Lorenz provided firsthand stories from his own experience in *Man Meets Dog* (London: Methuen & Co., 1954), 16: "Anyone who has had the opportunity of knowing an African wild cat more intimately will have no doubt that no great effort would be needed to make a creature of this species into a domestic animal. In a way it is a born domestic animal." By contrast, he says, European wildcats are "completely untameable." The list of tamed species comes from E. Faure and A. C. Kitchener, "An Archaeological and Historical Review of the Relationships Between Felids and People," *Anthrozoös* 22 (2009): 221–38. Chapter 4 in *Cat Sense* has an excellent discussion of cat socialization. There isn't as much research on this topic, so there is uncertainty when exactly the critical age for handling begins and ends. It might start as early as three weeks, for example. The first surveys of cat behavioral variation were published by D. L. Duffy et al., "Development and Evaluation of the Fe-BARQ: A New Survey Instrument for Measuring Behavior in Domestic Cats (*Felis s. catus*)," *Behavioural Processes* 141 (2017): 329–41 (Deborah Duffy kindly provided the raw data); and for Finnish cats, S. Mikkola et al., "Reliability and Validity of Seven Feline Behavior and Personality Traits," *Animals* 11 (2021): 1991. A particularly interesting article on fetching behavior in cats by Sarah Hartwell can be found at the very useful Messybeast.com website (http://messybeast.com/retriever.htm), which I consulted frequently during this book's preparation. The differences between dogs and wolves are discussed in Brian Hare and Vanessa Woods's *The Genius of Dogs: How Dogs Are Smarter Than You Think* (New York: Plume, 2013). The extent to which the ability to follow a person's pointed finger is innate versus the result of growing up around humans is a topic of considerable debate. Compare Clive D. L. Wynne's *Dog Is Love: Why and How Your Dog Loves You* (Boston: Houghton Mifflin Harcourt, 2019) with Hare and Woods's *Survival of the Friendliest: Understanding Our Origins and Rediscovering Our Common Humanity* (New York: Random House, 2020), for example. There has been some research on whether oxytocin levels in cats increase after interacting with people, but those studies have not been published in the scientific literature, only reported on in the press (e.g., https://www.hillspet.com/pet-care/behavior-appearance/why-humans-love-pets). The tail silhouette study is summarized in J. Bradshaw and C. Cameron-Beaumont (2000), "The Signalling Repertoire of the Domestic Cat and Its Undomesticated Relatives," in *The Domestic Cat: The Biology of Its Behaviour,* eds. Dennis C. Turner and Patrick Bateson (Cambridge: Cambridge University Press, 2000), 67–93. An example of lion tail-raising can be viewed at https://www.youtube.com/watch?v=jAPd90ePJ_U).

04 猫多力量大

D. W. Macdonald et al.'s fascinating chapter "Felid Society," in *Biology and Conservation of Wild Felids*, eds. D. W. Macdonald and A. J. Loveridge (Oxford: Oxford University Press, 2010), 125–60, provides a wealth of information on topics related to social structure of felines. Kristyn Vitale, in "The Social Lives of Free-Ranging Cats," *Animals* 12 (2022): 126, nicely reviews the literature on social behavior in unowned cat colonies. I report densities in cats per square mile, but the study sites were often substantially less than a square mile in size (just as you can measure how fast you are driving in miles per hour without actually driving for an hour).

Information on Nachlaot cats from V. Mirmovitch, "Spatial Organisation of Urban Feral Cats (*Felis catus*) in Jerusalem," *Wildlife Research* 22 (1995): 299–310, and email exchanges with Vered Mirmovitch on February 19, 2021. Larger density estimates have been reported than those I quote, but they either refer to cats in confined areas or don't include the entire ranging area of the cats, thus artificially inflating the density estimate. Unlike the situation for Nachlaot's cats, we know what has happened in recent years on Ainoshima. Four decades after the initial studies, the village's human population has declined by more than half, perhaps because the fisherpeople are growing old and not being replaced by a younger generation. Feline tourism, with attendant feeding of the cats by visitors and residents, is increasing according to a newspaper article in 2014. As for the cats, they still seem to be subsisting primarily on fish scraps, and supplementation by the tourists' handouts hasn't been enough to prevent the population from declining by more than fifty percent. A. Mosser and C. Packer, "Group Territoriality and the Benefits of Sociality in the African Lion, *Panthera leo*," *Animal Behaviour* 78 (2009): 359–70, provide a nice review of the advantages of large prides for territory ownership. A good discussion of infanticide is in Pusey and C. Packer's chapter "Infanticide in Lions: Consequences and Counterstrategies," in *Infanticide and Parental Care*, eds. Stefano Parmigiani and Frederick S. vom Saal (New York: Routledge, 1994). Some of the details, though, are hard to read—nature red in tooth and claw can be pretty unpleasant. The evidence for the statement that survival of kittens is better when communally cared for is a bit thin. D. W. Macdonald's magazine article, "The Pride of the Farmyard," *BBC Wildlife* 9 (November 1991): 782–90, mentions it alongside a fascinating discussion of farm cat colonies. Kerby and Macdonald's 1988 chapter "Cat Society and the Consequences of Colony Size," in *The Domestic Cat: The Biology of Its Behaviour*, eds. Dennis C. Turner and Patrick Bateson (Cambridge: Cambridge University Press, 2014), shows that kitten rearing is much more successful in groups that have better territories within a colony. D. Pontier and E. Natoli, "Infanticide in Rural Male Cats (*Felis catus* L.) as a Reproductive Mating Tactic," *Aggressive Behavior* 25 (1999): 445–49, review the occurrence of infanticide in domestic cats. The best reference about multiple females deterring infanticide is in Macdonald's *BBC Wildlife* article. Warner Passanissi, mentioned in the article, confirmed that his observations on infanticide suggest that groups of females are better able to prevent infanticide than a single female (email, April 8, 2021). Deer licking photos are available at https://www.theatlantic.com/science/archive/2017/10/why-is-this-deer-licking-this-fox/543621/, P. Bisceglio, "Why Is This Deer Licking This Fox?," *The Atlantic*, October 23, 2017. The camera trap approach works particularly well when each cat has a unique coat pattern. Individuals of some species are harder to tell apart, however. For those individuals, even more complicated math is used to estimate the number of individuals based on how far an individual is likely to roam, and thus how likely it is to be detected on multiple cameras. Information on wildcats living near each other comes from letters written in the field by Willoughby Prescott Lowe, a specimen collector for the British Museum of Natural History, reported by John Bradshaw in *Cat Sense: How the New Feline Science Can Make You a Better Friend to Your Pet* (New York: Basic Books, 2013). The report on multiple paternity in cats from L. Say et al. (1999), "High Variation in Multiple Paternity of Domestic Cats (*Felis catus* L.) in Relation to Environmental Conditions," *Proceedings of the Royal Society of London B* 266 (1999): 2071–74. "Cardinal rule quote" from Bradshaw, *Cat Sense*, p. 211. I thank cat behavior guru Pam Johnson-Bennett (email, March 20, 2021) for pointing out how cat owners sometimes make the situation worse. The statement that interlopers can succeed in joining a colony comes from O. Liberg et al.'s chapter "Density, Spatial Organisation and Reproductive Tactics in the Domestic Cat and Other Felids," in *The Domestic Cat: The Biology of Its Behaviour,* 2nd ed., eds. Dennis C. Turner and Patrick Bateson (Cambridge: Cambridge University Press, 2000), which indicates that female dispersal from one group to another occurs, but only rarely. In contrast, dispersal in males is more common.

05 猫的"前世今生"

The evolutionary history of felines is well summarized in L. Werdelin et al.'s chapter "Phylogeny and Evolution of Cats (Felidae)," in Macdonald et al., *Biology and Conservation of Wild Felids*. Pet name popularity from a registry of cats with insurance policies ("Naming Your Cat," Nationwide Pet Health Zone, https://phz8.petinsurance.com/pet-names/cat-names/male-cat-names-1). Simba appears universally popular, with two other surveys placing the moniker first among male names and third among names for all cats, male and female. First Vet ("A Rover by Any Other Name," https://firstvet

.com/us/articles/a-rover-by-any-other-name) reported 115 years of pet names from the Hartsdale Pet Cemetery in New York. J. R. Castelló's, *Felids and Hyenas of the World* (Princeton, NJ: Princeton University Press, 2020) is an excellent source for information on all species of cats. The dichotomy of "big" versus "small" cats ignores the fact that body size is a continuum in feline species—the intermediate-size lynx, caracal, and African golden cat eat intermediate-size prey. For information on phylogenetic relationships of living species, see W. E. Johnson et al., "The Late Miocene Radiation of Modern Felidae: A Genetic Assessment," *Science* 311 (2006): 73–77, and G. Li et al. (2016), "Phylogenomic Evidence for Ancient Hybridization in the Genomes of Living Cats (Felidae)," *Genome Research* 26 (2016): 1–11. Darwin, in *The Variation of Animals and Plants Under Domestication* (vol. 2, 2nd ed., published in 1883), citing the famous French zoologist Isidore Geoffroy Saint-Hilaire, who in turn was repeating what Daubenton published in 1756, stated: "The intestines of the domestic cat are one-third longer than those of the wild cat of Europe.... The increased length appears to be due to the domestic cat being less strictly carnivorous in its diet than any wild feline species; for instance, I have seen a French kitten eating vegetables as readily as meat," 292–93. For discussion of cat veganism, see "Are Vegan Diets Healthier for Dogs & Cats?," Skeptvet, April 29, 2022, https://skeptvet.com/Blog/2022/04/are -vegan-diets-healthier-for-dogs-cats/. M. A. Zeder's "The Domestication of Animals," *Journal of Anthropological Research* 68 (2012): 161–90 is a good review of domestication and brain reduction. African wildcat strut nicely shown in https://www.youtube.com/watch?v=iDiL4YSNxwc&t=249s. The website of Scottish Wildcat Action (https://www.scottishwildcataction.org /about-us/#overview) is a good place to start for information on this gorgeous cat.

06 物种起源

Carlos Driscoll's work was published in "The Near Eastern Origin of Cat Domestication," *Science* 317 (2007): 519–23. Driscoll provided many details about his research by phone and email in conversations from December 2020 to June 2022. John Bradshaw repeatedly makes the point on hybridization affecting African wildcats in *Cat Sense*. A counterargument might be that Geoffroy's cat and related South American felines are extremely friendly as well, and they do not hybridize with domestic cats. If the South Americans could evolve such friendliness, why not African wildcats?

07 挖出猫来

M. A. Zeder, "The Domestication of Animals," *Journal of Anthropological Research* 68 (2012): 161–90, provides a good review of pathways to domestication. D. Réale et al. provide a review of research on animal personality, "Evolutionary and Ecological Approaches to the Study of Personality," *Philosophical Transactions of the Royal Society B* 365 (2010): 3937–46. Oriol Lapiedra's "Predator-Driven Natural Selection on Risk-Taking Behavior in Anole Lizards" appeared in one of the premier journals in the field, *Science* 360 (2018): 1017–20. I had advised him that the project would never work and was a poor use of his time, but he stubbornly refused to take my advice. Show's what I know! The risk to cats from dogs in human settlements was pointed out to me by my Washington University colleague Fiona Marshall. Working cat adoption programs are discussed in Jen Christensen, "Are Cats the Ultimate Weapon in Public Health," CNN, July 15, 2016, https://www.cnn.com/2016/07/15/health/cats-chicago-rat-patrol/index.html. I thank Fiona Marshall for also suggesting to me the possible reasons why cat remains may be so scarce in archaeological deposits. Jaromir Malek's *The Cat in Ancient Egypt* (London: British Museum Press, 1993) is the go-to source for information on Egyptian cats, full of photographs, illustrations, and interesting stories. D. Engels's broader *Classical Cats: The Rise and Fall of the Sacred Cat* (London: Routledge, 1999) is also useful. Chinese cat archaeological remains first reported by Y. Hu et al., "Earliest Evidence for Commensal Processes of Cat Domestication," *Proceedings of the National Academy of Sciences* 111 (2014): 116–20; a follow-up paper identifying the species is Vigne et al., "Earliest 'Domestic' Cats in China Identified as Leopard Cat (*Prionailurus bengalensis*)," *PLoS One* 11, no. 1 (2015): e0147295.

08 "猫乃伊" 的诅咒

An entertaining summary of Ottoni's work, with some interpretations with which I disagree, can be found at in Ben Johnson's "How Cats Took Over the World," June 20, 2017, https://natureecoevocommunity.nature.com/posts

/17958-how-cats-took-over-the-world. My description of Ottoni's work was enlightened by Zoom and email conversations, mostly in December 2020 and January 2021. A great introduction to animal mummies is the 2005 book *Divine Creatures: Animal Mummies in Ancient Egypt* (Cairo: American University in Cairo Press). Its editor, Salima Ikram, told me that dogs were the most mummified animal in Egypt in an email on December 30, 2020. Murder conviction details can be found at https://en.wikipedia.org/wiki/Murder_of_Shirley_Duguay. M. Golab strongly advocates for the out-of-Turkey viewpoint and provides a nice perspective on how Ottoni's paper can be interpreted in "Egyptian Cats, Anatolian Cats and Vikings: Separating Evidence from Fiction About the Cat Domestication," June 25, 2017, https://www.anadolukedisi.com/en/cat-domestication-fiction-evidence/. Ottoni's findings were actually more complicated: not only did European wildcats not occur in Turkey, but they did not even have sole possession of the European continent. As expected, all of the Western European samples from earlier than 800 BC carried European wildcat DNA. But old samples from southeastern Europe, predating the appearance of farming in that area, told a different story: a ten-thousand-year-old bone from Romania turned out to have North African wildcat DNA, as did the remains of an eight-thousand-year-old puss from Bulgaria. Overall, half of the cat remains from sites in southeastern Europe that dated to five thousand or more years ago contained North African wildcat DNA. These findings were intriguing because the standard view was that the geographic ranges of the two wildcat subspecies were nonoverlapping; these data suggest, to the contrary, that both subspecies were present in the region. When Ottoni compared the DNA of the North African wildcats from Europe with that of equally ancient cats from Turkey and nearby areas, he detected a slight but consistent genetic difference: a particular allele was common in Turkey but did not occur in Europe. This difference suggests that the North African wildcat populations in the two areas had been evolving separately for an extended period of time, long enough for genetic differences to accumulate. In other words, North African wildcats had been in southeastern Europe for quite some time, far in advance of the migration of humans from Turkey that brought agriculture to Europe. The subsequent appearance in Europe of this Turkish allele indicated an influx of Turkish cats to the European continent. Fiona Marshall provides an excellent discussion and synthesis of the implication of Turkish alleles showing up in southeastern Europe in "Cats as Predators and Early Domesticates in Ancient Human Landscapes," *Proceedings of the National Academy of Sciences* 117 (2020): 18154–56. Many sources—online, in books, even in scientific papers—say that the Egyptians called the Phoenicians "cat thieves." However, I have been unable to find an authentic primary source documenting this statement. My guess is that someone, at some time in the past, invented the epithet and now it's become accepted as fact. Similarly, statements about Egyptian efforts to repatriate cats taken out of Egypt all trace back to the writing of the Greek historian Diodorus Siculus, who wrote in the *Library of History*, Volume 1 (https://penelope.uchicago.edu/Thayer/e/roman/texts/diodorus_siculus/1d*.html): "And if they happen to be making a military expedition in another country, they ransom the captive cats and hawks and bring them back to Egypt, and this they do sometimes even when their supply of money for the journey is running short." Many published reports mischaracterize what he wrote, going so far as to sometimes say that armies were expressly sent out to invade other lands to capture the cats. Again, the explanation is probably that one writer got it wrong, and others have just copied the mistake, sometimes embellishing, and thus inaccuracies become repeated and eventually accepted as fact. The discussion of the geographical spread of cats was drawn primarily from D. Engels, *Classical Cats: The Rise and Fall of the Sacred Cat* (London: Routledge, 1999), and E. Faure and A. C. Kitchener, "An Archaeological and Historical Review of the Relationships Between Felids and People," *Anthrozoös* 22 (2009): 221–38. M. Toplak explained the revisionist history in Norwegian cat mythology, "The Warrior and the Cat: A Re-evaluation of the Roles of Domestic Cats in Viking Age Scandinavia," *Current Swedish Archaeology* 27 (2019): 213–45. More information on Ottoni's grant can be found at https://farmacia.uniroma2.it/a-history-of-cat-human-relationship-2mln-granted-by-erc-to-the-felix-project/, "A History of Cat-Human Relationship," University of Rome Tor Vergata.

Q9 三花老虎和黑白斑点的美洲狮

Information on the color of cats in art is primarily from D. Engels, *Classical Cats: The Rise and Fall of the Sacred Cat* (London: Routledge, 1999). M. R. Clutterbuck's *Siamese Cats: Legends and Reality*, 2nd ed. (Bangkok: White

Lotus, 2004) is an authoritative discussion of the *Tamra Maew* and modern-day cats from Thailand. Tortitude information from "'Tortitude' Is Real, and Other Fun Facts About Tortoiseshell Cats," October 2, 2018, https://www.meowingtons.com/blogs/lolcats/tortitude-is-real-and-other-fun-facts-about-tortoiseshell-cats. A go-to reference, quoted by this website, is I. King, *Tortitude: The BIG Book of Cats with a BIG Attitude* (Miami: Mango Media, 2016). Why tortoiseshell and calico cats are almost always females is explained in Kat McGowan, "Splotchy Cats Show Why It's Better to Be Female," https://nautil.us/splotchy-cats-show-why-its-better-to-be-female-3608/.

10 一段毛茸茸的猫的故事

Toby's full name is Grand Champion of Distinction LapCats Tobias Mac-Nifico. Cat popularity figures from the Cat Fanciers' Association, https://cfa.org/cfa-news-releases/top-breeds-2021/. Descriptions of Maine Coons appear in Frances Simpson's *The Book of the Cat* (London: Cassell and Company, 1903) and Harrison Weir's *Our Cats and All about Them* (Boston: Houghton Mifflin, 1889); photos of nineteenth-century Maine Coons are available at https://www.pawpeds.com/cms/index.php/en/breed-specific/breed-articles/forebears-of-our-present-day-maine-coons. One of the Norwegians who led the effort to develop the breed remarked in 1977, "Historically, little is known about the Norwegian Forest Cat. Most of what has been written about the cat and its background is supposition and pure guesswork. One thing is known however: the Forest Cat has existed in Norway for as long as can be remembered," E. Nylund, "The Norwegian Forest Cat," *All Cats*, no. 14 (July/August 1977); http://www.skogkattringen.no/artikler/Norsk_Skogkatt_histore_m_bilder_2.pdf describes the initiation of the NFC breed, translated from Norwegian: "Collection of breed-typical individuals from all over Norway was made. . . . Cats were literally lifted out of the shed and sat on the judge's table in hopes of fitting into the technical requirements which had been set. Some came through the eye of the needle, others did not. The breeding work could finally begin." According to Bjarne O. Braastad (email, June 2, 2021), the standard has not changed since these founding individuals were selected, meaning that the Norwegian Forest cat breed today includes cats similar to those plucked out of the woods and off

farms decades ago. More information is available at https://www.norges
kaukatt.co.uk/Norgeskaukatt/History/firstshowcats.html. The description
of the Russian longhair is from Weir's book. I thank Lucy Drury (several
emails beginning June 10, 2021) for walking me through the history of the
Siberian and Drury (June 21, 2022) and Sarah Hartwell (August 19, 2022) for
discussion of variation in the conformation of the same breed in different
cat organizations. Irinia Sadovnikova's article on Siberians is very infor-
mative (https://www.pawpeds.com/cms/index.php/en/breed-specific/breed
-articles/the-siberian-cat); in it, she described the origination of Siberians:
"At that time the idea to create a Russian breed was up in the air. And of
course it should have been called 'Siberian Cat,' due to the long history of
this word collocation. But the appearance of this cat had not been obvious
yet. It must have been semi-longhair, but what else? Type, size, shape of the
head, muzzle contours, placement of ears—a wide variety of these features
was represented in the urban and the suburban population of semi-longhair
cats (let us call them 'conventionally aboriginal') studied by felinologists.
They had to make choice on the basis of the predominant type in the popu-
lation, taking into account already recognized breeds of semi-longhair cats,
mainly the Maine Coon and the Norwegian Forest cat. Everybody wanted to
refrain from the repetition of the existing things." Other useful articles are
by A. V. Kolesnikov (http://www.tscharodeika.de/unmasked.html) and Olga
O. Zaytseva (https://www.biorxiv.org/content/10.1101/165555v1); the latter
expresses skepticism about the link between Siberians and Russian long-
hairs of the past. Pictures of street cats of Thailand are available at http://
www.siamesekittens.info/thailand.html. For Cairo, see Lorraine Chittock's
Cats of Cairo (New York: Abbeville Press, 2000). For British cats, surf the
internet or check out the BBC documentary *The Secret Life of the Cat*. Rather
than relying on such studies, researchers should conduct a formal study of
geographic variation in street cats. The feral cats on the nearby island of
Lamu have a similar appearance to Sokoke Forest cats as well. Academy
Award–nominated cinematographer Jack Couffer wrote a charming book,
The Cats of Lamu (London: Aurum Press, 1998), about the cats occupying
the old town on this picturesque Kenyan island. M. R. Clutterbuck's *Siamese
Cats: Legends and Reality*, 2nd ed. (Bangkok: White Lotus, 2004) describes
the history of the Burmese breeds, (pp. 95–96).

11 不是你爸爸的猫

A great resource on the characteristics of the different breeds are the breed pages on the Cat Fanciers' Association (https://cfa.org) and The International Cat Association (https://tica.org/) websites, such as the Persian breed page from CFA (https://cfa.org/persian/persian-breed-standard/). The controversy over acceptance of the Munchkin breed and its history can be found in "Munchkin: Fur Is Flying Over This Rare Cat Breed," *Tampa Bay Times*, June 14, 1995, at https://www.tampabay.com/archive/1995/06/14/munch kin-fur-is-flying-over-this-rare-cat-breed/. An updated analysis of health problems, or lack thereof, can be found on this enthusiast's website, Munchkin Cat Guide, "Do Munchkin Cats Have Health Problems?" December 27, 2018, https://www.munchkincatguide.com/do-munchkin-cats-have-health -problems/. The evolutionary history of felines is nicely summarized in L. Werdelin et al.'s chapter "Phylogeny and Evolution of Cats (Felidae)," in Macdonald et al., *Biology and Conservation of Wild Felids*, eds. D. W. Macdonald and A. J. Loveridge (Oxford: Oxford University Press, 2010).

12 喋喋不休的唠叨鬼

It's Show Time! by P. Maggitti and J. Anne Helgren (Hauppauge, NY: Barron's Educational Series, 1998) is a nice introduction to cat shows and *Meow: What Cats Teach Judges about Judging* gives the judge's perspective (K. J. Fowler, 2021), also pointing out that cat shows run by different organizations and in different countries vary from the format I've described. The survey of veterinarians was reported in B. L. Hart and L. A. Hart, *Your Ideal Cat: Insights into Breed and Gender Differences in Cat Behavior* (West Lafayette, IN: Purdue University Press, 2013). J. Anne Helgren's *Encyclopedia of Cat Breeds*, 2nd ed. (Hauppauge, NY: Barron's Educational Series, 2013) is my bible of cat breeds, with entertaining and thorough discussions of almost every cat breed . . . at least those in existence in 2013! Helgren's rankings of behavioral traits were the result of years of research as a writer for cat magazines and websites, involving attending cat shows; talking with breeders, owners, veterinarians; and "of course I interviewed the cats themselves" (email, November 16, 2020). Research on behavioral variation among breeds include D. L. Duffy et al., "Development and Evaluation of the Fe-BARQ: A New Survey Instrument for Measuring Behavior in Domestic Cats (*Felis s. catus*)," *Behavioural Processes* 141 (2017): 329–41; J. Wilhelmy et al., "Behavioral Associations with Breed, Coat Type, and Eye Color in Single-Breed Cats," *Journal of Veterinary Behavior* 13 (2016): 80e–87; and M. Salonen et al., "Breed Differences of Heritable Behaviour Traits in Cats," *Scientific Reports* 9 (2019): 7949. The Finnish study was by S. Mikkola et al., "Reliability and Validity of Seven Feline Behavior and Personality Traits," *Animals* 11 (2021): 9911. The idea that Persians were bred to be placid was suggested by Desmond Morris, *Catworld: A Feline Encyclopedia* (New York: Viking, 1996) and by Sarah Hartwell in an email (June 2, 2022); Rosemary Fisher proposed that such equability was necessary so that the long-haired cats could be groomed (email, July 27, 2022). The comparison of the Siamese breed cats to other cats in Thailand was made in M. R. Clutterbuck's *Siamese Cats: Legends and Reality*, 2nd ed. (Bangkok: White Lotus, 2004).

13　育旧繁新

Harriet Ritvo's *The Animal Estate: The English and Other Creatures in the Victorian Age* (Cambridge, MA: Harvard University Press, 1987) provides an enlightening discussion of the development of the dog and cat fancies. Harrison Weir, the man credited with starting the fancy, described the variety of cats known at the time in *Our Cats and All About Them* (Boston: Houghton Mifflin, 1889). A very interesting parallel discussion of the derivation and antiquity of dog breeds can be found in this *New York Times* article: by James Gorman, "How Old Is the Maltese, Really?," October 4, 2021, https://www.nytimes.com/2021/10/04/science/dogs-DNA-breeds-maltese.html. I am indebted to Cris Bird for discussions of Siamese cat history (emails, June 19–21, 2021) that elaborate on the history she presents in http://www.siamesekittens.info/siamhx.html, "Sarsenstone Cattery: A Word About Siamese History and Body Type," and https://web.archive.org/web/20060930012742/http://home.earthlink.net/~sarsenstone/threetypes.html, "Sarsenstone Cattery: The Types of Siamese." A particularly interesting, if provocative, book on pedigreed dog breeding is Michael Brandow's *A Matter of Breeding: A Biting History of Pedigree Dogs and How the Quest for Status Has Harmed Man's*

Best Friend (Boston: Beacon Press, 2015). Conversation with Grace Ruga (October 8, 2021) provided the history of the American Curl; in a subsequent email (October 13, 2021), she emphasized that developing the American Curl was a team effort involving a number of others besides the Rugas. Also, although most of Shulamith's kittens were given away to friends and family, one was placed via a classified ad. Adam Boyko provided information on dog breeds (email, October 4, 2021). Details on the Virginia cats involved in Lykoi development were provided by Patti Thomas (email, July 15, 2021). There is some controversy on how the Lykoi originated. The CFA and TICA breed pages, for example, provide different histories. See also Sarah Hartwell, "The Uncensored Origins of the Lykoi," http://messybeast.com/lykoi -story.htm, for some unseemly details. A nice history of short-legged cats can be found in Hartwell's "Short-Legged Cats," http://messybeast.com/short legs.htm.

14 带斑点的家猫和野性的呼唤

Nether parts problems told to me by both Martin Engster (October 20, 2017) and Karen Sausman (July 21, 2021). Information about Savannah sizes and price can be found at https://www.savannahcatassociation.org/. To see a Savannah jump really high, go to https://www.youtube.com/watch?v=vprE InOl1o0. The destructive tendencies of bored Savannahs are discussed in T. David's *Savannah Cats and Kittens: Complete Owner's Guide to Savannah Cat and Kitten Care* (Canada: Windrunner Press, 2013); the merits of different generation Savannahs can be assessed at "Which Cat Is Right for You?," https://savannahcatbreed.com/which-cat-is-right-for-you/. *The New Yorker* article, "Living-Room Leopards," by Ariel Levy, can be found at https://www.newyorker.com/magazine/2013/05/06/living-room-leopards. I conversed with Anthony Hutcherson on August 11, 2021, and November 19, 2020, as well as by email a number of times. A comprehensive list of attempted crossbreeds, "Domestic x Wildcat Hybrids" by Sarah Hartwell, resides at http://messybeast.com/small-hybrids/hybrids.htm. Karen Sausman's history and the Serengeti breeding program were detailed in phone and email conversations in November 2020 and later in 2021, as well as in a Zoo &

Aquarium Video Archive interview, available at http://www.zoovideoar
chive.org/karen-sausman, the transcript of which was kindly provided by
Loretta Caravette. I learned of the history of the toyger by reading the cover
article in the February 23, 2007, issue of *Life*, K. Miller, "Hello, Kitty: Inside
the Making of America's Next Great Cat," and Alexandra Marvar's "You
Thought Your Cat Was Fancy?," *New York Times*, May 27, 2020, https://
www.nytimes.com/2020/05/27/style/toyger-fever.html, as well as from
conversations with Judy Sugden on November 22, 2020, and June 13, 2022,
and in emails in between. The Darwin quote on Lord Rivers is from *The
Variation of Animals and Plants Under Domestication* (vol. 2, 2nd ed., pub-
lished in 1883), 221. The story of breeding twisty cats appears in R. Tomsho
and C. Tajada, "Mutant Cats Breed Uproar; 'May God Have Mercy,'" *Wall
Street Journal*, November 27, 1998, https://www.wsj.com/articles/SB91211
9899369123000; discussion of twisty cats and the ethics of breeding for det-
rimental traits can be found in Hartwell's "Twisty Cats: The Ethics of
Breeding for Deformity," http://messybeast.com/twisty.htm. The MRI
study of Persians' skulls is M. J. Schmidt et al., "The Relationship Between
Brachycephalic Head Features in Modern Persian Cats and Dysmorpholo-
gies of the Skull and Internal Hydrocephalus," *Journal of Veterinary Internal
Medicine* 31 (2017): 1487–1501. The UK study of health of three hundred thou-
sand cats was published by D. G. O'Neill et al., "Persian Cats Under First
Opinion Veterinary Care in the UK: Demography, Mortality and Disorders,"
Scientific Reports 9 (2019): 12952. A quick google will lead you to many web-
sites explaining why declawing is a terrible idea. For example, see the Hu-
mane Society's page at https://www.humanesociety.org/resources/declawing
-cats-far-worse-manicure, or the ASPCA's at https://www.aspca.org/about-us
/aspca-policy-and-position-statements/position-statement-declawing
-cats, or S. Robins's article "The Battle to Stop Declawing," May 10, 2021,
https://www.catster.com/lifestyle/the-battle-to-stop-declawing.

15   猫的遗传

I spoke with Leslie Lyons by phone and email throughout spring and sum-
mer 2021. A good review of how scientists find the genes responsible for
particular traits is in B. Gandolfi and H. Alhaddad, "Investigation of Inher-
ited Diseases in Cats: Genetic and Genomic Strategies over Three Decades,"

Journal of Feline Medicine and Surgery 17 (2015): 405–15. Lyons nicely explains genetic testing for diseases in "Feline Genetic Disorders and Genetic Testing," Tufts' Canine and Feline Breeding and Genetics Conference, 2005, at https://www.vin.com/apputil/content/defaultadv1.aspx?id=3853845&pid=11203. Her "Everything You Need to Know About Genetics . . . You Can Learn from Your Cat!" ongoing series in *Felis Historica* provides many useful examples. The first six are available at the History Project, CFA Foundation, http://www.cat-o-pedia.org/articles.html. Another nice review of cat genetics by Pavel Borodin is available at https://scfh.ru/en/papers/cats-and-genes-40-years-later/. Lyons presented a very nice lecture on the P4 approach to feline health at the end of 2020: "Precision Medicine & Genomic Resources for Domestic Cats," Cornell University Video on Demand, https://vod.video.cornell.edu/media/Baker+Institute+virtual+seminar+series+-+Dr.+Leslie+Lyons/1_ouj3m230. An informative interview can be found at Growing Life, Our Feline Futures, episode 13, "Leslie Lyons: Exploring the Feline Genome," https://www.gowinglife.com/leslie-lyons-exploring-the-feline-genome-our-longevity-futures-ep-13/. More information on the 99 Lives project is available at http://felinegenetics.missouri.edu/. An entertaining and enlightening discussion of the problem of lack of genetic variation in cat breeds can be found in L. Drury, "The Challenge of Diversity in Small Breeding Populations," *Cat Talk* 12, no. 1 (2022): 7–9. Carlos Driscoll suggested to me that colors seen in Cairo cats were probably not present in ancient Egyptian times in an email, May 21, 2021. Genetic differences among cats of the world are reported in a paper by S. M. Nilson et al., "Genetics of Random-bred Cats Support the Cradle of Cat Domestication in the Near East," accepted for publication in *Heredity*. A description of geographic differentiation is also found in the very different analysis of H. dad et al., "Patterns of Allele Frequency Differences Among Domestic Cat Breeds Assessed by a 63K SNP Array," *PloS One* 16 (2021): e0247092. Karen Lawrence's *The Descendants of Bastet: The Early History and Development of the Abyssinian Cat* (Canada: CFA Foundation and Harrison Weir Collection, 2021) should be consulted for a detailed history of the Abyssinian. H. G. Parker et al., "Genomic Analyses Reveal the Influence of Geographic Origin, Migration, and Hybridization on Modern Dog Breed Development," *Cell Reports* 19 (2017): 697–708, is a good source for background on dog breed evolution. A nice explanation of what cat genetic test results mean can be found in Emilie Bess, updated by Karen Anderson, "We Tried the Top Two Cat DNA Tests and Here's What We Discovered," The Dog People, Rover.com, at https://www .rover.com/blog/cat-dna-test/.

16 小猫咪，小猫咪，你去哪儿了？

According to the narration of the documentary, the density of cats is highest in the southeast of England. No reason was given for why Shamley Green in particular was chosen. At the time the documentary was filmed, most discussion of the behavior and ecology of *Felis catus* came from studies of feral cats, or cats living in colonies and varying in degrees of human intervention from farm cats to those in managed colonies of strays; see, for example, chapters in *The Domestic Cat: The Biology of Its Behaviour,* 2nd ed., eds. Dennis C. Turner and Patrick Bateson (Cambridge: Cambridge University Press, 2000); or in John Bradshaw, *Cat Sense: How the New Feline Science Can Make You a Better Friend to Your Pet* (New York: Basic Books, 2013). The Albany study was R. W. Kays and A. A. DeWan, "Ecological Impact of Inside/Outside House Cats Around a Suburban Nature Preserve," *Animal Conservation* 7 (2004): 273–83. Details on specific cats can be found at the BBC News website, "Secret Life of the Cat: What Do Our Feline Companions Get Up To?," June 12, 2013, https://www.bbc.com/news/science-environment-22567526. In 2021–2022, even more cat tracker options were available and reviews were somewhat more consistent in their favorites. Here are four, but there are more: https://allaboutcats.com/best-cat-tracker; https://www.mypetneeds that.com/best-cat-gps-tracker/; https://www.t3.com/us/features/best-cat-gps -tracker; and https://www.buskerscat.com/best-cat-tracker-uk. Information on the Cat Tracker project from an interview and subsequent emails with Troi Perkins in 2019 and 2020, as well as from Mark Turner, "Cat Tracker Project: How Cats Live Their (Nine) Lives," TechnicianOnline, January 25, 2016, http://www.technicianonline.com/arts_entertainment/article_cc5adb66 -c3e6-11e5-8a3a-3bc55bda07c1.html. The project website is also very informative: http://cattracker.org/tracks/, as is R. W. Kays et al., "The Small Home Ranges and Large Local Ecological Impacts of Pet Cats," *Animal Conservation* 23 (2020): 516–23. Australia and New Zealand data from H. Kikillus et al., "Cat Tracker New Zealand: Understanding Pet Cats Through Citizen Science," 2017, http://cattracker.nz/wp-content/uploads/2017/12/Cat-Tracker -New-Zealand_report_Dec2017.pdf; and P. E. J. Roetman et al., "Cat Tracker South Australia: Understanding Pet Cats Through Citizen Science," 2017, https://doi.org/10.4226/78/5892ce70b245a. The British study that reported cat mortality from cars is J. L. Wilson et al. (2017), "Risk Factors for Road Traffic Accidents in Cats up to Age 12 Months That Were Registered Between 2010 and 2013 with the UK Pet Cat Cohort ('Bristol Cats')," *Veterinary Record* 180 (2017): 195.

17 灯光，小猫相机，开始无所事事！

See John Bradshaw in *Cat Sense: How the New Feline Science Can Make You a Better Friend to Your Pet* (New York: Basic Books, 2013), 102–6, for more information on cat vision. Hernandez explained the background of the kittycam project in Mia Falcon, "UGA Researcher Studies Feline Feeding Behavior on Jekyll Island," *TheRed&Black*, September 20, 2015, https://www .redandblack.com/uganews/uga-researcher-studies-feline-feeding-behavior -on-jekyll-island/article_8c5712e8-6714-11e5-93b4-9f3bcf7b738f.html. "Hernandez said the project was inspired by the multiple different species killed by her own domestic cat. 'When I started to pay attention about the scope of the impact of domestic cats on the environment, I was dismayed,' Hernandez said." National Geographic information from interviews with Kyler Abernathy, November 8, 2019, and November 11, 2019, supplemented by online articles such as https://www.nationalgeographic.org/article/crea ture-feature/. The kittycam videos can be seen at Hernandez Lab, University of Georgia, https://kaltura.uga.edu/category/Hernandez+Lab/33080331. I interviewed Kerrie Ann Loyd on August 30, 2019. Information on risky behaviors in K. A. Loyd et al., "Risk Behaviours Exhibited by Free-Roaming Cats in a Suburban US Town," *Veterinary Record* 173 (2013): 295. Cape Town greatest video hits can be seen at https://www.youtube.com/watch?v=J3s 5BAJpgFE.

18 无主猫的秘密生活

H. W. McGregor and colleagues' article describing using dogs to track feral cats was published in *Wildlife Research* in 2016, "Live-Capture of Feral Cats

Using Tracking Dogs and Darting, with Comparisons to Leg-Hold Trapping," *Wildlife Research* 43: 313–22; the results of their tracking studies in 2015, "Feral Cats Are Better Killers on Open Habitats, Revealed by Animal-Borne Video," *PLoS One* 10: e0133915; and their paper on cats being able to move to recent fires in 2016, "Extraterritorial Hunting Expeditions to Intense Fire Scars by Feral Cats," *Scientific Reports* 6: 22559. McGregor put together a six-minute video montage to accompany the 2015 paper, https://www.youtube.com/watch?v=3KuypR5BBkU. J. A. Horn et al. "Home Range, Habitat Use, and Activity Patterns of Free-Roaming Domestic Cats," *Journal of Wildlife Management* 75 (2011): 1177–85, placed motion sensors on the collars of feral and pets cats in Illinois to calculate activity levels. The Jekyll Island results were published in S. M. Hernandez et al., "The Use of Point-of-View Cameras (Kittycams) to Quantify Predation by Colony Cats (*Felis catus*) on Wildlife," *Wildlife Research* 45 (2018): 357–65; and Hernandez et al., "Activity Patterns and Interspecific Interactions of Free-Roaming, Domestic Cats in Managed Trap-Neuter-Return Colonies," *Applied Animal Behaviour Science* 202 (2018): 63–68. Alexandra Newton McNeal provided details on the Jekyll Island project when I spoke with her on December 5, 2019, and in several emails before and after. McNeal is now an artist producing watercolors, oils, and acrylic paintings of coastal and marine wildlife (https://artbyalexandranicole.com/). She's quick to add that her days as a wildlife biologist are not definitely over and that who knows what the future will hold. National Geographic put together a three-minute video on the Jekyll Island project featuring McNeal, Hernandez, and the cats, https://www.youtube.com/watch?v=P8bd6dTcbd0.

19 好好看管，还是把你的赛车锁车库里？

A. N. Rowan et al., "Cat Demographics & Impact on Wildlife in the USA, the UK, Australia and New Zealand: Facts and Values," *Journal of Applied Animal Ethics Research* 2 (2019): 7–37, documents that numbers of animals taken into shelters have declined greatly over the past several decades. S. M. L. Tan et al., "Uncontrolled Outdoor Access for Cats: An Assessment of Risks and Benefits," *Animals* 10, no. 2 (2020): 258, is an excellent review of research on the effects of keeping cats indoors. The title of this article says it all: K. Lauerman, "Cats Are Bird Killers. These Animal Experts Let Theirs Outside Anyway," *Washington Post*, September 2, 2016, https://www.wash ingtonpost.com/news/animalia/wp/2016/09/02/cats-are-bird-killers -these-animal-experts-let-theirs-outside-anyway/. Studies on enrichment were reviewed in R. Foreman-Worsley and M. J. Farnworth, "A Systematic Review of Social and Environmental Factors and Their Implications for In- door Cat Welfare," *Applied Animal Behaviour Science* 220 (2019): 104841. The study on different approaches to reduce cat hunting is M. Cecchetti et al., "Provision of High Meat Content Food and Object Play Reduce Predation of Wild Animals by Domestic Cats *Felis catus*," *Current Biology* 31 (2021): 1107– 111.e5. I talked to Martina Cecchetti by Zoom on February 18, 2021, with follow-up emails. Data on predation by cats in S. R. Loss et al. (2013), "The Impact of Free-Ranging Domestic Cats on Wildlife of the United States," *Na- ture Communications* 3 (2013): 1396; and S. Legge et al., "We Need to Worry About Bella and Charlie: The Impacts of Pet Cats on Australian Wildlife," *Wildlife Research* 47 (2020): 523–39. Two books on the debate about outdoor cats are P. P. Marra and C. Santella, *Cat Wars: The Devastating Consequences of a Cuddly Killer* (Princeton, NJ: Princeton University Press, 2016), and D. M. Wald and A. L. Peterson, *Cats and Conservationists: The Debate over Who Owns the Outdoors* (West Lafayette, IN: Purdue University Press, 2020).

20 猫的未来

Among people who both suffer from asthma and are allergic to cats, the rate of emergency room visits for severe asthma attacks is almost twice that of those who live in a cat-free abode, according to P. J. Gergen et al., "Sensitiza- tion and Exposure to Pets: The Effect on Asthma Morbidity in the US Popu- lation," *Journal of Allergy and Clinical Immunology: In Practice* 6 (2018): 101–7. The study on behavior differences in kittens fathered by feral versus pet cats was summarized by John Bradshaw in *Cat Sense: How the New Fe- line Science Can Make You a Better Friend to Your Pet* (New York: Basic Books, 2013), 274–75. An entrée to the large and entertaining literature on large black feral cats can be found in Darren Naish, "Williams' and Lang's Australian Big Cats: Do Pumas, Giant Feral Cats and Mystery Marsupials Stalk the Australian Outback?," https://blogs.scientificamerican.com/tet rapod-zoology/williams-and-langs-australian-big-cats/, as well as in M.

Williams and R. Lang, *Australian Big Cats: An Unnatural History of Panthers* (Sydney: Strange Nation Publishing, 2010); and K. Shuker, *Cats of Magic, Mythology, and Mystery* (Exeter, UK: CFZ Press, 2012). The "Lithgow cat" videos on YouTube (such as this one: https://www.youtube.com/watch?v=ot Xbm9TnV0U) give a sense of the sorts of observations that have been made in Australia. A nice account of the fitoaty is available in Asia Murphy, "Makira Lessons: The Fitoaty (aka the Creature with Seven Livers)," Medium .com, February 14, 2017, https://medium.com/@Asia_Murphy/makira-lessons -the-fitoaty-aka-the-creature-with-seven-livers-36da668baf2b. Arid Recovery is a fabulous research and conservation organization in Australia that has pioneered the use of cat-proof fences (https://aridrecovery.org.au/feral -proof-fence/).

5 挺热 jmima'mi'mhIm'm'mi'nm'ni'mmm'mmi'ri'mimi't'ti'm 木木

不好意思，这是我们家猫的大作。你问它想说什么？很抱歉，我也不知道……也许是在和喵星通信，报告愚蠢的"两脚兽"又做了什么蠢事儿？

我先生（也就是这本书的另一位译者）和我有时会盯着自家的猫，脑海中突然冒出一个问题：我们为什么要养这几只家伙？尤其看着"主子"们在眼皮底下毫无顾忌地拆着家，或者非要把桌上的东西统统拨到地上，又或者闻了闻精心准备的猫饭掉头就走的时候……我们难免一瞬间血压飙升，开始质疑自己的人生选择。

我们绝对不是个例。在网上随手一搜，对猫的"控诉帖"随处可见。和满脑子只有主人的狗不同，猫更像我们厚脸皮的室友，它们似乎没那么想讨好人类，又理直气壮地享受着我们给它们提供的一切。

但猫就是有这种神奇的魔力，它们越是这样，愚蠢的人类好像就越离不开它们了。与其说我们驯化了猫，不如说猫驯化了我们。

人类究竟是如何"沦落"到这般田地的？"喵星人"又是如何带领地球走进"猫时代"的？我实在太好奇了。所以当第一次看见这本书的时候，就立刻厚着脸皮向编辑老师"求"来了翻译机会。我一定要看一看。

我有幸参与过不少科普图书和文章的翻译，但这本书给我的第一印象却是，它太不像一本科普书了！作者就像在和读者闲聊，讲着关于我们最好的朋友的"八卦"。

如果你和我一样是个"猫奴"，那你很容易就会察觉到作者一定是"自己人"。虽然他的科研主业是蜥蜴的进化，但他当过9只猫的"铲屎官"。书中穿插着他本人以及其他人和猫之间发生的各种有趣故事。你还能看到他小心翼翼地思考如何称呼猫，因为他明白，猫更像我们的伙伴甚至家人，而不仅是一种"私人物品"。他会小声嘟囔"我一直不懂人们喜欢狗哪一点"（但当他养了一只黏人的猫之后，他终于懂了……可我还不懂！）。他甚至在提到"犬齿"这个词时，会为猫科动物打抱不平！

但看完这本书后，你一定也发现了，这正是作者的高明之处。和他在哈佛大学开设的猫科学课程如出一辙，"目标是先用猫的话题吸引学生，然后趁他们不注意，再教他们很多前沿的科学知识，比如生态学、进化论和遗传学，而他们还以为自己在学猫科动物呢"。

从这个角度来说，这简直是一本太优秀的科普书了。猫作为进化多样化的绝佳案例，是我们理解进化和遗传的经典范本；作为高超的猎手和"超级肉食动物"，又是我们了解动物和生态环境互动的绝佳样本；猫和人"纠缠不休"，直到今天还保持着这种独一无二的"半驯化"状态，也是我们窥探历史和社会发展的窗口。

读过动物学科普的人，不难记住某种生物是什么样的，会以何种方式行事。不得不承认，很多时候这些知识本身已经足够精彩了，因为大自然总喜欢给我们送上巨大的惊喜。有关猫科动物的知识正是这样的。

但我有时也会觉得，这很容易让我们忽略了科学中一个重要且同样精彩的过程，那就是探索的过程。用作者的话说，我们常常"脑补"科学家就是一个"穿着白大褂"的人，"在一块满是方程式的黑板前大喊：'我发现了！我想通了！'"，但真实的科学研究工作又是怎样的？动物学家是怎么想到做这些实验的，甚至怎么想到要去研究这些动物的？他们在野外艰难地追踪、暗中观察这些动物的时候，又会发生怎样的插曲？何况是和猫还有其他猫科动物这些神秘莫测的生物打交道，有趣的故事自然少不了！（一则小提醒，如果你错过了作者的脚注，一定再回头看一看，不少精华都在那里！）

最后，提起猫，我忍不住想说一个故事。

2022 年夏天，我先生和我偶然遇见了一只流浪的折耳猫。见到它的第一眼，注意到它是折耳猫的那一刻，我们心软了。作者在书中也提到过，折耳这种特点看似"软萌"，实则一种天生的严重遗传缺陷。随着年龄的增长，它们的骨骼状况不可避免会越来越糟，往往难有善终。目前的动物医学除了疼痛管理，对此还没有任何有效的预防和治疗措施。

我们都清楚流浪猫的生存有多难，更何况是这样一只小折耳猫。后来，它便成了我们家的第三只猫，起名黑尾狗。

但事态急转直下。领养两个多月后的一天，我们突然发现黑尾狗的精神状态很差，一直蔫蔫地趴在角落。我们原本只是想带它去医院检查一下，却没想到情况实际上已经非常严重。事后得知，它的脾脏上长了肿瘤，导致脾脏破裂和大出血，当时它已经处于极度贫血的状态，腹腔里满是血水。

就像电视剧里演的一样，那天下着暴雨，我们半夜四处联系有救治能力的大型动物医院，带着它紧急转院、抢救，签了一份又一份病危通知书。我们请求医生在相当危险的情况下实施了脾脏摘除手术。手术原本很顺利，但万万没想到，它在术后恢复期又出现了不明原因的溶血性贫血，再次进了ICU（重症监护室）。短短20天里，为了稳定生命体征，黑尾狗一共接受了来自5只供体猫的血。终于，用医生的话说，"这小家伙真的很争气"。它挺过了最难的时候。

我们本以为它终于可以幸福享受"喵生"了。但世事难料，半年多后，就在这本书翻译过半时，黑尾狗又一次在深夜被送进了急诊，又一次在死亡边缘徘徊。遗憾的是，这次它没能挺过来。最终，它躺在我们被窝里收到了喵星指令，离开了地球。

这是我人生中关于爱和死亡的一课，让我更深刻地明白了养宠物的责任和意义。它也让我对这些有关动物本身和动物医学的研究有了更多思考。猫（以及各种宠物）没法和我们说话，想知道它们的小脑袋瓜里究竟在想什么，想知道怎样才能让它们（也是让我们）活得更健康、更舒服，两脚兽可能还得更努力一些！

刘小鸥

2023 年夏于杭州